数控加工中心操作与编程实训教程
（第2版）

何平 主编

国防工业出版社

·北京·

内 容 简 介

　　本书所涉及的加工中心是指镗铣类加工中心,把铣削、镗削、钻削、攻螺纹和切削螺纹等功能集中在一台设备上,使其具有多种工艺手段。

　　本书介绍了数控加工中心实训的相关内容,从数控加工工艺分析、编程指令、计算机自动编程到机床的实际操作训练,以典型零件的工艺分析和编程为重点,既强调了实际加工训练,又具有很强的数控实训的可操作性。主要内容包括数控加工基础知识、加工中心编程基础、加工中心操作基础、加工中心二维零件手工编程与仿真练习、宏程序编程、Mastercam软件编程及高速加工。

　　本书适合数控机床操作方面的职业培训,可作为大学、高职和职业中专的机械类专业数控机床操作与编程的实训教材,也可供从事数控机床的科研、工程技术人员参考。

图书在版编目(CIP)数据

数控加工中心操作与编程实训教程 / 何平主编. —2 版.
—北京:国防工业出版社,2013.8 重印
ISBN 978 - 7 - 118 - 06811 - 5

Ⅰ. ①数… Ⅱ. ①何… Ⅲ. ①数控机床加工中心 – 操作 –
教材 ②数控机床加工中心 – 程序设计 – 教材 Ⅳ. ①TG659

中国版本图书馆 CIP 数据核字(2010)第 088206 号

※

国防工业出版社出版发行
(北京市海淀区紫竹院南路 23 号　邮政编码 100048)
北京奥鑫印刷厂印刷
新华书店经售

*

开本 787×1092　1/16　印张 20¼　字数 468 千字
2013 年 8 月第 2 版第 2 次印刷　印数 5001—9000 册　定价 38.00 元

(本书如有印装错误,我社负责调换)

国防书店:(010)88540777　　　发行邮购:(010)88540776
发行传真:(010)88540755　　　发行业务:(010)88540717

数控加工中心操作与编程实训教程
（第 2 版）

主　编　何　平

参　编　谭积明　　王力强　　陈晓曦　　吴立国　　路景春

　　　　贺琼义　　袁国强　　王　健　　于英梅

主　审　李充宁

前　　言

随着我国大力发展装备制造业,数控机床越来越成为机械工业设备更新和技术改造的首选。数控机床的发展与普及,需要大批高素质的数控机床编程与操作的人员。全国许多院校纷纷开设了数控专业。在数控专业的课程中,数控实训环节尤其重要,但目前缺乏实用性和可操作性强的实训教材,很大程度上影响了数控实训的效果。

本书是天津职业技术师范大学实训中心多年从事数控机床教学和实训的经验总结,充分贯彻了我院“动手动脑、全面发展”的办学理念,注重实际动手操作能力的培养。其教学成果“本科＋技师”培养高等技术应用人才的创新培养模式,于 2004 年获天津市教学成果一等奖,2005 年获国家教学成果一等奖。本书适合数控机床操作方面的职业培训;大学、高职和职业中专的机械类专业数控机床操作与编程的实训教材,也可供从事数控机床的科研、工程技术人员参考。

本书由天津职业技术师范大学机械工程学院和实训中心的部分教师合作编写,全书由何平组织和统稿。参加编写的有路景春、贺琼义、袁国强、王健(第一章)、谭积明(第二章)、吴立国(第三章)、何平、于英梅(第四章,第七章)、王力强(第五章)、陈晓曦(第六章)等教师。他们从事数控加工技术实践与教学多年,其操作技能等级为技师和高级技师,绝大多数都参加过全国技能大赛并取得过优异成绩,多名教师荣获“全国技术能手”称号,多次为国家级数控大赛担任裁判,实践经验十分丰富。

天津职业技术师范大学李充宁教授认真审阅了全书,并提出了许多宝贵意见和建议,在此谨致谢意。

本书在编写过程中,还得到了天津职业技术师范大学的阎兵教授、方沂教授、张永丹教授的大力关心、支持和帮助,在此特向他们表示感谢。

本书在第 1 版的基础上,做了较大篇幅的改动。除修正第 1 版出现的错误以外,主要增加了加工中心操作工高级工的学习内容,增加了第五章宏程序编程的内容,第四章增加了很多实际训练中所使用的训练图纸,第五章增加了新版本软件的训练内容和部分高级工的训练图纸,第 1 版中第六章和第七章的内容,根据我院高级工和技师训练的实际需求,现合并为一章。原本计划增加的加工中心多轴加工的训练内容则单独放到了另一本技师训练的教材中。

由于编者的水平有限,书中难免存在一些缺点,恳请读者批评指正。

编　者

2009 年 3 月

目　　录

Ⅷ

第一章　数控加工基础知识

实训要点:
- 掌握数控加工工艺分析方法;
- 掌握数控机床刀具的选用方法;
- 掌握一般零件的数控加工工艺。

第一节　数控加工的主要内容

数控机床是一种按照输入的数字程序信息进行自动加工的机床。数控加工泛指在数控机床上进行零件加工的工艺过程。数控加工技术是指高效、优质地实现产品零件,特别是复杂形状零件加工的有关理论、方法与实现的技术,它是自动化、柔性化、敏捷化和数字化制造加工的基础与关键技术。该技术集传统的机械制造、计算机、现代控制、传感检测、信息处理、光机电技术于一体,是现代机械制造技术的基础。它的广泛应用,给机械制造业的生产方式及产品结构带来了深刻的变化。数控技术的水平和普及程度,已经成为衡量一个国家综合国力和工业现代化水平的重要标志。

一般来说,数控加工涉及数控编程技术和数控加工工艺两大方面。数控加工过程包括按给定零件的加工要求(零件图纸、CAD 数据或实物模型)进行加工的全过程,如图 1-1 所示。

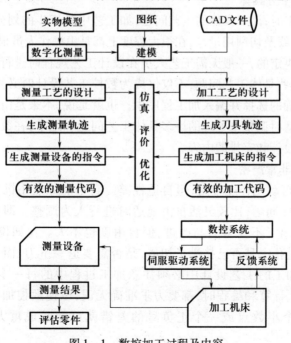

图 1-1　数控加工过程及内容

数控编程技术涉及制造工艺、计算机技术、数学、计算几何、微分几何、人工智能等众多学科领域知识,它所追求的目标是如何更有效地获得满足各种零件加工要求的高质量数控加工程序,以便更充分地发挥数控机床的性能、获得更高的加工效率与加工质量。数控编程是实现数控加工的重要环节,特别是对于复杂零件加工,编程工作的重要性甚至超过数控机床本身。在现代生产中,由于产品形状及质量信息往往需通过坐标测量机或直接在数控机床上测量来得到,测量运动指令也有赖于数控编程来产生,因此数控编程对于产品质量控制也有着重要的作用。

根据零件复杂程度的不同,数控加工程序可通过手工编程或计算机自动编程来获得。手工编程的具体内容,将在本书的第四章和第五章介绍。计算机自动编程的具体内容,将在本书的第六章和第七章介绍。

第二节 数控加工工艺基础

数控机床按照工艺用途分为数控车床、数控铣床、加工中心、数控磨床等类型,本书讲解三坐标联动数控铣床与加工中心的工艺特点及零件编程加工要求。

一、数控加工工艺的概念

数控加工工艺是采用数控机床加工零件时所运用的方法和技术手段的总和。

数控加工与通用机床加工相比较,在许多方面遵循的原则基本一致。但由于数控机床本身自动化程度较高,控制方式不同,设备费用也高,使数控加工工艺相应形成了以下几个特点。

1. 工艺的内容十分具体

用普通机床加工时,许多具体的工艺问题,如工艺中各工步的划分与顺序安排、刀具的几何形状、走刀路线及切削用量等,在很大程度上都是由操作人员根据自己的实践经验和习惯自行考虑而决定的,一般无需工艺人员在设计工艺规程时进行过多的规定。而在数控加工时,上述这些具体工艺问题,不仅仅成为数控工艺设计时必须认真考虑的内容,而且还必须做出正确的选择并编入加工程序中。也就是说,本来是由操作人员在加工中灵活掌握并可通过适时调整来处理的许多具体工艺问题和细节,在数控加工时就转变为编程人员必须事先设计和安排的内容。

2. 工艺的设计非常严密

数控机床虽然自动化程度较高,但自适性差。它不能像通用机床在加工时可以根据加工过程中出现的问题,比较灵活自由地适时进行人为调整。即使现代数控机床在自适应调整方面做出了不少努力与改进,但自由度也不大。比如说,数控机床在镗削盲孔时,它就不知道孔中是否已挤满了切屑,是否需要退一下刀,而是一直镗到结束为止。所以,在数控加工的工艺设计中必须注意加工过程中的每一个细节。同时,在对图形进行数学处理、计算和编程时,都要力求准确无误,以使数控加工顺利进行。在实际工作中,由于一个小数点或一个正负号的差错就可能酿成重大机床事故和质量事故。

2

3. 注重加工的适应性

要根据数控加工的特点,正确选择加工方法和加工内容。

由于数控加工自动化程度高、质量稳定、可多坐标联动、便于工序集中,但价格昂贵、操作技术要求高等特点均比较突出,加工方法、加工对象选择不当往往会造成较大损失。为了既能充分发挥出数控加工的优点,又能达到较好的经济效益,在选择加工方法和对象时要特别慎重,甚至有时还要在基本不改变工件原有性能的前提下,对其形状、尺寸、结构等作适应数控加工的修改。

一般情况下,在选择和决定数控加工内容的过程中,有关工艺人员必须对零件图或零件模型作足够具体和充分的工艺性分析。在进行数控加工的工艺性分析时,编程人员应根据所掌握的数控加工基本特点及所用数控机床的功能和实际工作经验,力求把这一前期准备工作做得更仔细、更扎实一些,以便为下面要进行的工作铺平道路,减少失误和返工、不留遗患。

也就是说,数控加工的工艺设计必须在程序编制工作开始以前完成,因为只有工艺方案确定以后,编程才有依据。工艺方案的好坏不仅会影响机床效率的发挥,而且将直接影响零件的加工质量。根据大量加工实例分析,工艺设计考虑不周是造成数控加工差错的主要原因之一,因此在进行编程前做好工艺分析规划是十分必要的。

数控加工工艺设计主要包括如下内容:

(1)选择适合在数控机床上加工的零件,确定工序内容。

(2)分析被加工零件的图纸,明确加工内容及技术要求,确定零件的加工方案,制定数控加工工艺路线,如划分工序、处理与非数控加工工序的衔接等。

(3)加工工序、工步的设计,如选取零件的定位基准,夹具、辅具方案的确定及切削用量的确定等。

(4)数控加工程序的调整,如选取对刀点和换刀点,确定刀具补偿,确定加工路线。

(5)分配数控加工中的加工余量。

(6)处理数控机床上的部分工艺指令。

(7)首件试加工与现场问题处理。

(8)数控加工工艺文件的定型与归档。

不同的数控机床,工艺文件的内容也有所不同。一般来讲,数控铣床的工艺文件应包括:

(1)编程任务书。

(2)数控加工工序卡片。

(3)数控机床调整单。

(4)数控加工刀具卡片。

(5)数控加工进给路线图。

(6)数控加工程序单。

其中,以数控加工工序卡片和数控刀具卡片最为重要。前者是说明数控加工顺序和加工要素的文件,后者是刀具使用的依据。

为了加强技术文件管理,数控加工工艺文件也应向标准化、规范化方向发展。但目前尚无统一的国家标准,一般是企业根据自身的实际情况来制定上述有关工艺文件。

二、数控铣削加工的工艺适应性

根据数控加工的优缺点及国内外大量应用实践,一般可按工艺适应程度将零件分为下列三类。

1. 最适应类

(1) 形状复杂,加工精度要求高,用通用加工设备无法加工或虽然能加工但很难保证产品质量的零件。

(2) 用数学模型描述的复杂曲线或曲面轮廓零件。

(3) 具有难测量、难控制进给、难控制尺寸的不开敞内腔的壳体或盒型零件。

(4) 须在一次装夹中合并完成铣、镗、铰或攻螺纹等多工序的零件。

对于上述零件,可以先不要过多地考虑生产效率与经济上是否合理,而首先应考虑能不能把它们加工出来,要着重考虑可能性的问题。只要有可能,都应把采用数控加工作为优选方案。

2. 较适应类

较适应数控加工的零件大致有下列几种:

(1) 在通用机床上加工时,易受人为因素干扰,零件价值又高,一旦质量失控便造成重大经济损失的零件。

(2) 在通用机床上加工时,必须制造复杂的专用工装的零件。

(3) 需要多次更改设计后才能定型的零件。

(4) 在通用机床上加工时,需要进行长时间调整的零件。

(5) 用通用机床加工时,生产效率很低或体力劳动强度很大的零件。

这类零件在首先分析其可加工性以后,还要在提高生产效率及经济效益方面做全面衡量,一般可把它们作为数控加工的主要选择对象。

3. 不适应类

(1) 生产批量大的零件(当然不排除其中个别工序用数控机床加工)。

(2) 装夹困难或完全靠找正定位来保证加工精度的零件。

(3) 加工余量很不稳定,且数控机床上无在线检测系统可自动调整零件坐标位置的零件。

(4) 必须用特定的工艺装备协调加工的零件。

以上零件采用数控加工后,在生产效率与经济性方面一般无明显改善,更有可能弄巧成拙或得不偿失,故一般不应作为数控加工的选择对象。

三、数控铣削加工零件的工艺性分析

数控加工工艺性分析涉及内容很多,从数控加工的可能性和方便性分析,应主要考虑以下两点。

1. 零件图样上尺寸数据的标注原则

1) 零件图上尺寸标注应符合编程方便的特点

在数控加工图上,适宜采用同一基准来标注尺寸或直接给出坐标尺寸。这种标注方法,既便于编程,也便于协调设计基准、工艺基准、检测基准与编程零点的设置和计算。图

1-2 所示为某元件安装底板图,采用坐标法标注零件尺寸,编程十分方便。

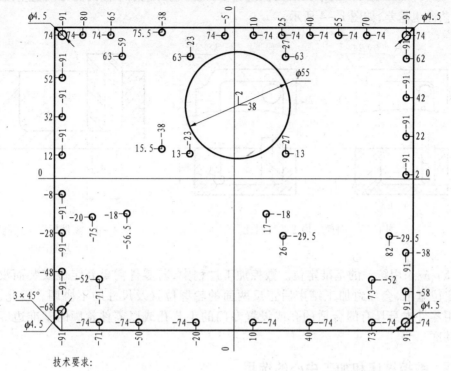

技术要求:

1. 其余的孔直径为 3.5mm。
2. 零件材料为 2mm 厚的冷轧铁板。
3. 四个角倒钝。

图 1-2　坐标法标注加工零件

2)构成零件轮廓的几何元素的条件应充分

自动编程时,要对构成零件轮廓的所有几何元素进行定义。在分析零件图时,要分析几何元素的给定条件是否充分,如果不充分,则无法对被加工零件进行造型,也就无法编程。

2. 零件各加工部位的结构工艺性应符合数控加工的特点

(1)零件所要求的加工精度、尺寸公差应能得到保证。

(2)零件的内腔和外形最好采用统一的几何类型和尺寸,尽可能减少刀具规格和换刀次数。

(3)零件的工艺结构设计应确保能采用较大直径的刀具进行加工。采用大直径铣刀加工,能减少加工次数,提高表面加工质量。

如图 1-3 所示,零件的被加工轮廓面越低、内槽圆弧越大,则可以采用大直径的铣刀进行加工。因此,内槽圆角半径 R 不宜太小,且应尽可能使被加工零件轮廓面的最大高度 $R > 0.2H$,以获得良好的加工工艺性。刀具半径 r 一般取为内槽圆角半径 R 的 0.8 倍~0.9 倍。

(4)零件铣削面的槽底圆角半径或腹板与缘板相交处的圆角半径 r 不宜太大。由于铣刀与铣削平面接触的最大直径 $d = D - 2r$,其中 D 为铣刀直径。因此,当 D 一定时,圆角

5

半径 r 越大,铣刀端刃铣削平面的面积就越小,铣刀端刃铣削平面的能力就越差,效率越低,工艺性也越差,如图 1-4 所示。

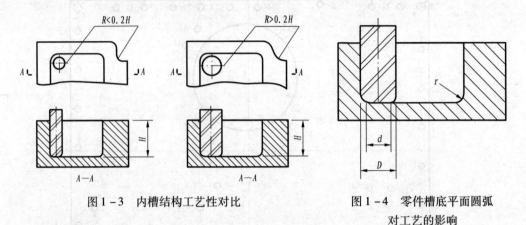

图 1-3　内槽结构工艺性对比　　　图 1-4　零件槽底平面圆弧
对工艺的影响

　　(5)应采用统一的基准定位。数控加工过程中,若零件需重新定位安装而没有统一的定位基准,会导致加工结束后正反两面的轮廓位置及尺寸的不协调。因此,要尽量利用零件本身具有的合适的孔或设置专门的工艺孔或以零件轮廓的基准边等作为定位基准。

四、数控铣床和加工中心的选用

　　数控铣床主要有三类即数控立式铣床、数控卧式铣床、立卧两用数控铣床:
　　(1)数控立式铣床在数控铣床中数量最多,在模具加工中应用最为广泛,常用于中、小型模具的制造,如电视机前盖、洗衣机面板等塑料注射模具成型零件、摩托车汽缸等压铸模具及连杆等锻压模具。
　　(2)卧式数控铣床主要用于铣削平面、沟槽和成型表面等,在模具制造中常用于具有深型腔的模具零件铣削,如洗衣机桶体模具的型腔及冰箱内胆的模具型腔等。数控卧式铣床通常采用增加数控转盘或万能数控转盘等方式实现第四坐标、第五坐标的加工。这样不仅可以加工出工件侧面上的连续回转轮廓,而且可以在一次装夹中,通过转盘改变工位实现"四面加工"。
　　(3)立卧两用数控铣床通过主轴方向的变换,在一台机床上既可以进行卧式加工,也可以进行立式加工,从而具备立式和卧式两类机床的功能,实现"五面体加工",应用范围更广,但精度和刚度稍差。
　　本书所涉及的加工中心是指镗铣类加工中心,它将铣削、钻削、铰削、镗削、攻螺纹和切削螺纹等功能集中在一台设备上,使其具有多种工艺手段,工件经一次装夹后,能对两个以上的表面自动完成加工,并且具有多种换刀、选刀功能或自动工作台交换装置。
　　加工中心主要有立式和卧式两种:
　　(1)卧式加工中心适用于需多工位加工和位置精度要求较高的零件,如箱体、泵体、阀体和壳体等;
　　(2)立式加工中心适用于需单工位加工的零件,如箱盖、端盖和平面凸轮等。

6

规格(指工作台宽度)相近的加工中心,一般卧式加工中心的价格要比立式加工中心高 50% ~ 100%。因此,从经济性角度考虑,完成同样工艺内容,宜选用立式加工中心。但卧式加工中心的工艺范围较宽。

五、加工方法选择及加工方案确定

1. 加工方法选择

在数控机床上加工零件,一般有两种情况:①有零件图样和毛坯,要选择适合加工该零件的数控机床;②已经有了数控机床,要选择适合该机床加工的零件。无论哪种情况,都应根据零件的种类和加工内容选择合适的数控机床和加工方法。

平面轮廓零件的轮廓多由直线、圆弧和曲线组成,一般在两坐标联动的数控铣床上加工;具有三维曲面轮廓的零件,多采用三坐标或三坐标以上联动的数控铣床或加工中心加工。经粗铣的平面,尺寸精度可达 IT12 ~ IT14 级(指两平面之间的尺寸),表面粗糙度及 R_a 可达 12.5μm ~ 50μm。经粗、精铣的平面,尺寸精度可达 IT7 ~ IT9 级,表面粗糙度 R_a 可达 1.6μm ~ 3.2μm。

孔加工的方法比较多,有钻削、铰削和镗削等。大直径的孔还可采用圆弧插补方式进行铣削加工。

对于直径大于 φ30mm 已铸出或锻出毛坯孔的孔加工,一般采用粗镗—半精镗—孔口倒角—精镗加工方案。

孔径较大的可采用立铣刀粗铣—精铣加工方案。有空刀槽时可用锯片铣刀在半精镗之后、精镗之前铣削完成,也可用镗刀进行单刃镗削,但单刃镗削效率低。

对于直径小于 φ30mm 的无毛坯孔的孔加工,通常采用平端面—打中心孔—钻—扩—孔口倒角—铰加工方案。

有同轴度要求的小孔,须采用平端面—打中心孔—钻—半精镗—孔口倒角—精镗(或铰)加工方案。为了提高孔的位置精度,在钻孔工步前须安排平端面和打中心孔工步。孔口倒角安排在半精加工之后、精加工之前,以防孔内产生毛刺。

螺纹的加工根据孔径大小而定。一般情况下,直径在 M5 ~ M20 之间的螺纹,通常采用攻螺纹的方法加工。直径在 M6 以下的螺纹,在加工中心上完成底孔加工后,通过其他手段攻螺纹。因为在加工中心上攻螺纹不能随机控制加工状态,小直径丝锥容易折断。直径在 M25 以上的螺纹,可采用螺纹铣刀铣削加工。

加工方法的选择原则,是保证加工表面的精度和表面粗糙度的要求。由于获得同一级精度及表面粗糙度的加工方法一般有许多,因而在实际选择时,要结合零件的形状、尺寸和热处理要求全面考虑。例如,对于 IT7 级精度的孔采用镗削、铰削、磨削等方法加工均可达到精度要求,但箱体上的孔一般采用镗削或铰削,而不采用磨削。一般小尺寸的箱体孔选择铰削,当孔径较大时则应选择镗削。此外,还应考虑生产效率和经济性的要求,以及工厂的生产设备等实际情况。

2. 加工方案确定

确定加工方案时,首先应根据主要表面的精度和表面粗糙度的要求,初步确定为达到这些要求所需要的加工方法,即精加工的方法,再确定从毛坯到最终成型的加工方案。

在加工过程中,工件按表面轮廓可分为平面类和曲面类零件,其中平面类零件中的斜面轮廓又分为有固定斜角和变斜角的外形轮廓面。外形轮廓面的加工,若单纯从技术上考虑,最好的加工方案是采用多坐标联动的数控机床,这样不但生产效率高,而且加工质量好。但由于一般中小企业无力购买这种价格昂贵、生产费用高的机床,因此应考虑采用两轴半控制和三轴控制机床加工。

两轴半控制和三轴控制机床上加工曲面类的零件,通常采用球头铣刀,轮廓面的加工精度主要通过控制走刀步长和加工带宽度来保证。加工精度越高,走刀步长和加工带宽度越小,编程效率和加工效率越低。图 1-5 所示为曲面加工示意图。

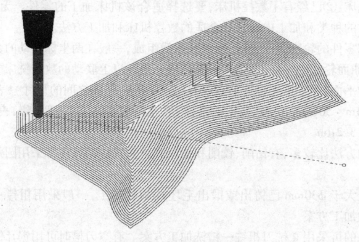

图 1-5　曲面加工示意图

第三节　数控加工工艺设计

一、工序和工步的划分

在数控机床上加工零件,工序应尽量集中,一次装夹应尽可能完成大部分工序。数控加工工序的划分有下列几种方法。

1. 按加工内容划分工序

对于加工内容较多的零件,按零件结构特点将加工内容分成若干部分,每一部分可用典型刀具加工。如加工内腔、外型、平面或曲面等。加工内腔时,以外型夹紧;加工外腔时,以内腔的孔夹紧。

2. 按所用刀具划分工序

这样可以减少换刀次数,压缩空行程和减少换刀时间,减少换刀误差。有些零件虽然能在一次安装后加工出很多待加工面,但考虑到程序太长,会受到某些限制,如控制系统的限制(主要是内存容量),机床连续工作时间的限制(如一道工序在一个班内不能结束)等。此外,程序太长会增加出错率、查错与检索困难。因此程序不能太长,一道工序的内容也不能太多。

3. 按粗、精加工划分工序

对于容易发生加工变形的零件,通常粗加工后需要进行矫形,这时粗加工、精加工作为两道工序,即先粗加工再精加工,可用不同的机床或不同的刀具进行加工。

综上所述,在划分工序时,一定要视零件的结构与工艺性、机床的功能、零件数控加工内容的多少、安装次数及本部门生产组织状况等灵活掌握。零件宜采用工序集中的原则还是采用工序分散的原则,也要根据实际需要和生产条件确定,要力求合理。

加工顺序的安排应根据零件的结构和毛坯状况,以及定位安装与夹进的需要来考虑,重点是工件的刚性不被破坏。顺序安排一般应按下列原则进行:

(1) 上道工序的加工不能影响下道工序的定位与夹紧,中间穿插有通用机床加工工序的也要综合考虑。

(2) 先进行内腔加工工序,后进行外型加工工序。

(3) 在同一次安装中进行的多道工序,应先安排对工件刚性破坏小的工序。

(4) 以相同定位、夹紧方式或同一把刀具加工的工序,最好连续进行,以减少重复定位次数、换刀次数与挪动压板的次数。

为了便于分析和描述较复杂的工序,在工序内又可划分工步,工步的划分主要从加工精度和加工效率两方面考虑。如零件在加工中心上加工,对于同一表面按粗加工、半精加工、精加工依次完成,整个加工表面按先粗后精加工分开进行;对于既有铣面又有镗孔的零件,可先铣面后镗孔,以减少因铣削切削力大,造成零件可能发生变形而对孔的精度造成影响;对于具有回转工作台的加工中心,若回转时间比换刀时间短,可采用按刀具划分工步,以减少换刀次数,提高加工效率。但数控加工按工步划分后,三检制度(自检、互检、专检)不方便执行,为了避免零件发生批次性质量问题,应采用分工步交检,而不是加工完整个工序之后再交检。

二、加工余量的选择

加工余量指毛坯实体尺寸与零件(图纸)尺寸之差。加工余量的大小对零件的加工质量和制造的经济性有较大的影响。余量过大会浪费原材料及机械加工工时,增加机床、刀具及能源的消耗;余量过小则不能消除上道工序留下的各种误差、表面缺陷和本工序的装夹误差,容易造成废品。因此,应根据影响余量的因素合理地确定加工余量。零件加工通常要经过粗加工、半精加工、精加工才能达到最终要求。因此,零件总的加工余量等于中间工序加工余量之和。

1. 工序间加工余量的选择原则

(1) 采用最小加工余量原则,以求缩短加工时间,降低零件的加工费用。

(2) 应有充分的加工余量,特别是最后的工序。

2. 在选择加工余量时,还应考虑的情况

(1) 由于零件的大小不同,切削力、内应力引起的变形也会有差异,工件大,变形增加,加工余量相应地应大一些。

(2) 零件热处理时会引起变形,应适当增大加工余量。

(3) 加工方法、装夹方式和工艺装备的刚性都有可能引起零件的变形,过大的加工余量会由于切削力增大引起零件的变形。

3. 确定加工余量的方法

1) 查表法

这种方法是根据各工厂的生产实践和实验研究积累的数据,先制成各种表格,再汇集成手册。确定加工余量时,应查阅这些手册,再结合工厂的实际情况进行适当修改后确定。目前,我国各工厂普遍采用查表法。

2)经验估算法

这种方法是根据工艺编制人员的实际经验确定加工余量。一般情况下,为了防止因余量过小而产生废品,经验估算法的数值总是偏大。经验估算法常用于单件小批量生产。

3)分析计算法

这种方法是根据一定的实验资料数据和加工余量计算公式,分析影响加工余量的各项因素,并计算确定加工余量。这种方法比较合理,但必须有比较全面和可靠的实验资料数据。目前,只在材料十分贵重,以及少数大量生产的工厂采用。

表1-1~表1-4列出了各种加工方法所能达到的精度等级及加工余量(供参考)。

表1-1 平面精铣的余量 (单位:mm)

加工性质	加工面长度	加工面宽度					
		≤100		>100~300		>300~1000	
		余量 a	公差(+)	余量 a	公差(+)	余量 a	公差(+)
精铣	≤100	1.0	0.3	1.5	0.5	2	0.7
	>100~300	1.2	0.4	1.7	0.6	2.2	0.8
	>300~1000	1.5	0.5	2	0.7	2.5	1.0
	>1000~2000	2	0.7	2.5	1.2	3	1.2

注:精铣时,最后一次行程前留的余量应≥0.5mm

表1-2 H11~H7孔加工方式的余量(孔长度≤5倍直径) (单位:mm)

孔的精度	孔的毛坯性质	
	在实体材料上加工孔	预先铸出或热冲压出的孔
H11	孔径≤10:一次钻孔; 孔径>10~30:钻孔及扩孔; 孔径>30~80:钻孔、扩钻及扩孔;或钻孔,用扩孔刀或镗刀镗孔及扩孔	孔径≤80:粗扩和精扩; 或用镗刀粗镗和精镗; 或根据余量一次镗孔扩孔及扩孔 或钻孔,用扩孔刀或镗刀镗孔及扩孔或扩孔
H10,H9	孔径≤10:钻孔及铰孔; 孔径>10~30:钻孔、扩孔及铰孔; 孔径>30~80:钻孔、扩孔及铰孔;或钻孔、镗孔及铰孔	孔径≤80:扩孔(一次或二次,根据余量而定)及铰孔;或用镗刀镗孔(一次或二次,根据余量而定)及铰孔
H8,H7	孔径≤10:钻孔及一次或二次铰孔; 孔径>10~30:钻孔、扩孔及一次或二次铰孔; 孔径>30~80:钻孔、扩钻;或钻孔、镗孔及一次或二次铰孔	孔径≤80:扩孔(一次或二次,根据余量而定)一次或二次铰孔;或用镗刀镗孔(一次或二次,根据余量而定)及一次或二次铰孔

注:当孔径≤30mm,直径余量≤4mm和孔径>30mm~80mm,直径余量≤6mm时,采用一次扩孔或一次镗孔

表 1 – 3 H7 孔加工方式的余量 　　（单位：mm）

加工孔的直径	直径						加工孔的直径	直径					
	钻		用车刀镗以后	扩孔钻	粗铰	精铰 H7		钻		用车刀镗以后	扩孔钻	粗铰	精铰 H7
	第一次	第二次						第一次	第二次				
3	2.9					3	30	15.0	28.0	29.8	29.8	29.93	30
4	3.9					4	32	15.0	30.0	31.7	31.75	31.93	32
5	4.8					5	35	20.0	33.0	34.7	34.75	34.93	35
6	5.8					6	38	20.0	36.0	37.7	37.75	37.93	38
8	7.8				7.96	8	40	25.0	38.0	39.7	39.75	39.93	40
10	9.8				9.96	10	42	25.0	40.0	41.7	41.75	41.93	42
12	11.0			11.85	11.95	12	45	25.0	43.0	44.7	44.75	44.93	45
13	12.0			12.85	12.95	13	48	25.0	46.0	47.7	47.75	47.93	48
14	13.0			13.85	13.95	14	50	25.0	48.0	49.7	49.75	49.93	50
15	14.0			14.85	14.95	15	60	30	55.0	59.5	59.5	59.9	60
16	15.0			15.85	15.95	16	70	30	65.0	69.5	69.5	69.9	70
18	17.0			17.85	17.95	18	80	30	75.0	79.5	79.5	79.9	80
20	18.0		19.8	19.8	19.94	20	90	30	80.0	89.3		?9.8	90
22	20.0		21.8	21.8	21.94	22	100	30	80.0	99.3		99.8	100
24	22.0		23.8	23.8	23.94	24	120	30	80.0	119.3		119.8	120
25	23.0		24.8	24.8	24.94	25	140	30	80.0	139.3		139.8	140
26	24.0		25.8	25.8	25.94	26	160	30	80.0	159.3		159.8	160
28	26.0		27.8	27.8	27.94	28	180	30	80.0	179.3		179.8	180

注：在铸铁上加工直径为 30mm 与 32mm 的孔可用 φ28 与 φ30 钻头钻一次

三、加工路线的确定

在数控加工中，刀具刀位点相对于工件运动的轨迹称为加工路线，它是编程的依据，直接影响加工质量和效率。在确定加工路线时要考虑下面几点：

（1）保证零件的加工精度和表面质量，且效率要高；

（2）减少编程时间和程序容量；

（3）减少空刀时间和在轮廓面上的停刀，以免划伤零件；

（4）减少零件的变形；

（5）位置精度要求高的孔系零件的加工应避免机床反向间隙的带入而影响孔的位置精度；

（6）复杂曲面零件的加工应根据零件的实际形状、精度要求、加工效率等多种因素来确定是行切还是环切，是等距切削还是等高切削的加工路线等。

以下是几种典型加工的刀具路径。

1. 孔加工路线的确定

如图 1 – 6 所示，精镗 4 – φ30H7 的孔，由于孔的位置精度要求较高，采用图 1 – 7（a）

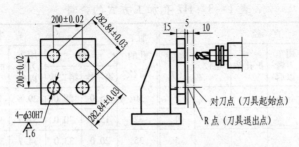

图1-6 镗孔结构示意图

方案时,由于Ⅳ孔与Ⅰ、Ⅱ、Ⅲ孔的定位方向相反,X向的间隙会使定位误差增加,而影响
Ⅳ孔与Ⅲ的位置精度。采用图1-7(b)方案在工件外增加一个刀具折返点,这样几个孔
的定位方向一致,可避免反向间隙的引入,提高孔距精度。

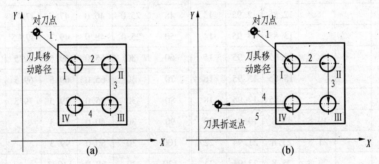

图1-7 孔加工顺序的选择

2. 刀具轴向进给的切入与切出距离的确定

图1-8所示为钻头钻孔。钻头定位于R点,从R点以进给速度作Z'向进给,到孔底
部后,快速退到R点,距离A为切入点,λ为切出距离。刀具的轴向引入距离的经验数
据:在已加工面上钻、镗、铰孔,A = 1mm ~ 3mm;在毛坯表面上钻、镗、铰孔,λ = 5mm ~
8mm。钻孔时,刀具的轴向切出距离为1mm ~ 3mm,当顶角 θ = 118°,切削长度 λ =
$D\cos \theta /2 \approx 0.3D$。

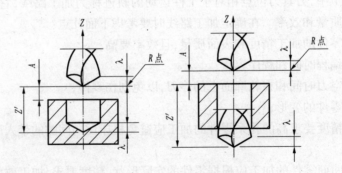

图1-8 钻孔的切入和切出距离

3. 铣削平面的加工路线

铣削平面零件时,一般采用立铣刀侧刃进行切削。因刀具的运动轨迹和方向不同,可
能是顺铣或逆铣,其不同的加工路线所得的零件表面质量也不同。

沿着刀具的进给方向看,如果工件位于铣刀进给方向的右侧,那么进给方向称为顺时针。反之,当工件位于铣刀进给方向的左侧时,进给方向定义为逆时针。如果铣刀旋转方向与工件进给方向相反,称为逆铣,如图1-9所示;铣刀旋转方向与工件进给方向相同,称为顺铣,如图1-10所示。

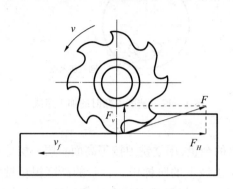 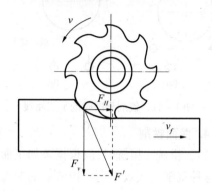

图1-9　逆铣　　　　　　　　　　　　图1-10　顺铣

逆铣时,每个刀的切削厚度都是由小到大逐渐变化的,刀齿从已加工表面切入,对铣刀的使用有利。但由于铣刀的刀齿接触工件后不能马上切入金属层,而是在工件表面滑动一小段距离,在滑动过程中,由于强烈的磨擦,就会产生大量的热量,同时在待加工表面易形成硬化层,降低了刀具的耐用度,影响工件表面粗糙度,给切削带来不利。

顺铣时,切削厚度是由大到小逐渐变化的,刀齿开始和工件接触时切削厚度最大,且从表面硬质层开始切入,刀齿受很大的冲击负荷,铣刀变钝较快,但刀齿切入过程中没有滑移现象。顺铣的功率消耗要比逆铣时小,在同等切削条件下,顺铣功率消耗要低5% ~15%(铣削碳钢时,功率消耗可减少5%,铣削难加工材料时可减少14%),同时顺铣也更加有利于排屑,但由于水平铣削力的方向与工件进给运动方向一致,当刀齿对工件的作用力较大时,如果工作台丝杆与螺母间存在间隙,工作台将会产生窜动,这样不但破坏了切削过程的平稳性,影响工件的加工质量,而且严重时会损坏刀具。

目前,数控机床通常具有间隙消除机构,能可靠地消除工作台进给丝杆与螺母间的间隙,防止铣削过程中产生振动。因此对于工件毛坯表面没有硬皮,工艺系统具有足够刚性的条件下,数控铣削加工应尽量采用顺铣,以降低被加工零件的表面粗糙度,保证尺寸精度。但是在切削面上有硬质层、积渣、工件表面凹凸不平较显著时,如加工锻造毛坯,粗加工时应采用逆铣法。

铣削平面零件时,切削前的进刀方式也必须考虑。切削前的进刀方式有两种形式:①垂直方向进刀;②水平方向进刀。

如图1-11(a)所示,铣削外表面轮廓时,为减少接刀痕迹,保证零件表面质量,铣刀的切入点和切出点应沿零件轮廓曲线上某点的切线延长线来切入和切出零件表面。如果切入和切出距离受限,可采用先直线进刀再圆弧过渡的加工路线,如图1-11(b)所示。铣削内轮廓表面时,可以同样处理,如图1-12所示。

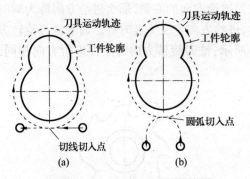
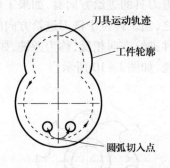

图 1 – 11　铣削外圆时的加工路线　　　　　　图 1 – 12　铣削内圆时的加工路线

4. 曲面铣削

（1）粗铣。粗铣时，应根据被加工曲面给出的余量，用立铣刀按等高面一层一层地铣削，这种铣削方式效率高。粗铣后的曲面类似于山坡上的阶梯田。台阶的高度视粗铣精度而定。粗加工给半精加工的余量为 0.5mm ~ 1mm。如果残留的台阶高度较大，可增加二次开粗的工序，以减少半精铣的余量。

（2）半精铣。半精铣的目的是铣掉"梯田"的台阶，使被加工表面更接近于理论曲面，采用球头铣刀或圆弧刀加工，一般为精加工工序留出 0.2mm ~ 0.5mm 的加工余量。半精加工的行距和步长可比精加工大。

（3）精加工。最终加工出理论曲面。用球头铣刀精加工曲面时，一般用行切法。对于开敞性比较好的零件而言，行切的接近点应选在曲面的外面，即在编程时，应把曲面向外延伸一些。对开敞性不好的零件表面，由于折返时切削速度的变化，很容易在已加工表面上及检查面上留下由于停顿和振动产生的刀痕。所以，在加工和编程时：①要在折返时降低进给速度；②被加工曲面折返点应稍离开检查面。对曲面与检查面之间的相贯线应单独作一个清根程序另外加工，这样就会使被加工曲面与检查面光滑连接，而不致产生很大的刀痕。

（4）球头铣刀在铣削曲面时，其刀尖处的切削速度很低，如果用球刀垂直于被加工面铣削比较平缓的曲面时，球刀刀尖切出的表面质量比较差。所以，应适当地提高主轴转速，还应注意避免用刀尖切削。

（5）避免垂直进刀，平底立铣刀可有两种：①端面有顶尖孔时，其切削刃不过中心；②端面无顶尖孔时，端刃相连且过中心。在铣削凹槽面时，有顶尖孔的立铣刀绝对不能像钻头似的向下垂直进刀，除非预先钻有工艺孔，否则会把铣刀顶断。如果用无顶尖孔的立铣刀可以垂直向下进刀，但由于刀刃角度太小，轴向力很大，所以应尽量避免。最好的办法是斜向进刀或螺旋进刀。斜向进刀是指刀具向斜下方进给到一定深度后再用侧刃横向切削；螺旋进刀是指刀具以螺旋线的方式下刀。用球头铣刀垂直进刀的效果虽然比平底的端铣刀要好，但也会因为轴向力过大，而影响切削效果。

（6）铣削曲面零件时，如果发现零件材料热处理不好、有裂纹、组织不均匀等现象时，应及时停止加工，以免浪费工时。

（7）在铣削模具型腔比较复杂的曲面时，一般需要较长的周期。因此，在每次开机铣削前应对机床、夹具、刀具进行适当的检查，以免在中途发生故障，影响加工精度，甚至造成废品。

四、工件定位与安装的确定

在铣削加工时,把工件放在机床上(或夹具中),使它在夹具上的位置按照一定的要求确定下来,并将必须限制的自由度逐一予以限制,这称作工件在夹具上的"定位"。工件定位以后,为了承受切削力、惯性力和工件重力,还应夹持牢固,这称为"夹紧"。从定位到夹紧的整个过程叫做"安装"。工件安装情况的好坏,将直接影响工件的加工精度。

1. 工件的定位

工件相对夹具一般应完全定位,且工件的基准相对于机床坐标系原点应有严格的确定位置,以满足能在数控机床坐标系中实现工件与刀具相对运动的要求。同时,夹具在机床上也应完全定位,夹具上的每个定位面相对数控机床的坐标原点均应有精确的坐标尺寸,以满足数控加工中简化定位和安装的要求。

数控铣床和加工中心的工作台是夹具和工件定位与安装的基础,因机床结构形式和工作台的结构差异有所不同,常见的 5 种如图 1 – 13 所示。

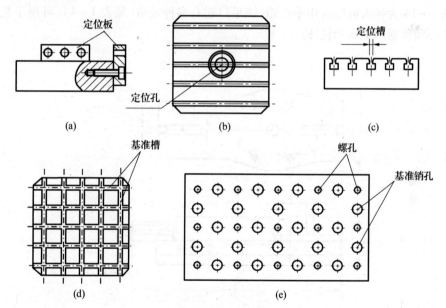

图 1 – 13　工件(夹具)的安装与定位

(a) 侧面定位;(b) 中心孔定位;(c) 中央 T 形槽定位;(d) 基准槽定位;(e) 基准销孔定位。

(1) 以侧面定位板定位。利用侧面定位板可直接计算出工件或夹具在工作台上的位置,并能保证与回转中心的相对位置,定位安装十分方便。

(2) 以中心孔定位。利用工件的外径或内径进行中心孔定位,能保证工件中心与工作台中心有较高的一致性。

(3) 以中央 T 形槽定位。通常把标准定位块插入 T 形槽,使安装的工件或夹具紧靠标准块,达到定位的目的,多用于立式数控铣床。

(4) 以基准槽定位。通常,在工作台的基准槽中插入标准定位块或止动块作为工件或夹具的定位标准。

（5）以基准销孔定位。多在立式数控铣床辅助工作台上采用,适合多工件频繁装卸的场合。

选择定位方式时,应注意以下5点:

① 所选择的定位方式有较高的定位精度。

② 无超定位的干涉现象。

③ 零件的安装基准最好与设计基准重合。

④ 便于安装、找正和测量。

⑤ 有利于刀具的运动和简化程序的编制。

2. 选择合适的夹具装置

零件的数控加工大都采用工序集中原则,加工的部位较多,同时批量较小,零件更换周期短,夹具的标准化、通用化和自动化对加工效率的提高及加工费用的降低有很大影响。

夹具按照结构类型可分为通用类、组合类与专用类夹具3种。

1）通用类夹具

图1-14为强力液压机用平口钳,该平口钳有多种规格(见表1-4),可用于数控铣、加工中心和普通的钻床和铣床。

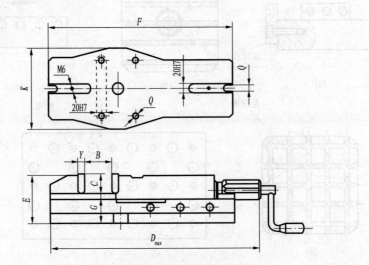

图1-14 强力液压机用平口钳

表1-4 强力液压机用平口钳的规格

钳口宽度/mm	113	135	160	200
夹持范围/mm	170	220	310	355
钳口高(C)/厚(Y)/mm	31.6/12	39.6/16	49.6/16	66.6/20
高度($G\pm0.02/E$)/mm	65.5/97	72.5/112	83.5/133	104.5/171
长(F/D)/mm	390/583	468/681	574/817	685/1022
宽(K)/mm	160	200	240	280
槽宽(Q)/mm	13	13	17	18

图 1-15 为可换支承钳口、气动类夹紧通用虎钳。该系统夹紧时由压缩空气使活塞1下移,带动杠杆2使活动钳口3右移,快速调整固定钳口宽度,由手柄4反转而使支承板5的凸块从槽中退出完成对工件的装夹。

图 1-16 为数控铣床和加工中心上通用的可调夹具系统。该系统由图示基础件和另外一套定位夹紧调整件组成。基础件1为内装立式油缸2和卧式液压缸3的平板,通过销4与5和机床工作台的一个孔与槽对定,夹紧元件可从上或侧面把双头螺杆或螺栓旋入液压缸活塞杆,不用的定位孔用螺塞封盖。

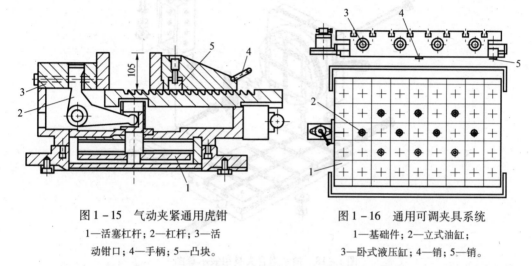

图 1-15　气动夹紧通用虎钳
1—活塞杠杆;2—杠杆;3—活
动钳口;4—手柄;5—凸块。

图 1-16　通用可调夹具系统
1—基础件;2—立式油缸;
3—卧式液压缸;4—销;5—销。

图 1-17 为数控回转工作台(座)。用于在铣床和钻床上一次安装工件,同时可从四面加工坯料。图 1-17(a)可用于四面加工,图 1-17(b)、图 1-17(c)可用于圆柱凸轮的空间成型面和平面凸轮加工,图 1-17(d)为双回转台,可用于加工在表面上成不同角度布置的孔,且作 5 个方向的加工。

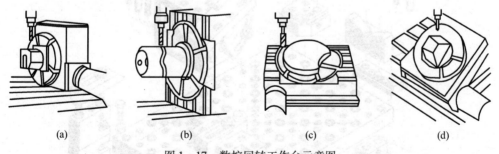

(a)　　　　　　(b)　　　　　　(c)　　　　　　(d)

图 1-17　数控回转工作台示意图

2) 组合类夹具

现代组合夹具的结构主要分为孔系与槽系两种基本形式,两者各自有其长处。槽系为传统组合夹具的基本形式,生产与装配积累的经验多,可调性好。在近 30 余年中为世界各国广泛应用。图 1-18 为槽系组合夹具组装过程示意图。

孔系为新兴的结构,结构刚性上比有纵横交错的槽更好。由于孔比槽易加工,孔系组合夹具制造工艺性好,组装中靠高精度的销孔定位,比需要费时测量的槽系组合夹具操作简单。

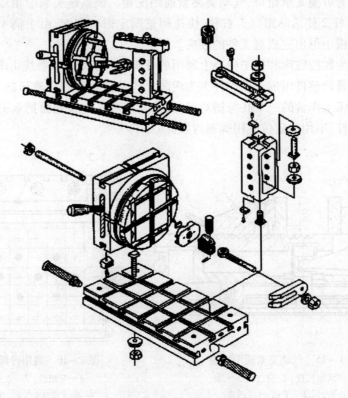

图 1 - 18　槽系组合夹具组装示意图

图 1 - 19 为孔系组合夹具组装元件分解图。

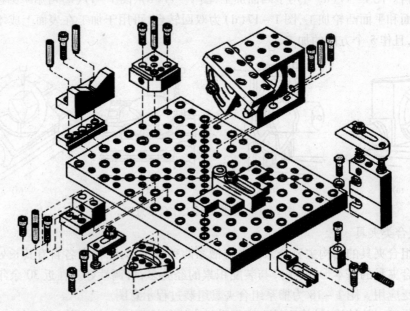

图 1 - 19　孔系组合夹具组装元件分解图

图 1 - 20 为孔系的方箱组合夹具示意图。图 1 - 21 所示为孔系组合夹具应用实例。

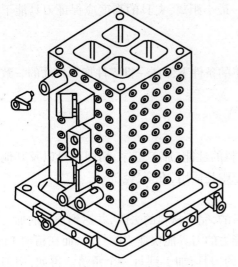

图 1-20　孔系的方箱组合夹具

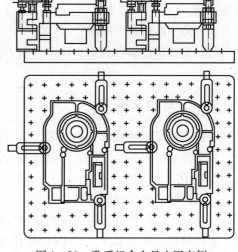

图 1-21　孔系组合夹具应用实例

孔系组合夹具基础板的孔系形成网格式坐标(见图 1-22),其他元件都可以按照孔系网格的坐标值组装在此基础板上。基础板的孔系网格坐标与托板网格坐标相对应,因而简化了数控编程中的工件坐标计算。

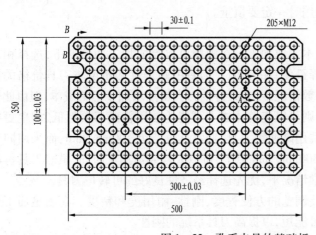

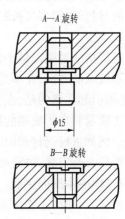

图 1-22　孔系夹具的基础板

3)专用类夹具

对批量较大,且周期性投产,加工精度要求较高的关键工序应设计专用夹具,以保证加工精度和提高装夹效率。

3. 确定合适的夹紧方式

考虑夹紧方案时,夹紧力应力求通过和靠近中心点上,或在支持点所组成的三角区之内,应力求靠近切削部位,并在刚性较高的地方,尽量不要在被加工孔上方进行夹压。

4. 选择有足够的刚性和强度的夹具方案

夹具的主要任务是保证零件的加工精度,因此要求夹具必须具备足够的刚性和强度:

(1)装卸零件方便,加工中易于观察零件的加工情况。

(2)压板、螺钉等夹紧元件的几何尺寸要适当,不能影响加工路线和刀具交换。

（3）因数控铣床主轴端面至工作台间有一最小距离，夹具的高度应保证刀具能下到待加工面。

（4）便于在机床上测量。

（5）夹具应能够在只对首件零件对刀找正的条件下保证一批零件加工尺寸的一致性要求。

五、刀具的选择

选择刀具应根据机床的加工能力、工件材料的性能、加工工序、切削用量以及其他相关因素正确选用刀具及刀柄。刀具选择总的原则是适用、安全、经济。

1. 适用

适用是要求所选择的刀具能达到加工的目的，完成材料的去除，并达到预定的加工精度。如粗加工时选择有足够大并有足够切削能力的刀具能快速去除材料；而在精加工时，为了能把结构形状全部加工出来，要使用较小的刀具，加工到每一个角落。再如，切削低硬度材料时，可以使用高速钢刀具，而切削高硬度材料时，就必须要用硬质合金刀具。

2. 安全

安全指的是在有效去除材料的同时，不会产生刀具的碰撞、折断等。要保证刀具及刀柄不会与工件相碰撞或者挤擦，造成刀具或工件的损坏。如加长的直径很小的刀具切削硬质的材料时，很容易折断，选用时一定要慎重。

3. 经济

经济指的是能以最小的成本完成加工。在同样可以完成加工的情形下，选择相对综合成本较低的方案，而不是选择最便宜的刀具。刀具的耐用度和精度与刀具价格关系极大，必须引起注意的是，在大多数情况下，选择好的刀具虽然增加了刀具成本，但由此带来的加工质量和加工效率的提高则可以使总体成本可能比使用普通刀具更低，产生更好的效益。例如进行钢材切削时，选用高速钢刀具，通常其进给为 100mm/min，而采用同样大小的硬质合金刀具，进给可达 300mm/min 以上，可以大幅缩短加工时间，虽然刀具价格较高，但总体成本反而更低。通常情况下，优先选择经济性良好的可转位刀具。

选择刀具时，还要考虑安装调整的方便程度、刚性、耐用度和精度。在满足加工要求的前提下，刀具的悬伸长度尽可能短，以提高刀具系统的刚性。

数控加工刀具从结构上可分为：①整体式。②镶嵌式。镶嵌式又可分为焊接式和机夹式，机夹式根据刀体结构不同，又分为可转位和不转位两种。③减振式。当刀具的工作臂长与直径之比较大时，为了减少刀具的振动，提高加工精度，多采用此类刀具。④内冷式。切削液通过刀体内部由喷孔喷射到刀具的切削刃部。⑤特殊式。如复合刀具、可逆攻螺纹刀具等。

数控加工刀具从制造所采用的材料上可分为：高速钢刀具、硬质合金刀具、陶瓷刀具、立方氮化硼刀具、金刚石刀具及涂层刀具。

数控铣床和加工中心上用到的刀具：①钻削刀具，分小孔、短孔、深孔、攻螺纹、铰孔等；②镗削刀具，分粗镗、精镗等刀具；③铣削刀具，分面铣、立铣、球头铣刀等刀具。

1. 钻削刀具

在数控铣床和加工中心上，钻孔都是无钻模直接钻孔，一般钻孔深度约为直径的 5 倍左右,加工细长孔时刀具易于折断,因此要注意冷却和排屑。

图1-23为整体式硬质合金钻头。如果钻削深孔,冷却液可以从钻头中心引入。为了提高刀片的寿命,刀片上涂有一层碳化钛,它的寿命为一般刀片的2倍~3倍,使用这种钻头钻箱体孔,比普通麻花钻要提高工效4倍~6倍。

在钻孔前,最好先用中心钻钻一个中心孔,或用一个刚性较好的短钻头划一窝,以解决在铸件毛坯表面的引正等问题。如代替孔的倒角,以提高小钻头的寿命。划窝一般采用φ8~φ15的钻头,如图1-24所示。

图1-23 整体式硬质合金钻头

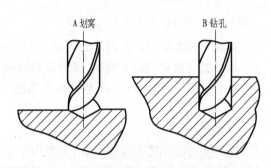

图1-24 划窝钻孔加工

当工件毛坯表面非常硬,钻头无法划窝时可先用硬质合金立铣刀,在欲钻孔部位先铣一个小平面,然后再用中心钻钻一引孔,解决硬表面钻孔的引正问题。

2. 铣削刀具

铣削加工刀具种类很多,在数控机床和加工中心上常用的铣刀有以下5种。

1)面铣刀

面铣刀主要用于立式铣床上加工平面、台阶面等。如图1-25所示,面铣刀的圆周表面和端面上都有切削刃,多制成套式镶齿结构,刀齿为高速钢或硬质合金,刀体为40Cr。

硬质合金面铣刀与高速钢铣刀相比,铣削速度较高,加工效率高,加工表面质量也较好,并可加工带有硬皮和淬硬层的工件,故得到广泛应用。目前,广泛应用的可转位式硬质合金面铣刀结构如图1-25所示。它将可转位刀片通过夹紧元件夹固在刀体上,当刀片的一个切削刃用钝后,可直接在机床上将刀片转位或更换新刀片。可转位式铣刀要求刀片定位精度高、夹紧可靠、排屑容易、更换刀片迅速等。同时,各定位、夹紧元件通用性要好,制造要方便,并且应经久耐用。

面铣刀铣削平面一般采用二次走刀。粗铣时沿工件表面连续走刀,应选好每一次走刀宽度和铣刀直径,使接刀刀痕不影响精铣走刀精度,当加工余量大且不均匀时铣刀直径要选小些。精加工时,铣刀直径要大些,最好能包容加工面的整个宽度。

2)立铣刀

立铣刀是数控机床上用得最多的一种铣刀,主要用于立式铣床上加工凹槽、台阶面等,其结构如图1-26所示。

立铣刀的圆柱表面和端面上都有切削刃,它们可同时进行切削,也可单独进行切削。立铣刀端面刃主要用来加工与侧面相垂直的底平面。图1-26中的直柄立铣刀分别为两刃、三刃和多刃的铣刀。

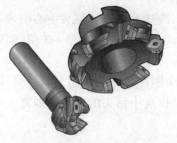

图 1 - 25　可转位式硬质合金面铣刀

图 1 - 26　立铣刀

立铣刀和镶硬质合金刀片的立铣刀主要用于加工凸轮、凹槽和箱口面等。

为了提高槽宽的加工精度,减少铣刀的种类,加工时可采用直径比槽宽小的铣刀,先铣槽的中间部分,然后用刀具半径补偿功能来铣槽的两边,以达到提高槽的加工精度的目的。

3）模具铣刀

模具铣刀由立铣刀发展而成,主要用于立式铣床上加工模具型腔、三维成型表面等。可分为圆锥形立铣刀、圆柱形球头立铣刀和圆锥形球头立铣刀 3 种,其柄部有直柄、削平型直柄和莫氏锥柄。它的结构特点是球头或端面上布满了切削刃,圆周刃与球头刃圆弧连接,可以作径向和轴向进给。铣刀工作部分用高速钢或硬质合金制造。图 1 - 27 为高速钢制造的模具铣刀,图 1 - 28 为用硬质合金制造的模具铣刀。小规格的硬质合金模具铣刀多制成整体结构,φ16mm 以上直径的,制成焊接或机夹可转位刀片结构。

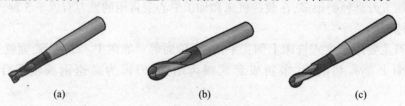

(a)　　　　　　　　(b)　　　　　　　　(c)

图 1 - 27　模具铣刀

(a) 圆锥形立铣刀；(b) 圆柱形球头立铣刀；(c) 圆锥形球头立铣刀。

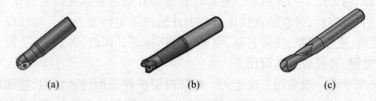

(a)　　　　　　　　(b)　　　　　　　　(c)

图 1 - 28　硬质合金铣刀

(a) 可转位球头立铣刀；(b) 可转位圆刀片铣刀；(c) 整体球头立铣刀。

曲面加工常采用球头铣刀,但加工曲面较平坦部位时,刀具以球头顶端刃切削,切削条件较差,可采用圆弧端铣刀,如图 1 - 28(b)所示。

4）键槽铣刀

键槽铣刀主要用于立式铣床上加工圆头封闭键槽等。如图 1 - 29 所示,键槽铣刀有两个刀齿,圆柱面和端面都有切削刃。键槽铣刀可以不经预钻工艺孔而轴向进给达到槽深,然后沿键槽方向铣出键槽全长。

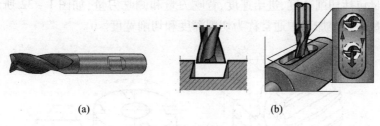

(a)
(b)

图 1 - 29 键槽铣刀

（a）键槽铣刀；（b）两步法铣削键槽。

5）镗孔刀具

在加工中心上进行镗削加工,通常是采用悬臂式加工,因此要求镗刀有足够的刚性和较好的精度。

在镗孔过程中,一般都是采用移动工作台或立柱完成 Z 向进给(卧式),保证悬伸不变,从而获得进给的刚性。

对于精度要求不高的几个同尺寸的孔,在加工时,可以用一把刀完成所有孔的加工后,再更换一把刀加工各孔的第二道工序,直至换最后一把刀加工最后一道工序为止。

精加工孔则须单独完成,每道工序换一次刀,尽量减少各个坐标的运动以减少定位误差对加工精度的影响。

加工中心常用的精镗孔刀具为如图 1 - 30 所示的精镗微调刀杆系统。

大直径的镗孔加工可选用如图 1 - 31 所示的可调双刃镗刀系统,镗刀两端的双刃同时参与切削,每转进给量高,效率高,同时可消除切削力对镗杆的影响。

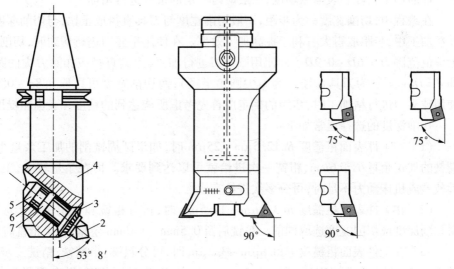

图 1 - 30 精镗微调镗刀　　　　图 1 - 31 可调双刃镗刀

1—刀体；2—刀片；3—微调螺母；4—刀杆；

5—螺母；6—拉紧螺钉；7—导向键。

六、切削用量的确定

合理选择切削用量,对于发挥数控机床的最佳效益有着至关重要的关系。

切削用量包括切削速度、进给速度、背吃刀量和侧吃刀量,如图 1 – 32 所示。背吃刀量和侧吃刀量在数控加工中通常称为切削深度和切削宽度。

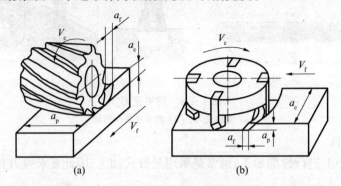

图 1 – 32　铣削切削用量

(a) 圆周铣;(b) 端铣。

选择切削用量的原则:粗加工时,一般以提高生产效率为主,但也应考虑经济性和加工成本;半精加工和精加工时,应在保证加工质量的前提下,兼顾切削效率、经济性和加工成本,具体数值应根据机床说明书、切削用量手册,并结合经验而定。

从刀具耐用度出发,切削用量的选择方法:选取切削深度或切削宽度,其次确定进给量,最后确定切削速度。

1. 切削深度和切削宽度

在机床、工件和刀具刚度允许的情况下,增加切削深度,可以提高生产效率。为了保证零件的加工精度和表面粗糙度,一般应留一定的余量进行精加工。

在编程中,切削宽度称为步距,一般切削宽度与刀具直径成正比,与切削深度成反比。在粗加工中,步距取得大有利于提高加工效率。在使用平底刀进行切削时,切削宽度的一般取值范围为 $0.6D \sim 0.9D$。而使用圆角刀进行加工,刀具直径应扣除刀尖的圆角部分,即 $d = D - 2r$(D 为刀具直径,r 为刀尖圆角半径),而切削宽度可以取 $0.8d \sim 0.9d$。而在使用球头刀进行精加工时,步距的确定应首先考虑所能达到的精度和表面粗糙度。

切削深度的选择通常如下:

(1) 在工件表面粗糙度 $Ra12.5\mu m \sim 25\mu m$ 时,如果圆周铣削的加工余量小于 5mm,端铣的加工余量小于 6mm,粗铣一次进给就可以达到要求。但在余量较大,工艺系统刚性较差或机床动力不足时,可分多次进给完成。

(2) 在工件表面粗糙度 $Ra3.2\mu m \sim 12.5\mu m$ 时,可分粗铣和半精铣两步进行。粗铣时切削深度或切削宽度选取同前。粗铣后留 0.5mm ~ 1.0mm 余量,在半精铣时切除。

(3) 在工件表面粗糙度 $Ra0.8\mu m \sim 3.2\mu m$ 时,可分粗铣、半精铣、精铣三步进行。半精铣时切削深度或切削宽度取 1.5mm ~ 2mm;精铣时圆周铣侧吃刀量取 0.3mm ~ 0.5mm,面铣刀背吃刀量取 0.5mm ~ 1mm。

2. 进给量

进给量有进给速度 v_f、每转进给量 f 和每齿进给量 f_z 三种表示方法。

进给速度 v_f,是单位时间内工件与铣刀沿进给方向的相对位移,单位为 mm/min,在数控程序中的代码为 F。

注意:攻丝时的进给速度由螺栓孔的螺距 P 决定。

每转进给量 f 是铣刀每转一转,工件与铣刀的相对位移,单位为 mm/r。

每齿进给量 f_z 是铣刀每转过一齿时,工件与铣刀的相对位移,单位为 mm/齿。

三种进给量的关系

$$v_f = f \times n = f_z \times z \times n$$

式中:n 为铣刀转速;z 为铣刀齿数。

每齿进给量 f_z 的选取主要取决于工件材料的力学性能、刀具材料、工件表面粗糙度等因素。工件材料的强度和硬度越高,f_z 越小;反之则越大。硬质合金铣刀的每齿进给量高于同类高速钢铣刀。工件表面粗糙度要求越高,f_z 就越小。每齿进给量的确定可参考表 1-5 选取。

表 1-5　铣刀每齿进给量 f_z　　　　　　　　　　（单位:mm/齿）

铣刀 工件材料	平铣刀	面铣刀	圆柱铣刀	端铣刀	成形铣刀	高速钢 镶刃刀	硬质合金 镶刃刀
铸铁	0.2	0.2	0.07	0.05	0.04	0.3	0.1
可锻铸铁	0.2	0.15	0.07	0.05	0.04	0.3	0.09
低碳钢	0.2	0.12	0.07	0.05	0.04	0.3	0.09
中高碳钢	0.15	0.15	0.06	0.04	0.03	0.2	0.08
铸钢	0.15	0.1	0.07	0.05	0.04		0.08
镍铬钢	0.1	0.1	0.05	0.02	0.02	0.15	0.06
高镍铬钢	0.1	0.1	0.05	0.02	0.02	0.1	0.05
黄铜	0.2	0.2	0.07	0.05	0.04	0.03	0.21
青铜	0.15	0.15	0.07	0.05	0.04	0.03	0.1
铝	0.1	0.1	0.07	0.05	0.04	0.02	0.1
Al-Si 合金	0.1	0.1	0.07	0.05	0.04	0.18	0.1
Mg-Al-Zn 合金	0.1	0.1	0.07	0.04	0.03	0.15	0.08
Al-Cu-Mg 合金	0.15	0.1	0.07	0.05	0.04	0.02	0.1
Al-Cu-Si 合金							—

3. 切削速度 V_c

影响切削速度的因素很多,其中最主要的是刀具材质,如表 1-6 所列。

表 1-6　刀具材料与许用最高切削速度表

序号	刀具材料	类别	主要化学成分	最高切削速度/m·min⁻¹
1	碳素工具钢		Fc	
2	高速钢	钨系 铝系	18W+4Cr+1V+(Co) 7W+5Mo+4Cr+1V	50
3	超硬工具	P 种(钢用) M 种(铸钢用) K 种(铸铁用)	WC+Co+TiC+(TaC) WC+Co+TiC+(TaC) WC+Co	150

序号	刀具材料	类别	主要化学成分	最高切削速度/m·min⁻¹
4	涂镀刀具（COATING）		超硬母材料镀 Ti TiNi103 A203	250
5	金属陶瓷（CERMET）	TiCN + NbC 系 NbC 系 TiN 系	TiCN + NbC + CO NbC + TiC + CO TiN + TiC + CO	300
6	陶瓷（CERAMIC）	酸化物系 氮化硅素系 混合系	Al_2O_3 $Al_2O_3 + ZrO_2$ Si_3N_4 $Al_2O_3 + TiC$	1000
7	CBN 工具	氮化硼	高温高压下烧结（BN）	1000
8	金刚石工具	非金属	钻石（多结晶）	1000

表 1-7~表 1-11 是数控机床和加工中心常用的切削用量表。

表 1-7 金属材料用高速钢钻孔的切削用量

（单位:切削速度 mm/min、进给量 mm/r）

工件材料	牌号或硬度	切削用量	钻头直径/mm			
			1~6	6~12	12~22	22~50
铸铁	HB160-200	切削速度	16~24			
		进给量	0.07~0.12	0.12~0.2	0.2~0.4	0.4~0.8
	HB200-241	切削速度	10~18			
		进给量	0.05~0.1	0.1~0.18	0.18~0.25	0.25~0.4
	HB300-400	切削速度	5~12			
		进给量	0.03~0.08	0.08~0.15	0.15~0.2	0.2~0.3
钢	35、45	切削速度	8~25			
		进给量	0.05~0.1	0.1~0.2	0.2~0.3	0.3~0.45
	15Cr、20Cr	切削速度	12~30			
		进给量	0.05~0.1	0.1~0.2	0.2~0.3	0.3~0.45
	合金钢	切削速度	8~18			
		进给量	0.03~0.08	0.08~0.15	0.15~0.25	0.25~0.35

表 1-8 有色金属材料用高速钢钻孔的切削用量

（单位:切削速度 mm/min、进给量 mm/r）

工件材料	牌号或硬度	切削用量	钻头直径/mm		
			3~8	8~25	25~50
铝	纯铝	切削速度	20~50		
		进给量	0.03~0.2	0.06~0.5	0.15~0.8
	铝合金 （长切削）	切削速度	20~50		
		进给量	0.05~0.25	0.1~0.6	0.2~1.0
	铝合金 （短切削）	切削速度	20~50		
		进给量	0.03~0.1	0.05~0.15	0.08~0.36

工件材料	牌号或硬度	切削用量	钻头直径/mm		
			3 ~ 8	8 ~ 25	25 ~ 50
铜	黄铜、青铜	切削速度	60 ~ 90		
		进给量	0.06 ~ 0.15	0.15 ~ 0.3	0.3 ~ 0.75
铜	硬青铜	切削速度	25 ~ 45		
		进给量	0.05 ~ 0.15	0.12 ~ 0.25	0.25 ~ 0.5

表 1-9　镗孔切削用量

（单位:切削速度 mm/min、进给量 mm/r）

工序	工件材料 刀具材料	铸铁		铜		铝及合金	
		切削速度	进给量	切削速度	进给量	切削速度	进给量
粗镗	高速钢	20 ~ 25		15 ~ 30		100 ~ 150	0.5 ~ 1.5
	硬质合金	30 ~ 35	0 ~ 1.5	50 ~ 70	0.35	100 ~ 250	
半精镗	高速钢	20 ~ 35	0.15 ~ 0.45	15 ~ 50		100 ~ 200	0.2 ~ 0.5
	硬质合金	50 ~ 70		92 ~ 130	0.15 ~ 0.45		
精镗	高速钢		D1 级 0.08				
	硬质合金	70 ~ 90	D1 级 0.12 ~ 0.15	100 ~ 130	0.2 ~ 0.15	150 ~ 400	0.06 ~ 0.1

表 1-10　攻螺纹切削速度　　　　　　（单位:mm/min）

工件材料	铸铁	钢及其合金钢	铝及其铝合金
切削速度 V/m·min^{-1}	2.5 ~ 5	1.5 ~ 5	5 ~ 15

表 1-11　铣刀切削速度　　　　　　（单位:mm/min）

工件材料	铣刀材料					
	碳素钢	高速钢	超高速钢	硬质合金	碳化钛	碳化钨
铝合金	75 ~ 150	180 ~ 300		240 ~ 460		300 ~ 600
镁合金		180 ~ 270				150 ~ 600
铝合金		45 ~ 100				120 ~ 190
黄铜（软）	12 ~ 25	20 ~ 25		45 ~ 75		100 ~ 180
青铜	10 ~ 20	20 ~ 40		30 ~ 50		60 ~ 130
青铜（硬）		10 ~ 15	15 ~ 20			40 ~ 60
铸铁（软）	10 ~ 12	15 ~ 20	18 ~ 25	28 ~ 40		75 ~ 100
铸铁（硬）		10 ~ 15	10 ~ 15	18 ~ 28		45 ~ 60
（冷）铸铁			10 ~ 15	12 ~ 18		30 ~ 60
可锻铸铁	10 ~ 15	20 ~ 30	25 ~ 40	35 ~ 45		75 ~ 110
钢（低碳）	10 ~ 14	18 ~ 28	20 ~ 30	30 ~ 40	45 ~ 70	

工件材料	铣刀材料					
	碳素钢	高速钢	超高速钢	硬质合金	碳化钛	碳化钨
钢（中碳）	10～15	15～25	18～28	28～38	40～60	
钢（高碳）		180～300	12～20	15～25	30～45	
合金钢					35～80	
合金钢（硬）					30～60	
高速钢					45～70	

4. 主轴转速 n（r/min）

主轴转速一般根据切削速度 V_c 来选定。计算公式为

$$n = \frac{1000 \times V_c}{\pi \times d}$$

式中：d 为刀具或工件直径（mm）。

对于球头立铣刀的计算直径 D，一般要小于铣刀直径 D，故其实际转速不应按铣刀直径 D 计算，而应按计算直径 D_e 计算。

$$D_e = \sqrt{D^2 - (D - D \times \alpha_p)^2}$$

a_p 为切削深度，而

$$n = \frac{1000 \times V_c}{\pi \times D_e}$$

数控机床的控制面板上一般备有主轴转速修调（倍率）开关和进给速度修调（倍率）开关，可在加工过程中对主轴转速和加工速度进行调整。

练 习 一

一、判断题

1. 目前最常用的刀具材料是低碳钢、中碳钢和高碳钢。（　　）

2. 切削深度是工件上已加工表面和待加工表面间的垂直距离。（　　）

3. 确定走刀路线时应寻找最短加工路线，减少空走刀时间，提高效率。（　　）

4. 用硬质合金铣刀应采用水溶液切削液。（　　）

5. 夹具在机床上的安装误差和工件在夹具中的定位、安装误差对加工精度不会产生影响。（　　）

6. 工件的定位也就是工件的夹紧。（　　）

7. 夹具应具有尽可能多的元件数和较高的刚度。（　　）

8. 加工中心机床的加工工艺按编程的需要，一般以一个换刀动作之间的加工内容为一段。（　　）

9. 夹紧力应尽量靠近已加工表面。（　　）

10. 在考虑工序的顺序时，先进行内腔加工工序，后进行外形的加工工序。（　　）

二、选择题

1. 定位基准的选择原则是_____。
   （A）尽量使工件的定位基准与工序基准不重合
   （B）尽量用未加工表面作为定位基准
   （C）应使工件安装稳定，在加工过程中因切削力或夹紧力而引起的变形最大
   （D）采用基准统一原则

2. 对夹紧装置的要求有_____。
   （A）夹紧时，不要考虑工件定位时的既定位置
   （B）夹紧力允许工件在加工过程中小范围位置变化及振动
   （C）有良好的结构工艺性和使用性
   （D）有较好的夹紧效果，无需考虑夹紧力的大小

3. 切削时的切削热大部分由_____传散出去。
   （A）刀具　　（B）工件　　（C）切屑　　（D）空气

4. 以下不属于滚珠丝杠的特点的有_____。
   （A）传动效率高　　（B）摩擦力小　　（C）传动精度高　　（D）自锁

5. 最小加工余量的大小受下列哪些因素影响_____。
   ① 表面粗糙度
   ② 表面缺陷层深度
   ③ 空间偏差
   ④ 表面几何形状误差
   ⑤ 装夹误差
   （A）①②③　　（B）①④　　（C）①②③④　　（D）①②③④⑤

6. 选择加工表面的设计基准作为定位基准称为_____。
   （A）基准统一原则　　　　（B）互为基准原则
   （C）基准重合原则　　　　（D）自为基准原则

7. 选择粗加工切削用量时，首先应选择尽可能大的_____，以减少走刀次数。
   （A）背吃刀量　　（B）进给速度　　（C）切削速度　　（D）主轴转速

三、问答题

1. 什么是数控加工？数控加工包含哪些内容？
2. 与普通机械加工相比，数控加工在加工工艺方面有什么特点？
3. 是不是所有零件都适合数控加工？如果不是，请阐述理由。
4. 顺铣和逆铣的区别？在数控加工中，哪些场合适宜顺铣？哪些场合适宜逆铣？

第二章 加工中心编程基础

实训要点：
- 熟悉数控编程的步骤，编程的种类，程序的结构与格式等内容；
- 掌握 FANUC 系统常用指令的编程规则和编程方法；
- 建立数控加工过程中刀具补偿的概念。

第一节 数控编程概述

数控机床是按照事先编制好的零件加工程序自动地对工件进行加工的高效自动化设备。在数控编程之前，编程人员首先应了解所用数控机床的规格、性能、数控系统所具备的功能及编程指令格式等。编制程序时，应先对图纸规定的技术要求，零件的几何形状、尺寸及工艺要求进行分析，确定加工方法和加工路线，再进行数学计算，获得刀位数据，然后按数控机床规定的代码和程序格式，将工件的尺寸、刀具运动中心轨迹、位移量、切削参数以及辅助功能(换刀、主轴正反转、冷却液开关等)编制成加工程序，并输入数控系统，由数控系统控制机床自动地进行加工。

一、数控编程的内容

一般来讲，程序编制包括以下几个方面的工作。

1. 加工工艺分析

编程人员首先要根据零件图，对零件的材料、形状、尺寸、精度和热处理要求等进行加工工艺分析。合理地选择加工方案，确定加工顺序、加工路线、装卡方式、刀具及切削参数等。同时，还要考虑所用数控机床的指令功能，充分发挥机床的效能。加工路线要短，换刀次数要少。

2. 数值计算

根据零件图的几何尺寸确定工艺路线及设定坐标系，计算零件粗、精加工运动的轨迹，得到刀位数据。对于形状比较简单的零件(如直线和圆弧组成的零件)的轮廓加工，要计算出几何元素的起点、终点、圆弧的圆心、两几何元素的交点或切点的坐标值，有的还要计算刀具中心的运动轨迹坐标值。对于形状比较复杂的零件(如非圆曲线、曲面组成的零件)，需要用直线段或圆弧段逼近，根据加工精度的要求计算出节点坐标值，这种数值计算一般要用计算机来完成。

3. 编写加工程序

加工路线、工艺参数及刀位数据确定后，编程人员就可以根据数控系统规定的功能指令代码及程序段的格式，逐段编写加工程序。如果编程人员与加工人员是分开的话，还应附上必要的加工示意图、刀具参数表、机床调整卡、工艺卡以及相关的文字说明。

4. 制备控制介质

把编制好的程序记录到控制介质上作为数控装置的输入信息,可用人工输入、存储卡或网络传输的方式送入数控系统。

5. 程序校对和首件试切

编写的程序和制备好的控制介质,必须经过校验和试切后才能正式使用。校验的方法是直接将数控程序输入到数控系统中后,让机床空运行,以检查机床的运动轨迹是否正确,或者通过数控系统提供的图形仿真功能,在 CRT 屏幕上,模拟刀具的运动轨迹。但这些方法只能检验运动是否正确,不能检验被加工零件的加工精度。因此,要进行零件的首件试切。当发现有加工误差时,分析误差产生的原因,找出问题所在,加以修正。

二、数控编程的方法

数控机床所使用的程序是按一定的格式并以代码的形式编制的,一般称为"加工程序"。目前,零件的加工程序编制方法主要有以下三种。

1. 手工编程

利用一般的计算工具,通过各种数学方法,人工进行刀具轨迹的运算,并进行指令编制。这种方式比较简单,很容易掌握,适应性较大。适用于二维零件和计算量不大的零件编程。对机床操作人员来讲必须掌握。

2. 自动编程

自动编程的初期是利用微机或专用的编程器,在专用编程软件(例如 APT 系统)的支持下,以人机对话的方式来确定加工对象和加工条件,然后编程器自动进行运算并生成加工指令,这种自动编程方式,对于形状简单(轮廓由直线和圆弧组成)的零件,可以快速完成编程工作。目前在安装高版本数控系统的机床上,这种自动编程方式,已经完全集成在机床的内部(例如西门子 810 系统、海德汉 430 系统或以后出的新版本等)。但如果零件的轮廓由曲线样条或三维曲面组成,这种自动编程是无法生成加工程序的,解决的办法是利用 CAD/CAM 软件来进行数控编程。

3. CAD/CAM

利用 CAD/CAM 系统进行零件的造型设计、加工分析及编制数控编程。这种方法适用于制造业中的 CAD/CAM 集成系统,目前正被广泛应用。该方式适应面广,效率高,程序质量好,适用于各类柔性制造系统(FMS)和计算机集成制造系统(CIMS),但投资大,掌握起来需要一定时间。

本书主要介绍手工编程和 CAD/CAM 自动编程。

第二节　编程的基本概念

一、程序代码

为了满足设计、制造、维修和普及的需要,在输入代码、坐标系统、加工指令、辅助功能及程序格式等方面,国际上已形成了两种通用的标准,即国际标准化组织(ISO)标准和美国电子工程协会(EIA)标准。这些标准是数控加工编程的基本原则。

在数控加工编程中常用的主要标准如下：

（1）数控纸带的规格；

（2）数控机床坐标轴和运动方向；

（3）数控编程的编码字符；

（4）数控编程的程序段格式；

（5）数控编程的功能代码。

我国根据 ISO 标准制定了《数字控制机床用的七单位编码字符》（JB 3050—1982）、《数字控制坐标和运动方向的命名》（JB 3051—1982）、《数字控制机床穿孔带程序段格式中的准备功能 G 和辅助功能 M 代码》（JB 3208—1983）。但由于各个数控机床生产厂家所用的标准尚未完全统一，其所用的代码、指令及其含义不完全相同。因此，在数控编程时必须按所用数控机床编程手册中的规定进行。目前，数控系统中常用的代码有 ISO 代码和 EIA 代码。

由于目前穿孔纸带的使用已经很少了，这里就不介绍数控纸带的规格了。

二、数控机床坐标轴和运动方向

规定数控机床坐标轴和运动方向，是为了准确地描述机床运动，简化程序的编制，并使所编程序具有互换性。国际标准化组织目前已经统一了标准坐标系，我国也颁布了相应的标准（JB 3051—1982），对数控机床的坐标和运动方向做了明文规定。

1. 运动方向命名的原则

机床在加工零件时，是刀具移向工件，还是工件移向刀具，为了根据图样确定机床的加工过程，特规定：永远假定刀具相对于静止的工件坐标而运动。

2. 坐标系的规定

为了确定机床的运动方向、移动的距离，要在机床上建立一个坐标系，这个坐标系就是标准坐标系。在编制程序时，以该坐标系来规定运动的方向和距离。

数控机床上的坐标系是采用右手笛卡儿坐标系。在图 2-1 中，大拇指的方向为 X 轴的正方向，食指为 Y 轴的正方向，中指为 Z 轴正方向。

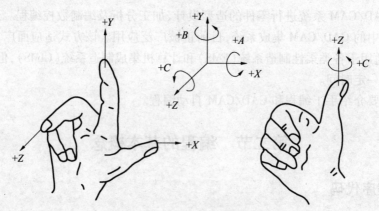

图 2-1　右手笛卡儿坐标系

下面介绍几种常用的坐标系：

1）机床坐标系

32

机床坐标系是机床上固有的坐标系,机床坐标系的方位是参考机床上的一些基准来确定的。机床上有一些固定的基准线,如主轴中心线;固定的基准面,如工作台面、主轴端面、工作台侧面、导轨面等。不同的机床有不同的坐标系。

在标准中,规定平行于机床主轴(传递切削力)的刀具运动坐标轴为 Z 轴,取刀具远离工件的方向为正方向($+Z$)。如果机床有多个主轴时,则选一个垂直于工件装夹面的主轴为 Z 轴。

X 轴为水平方向,且垂直于 Z 轴并平行于工件的装夹面。对于工件作旋转运动的机床(车床、磨床),取平行于横向滑座的方向(工件径向)为刀具运动的 X 轴坐标,同样,取刀具远离工件的方向为 X 的正方向。对于刀具作旋转运动的机床(如铣床、镗床),当 Z 轴为水平时,沿刀具主轴后端向工件方向看,向右的方向为 X 的正方向。如 Z 轴是垂直的,则从主轴向立柱看时,对于单立柱机床,X 轴的正方向指向右边;对于双立柱机床,当从主轴向左侧立柱看时,X 轴向的正方向指向右边。上述正方向都是刀具相对工件运动而言。

在确定了 X、Z 轴的正方向后,可按右手直角笛卡尔坐标系确定 Y 轴的正方向,即在 $Z-X$ 平面内,从 $+Z$ 转到 $+X$ 时,右螺旋应沿 $+Y$ 方向前进。常见机床的坐标方向如图 2-2 和图 2-3 所示,图中表示的方向为实际运动部件的移动方向。

机床原点(机械原点)是机床坐标系的原点,它的位置通常是在各坐标轴的最大极限处。

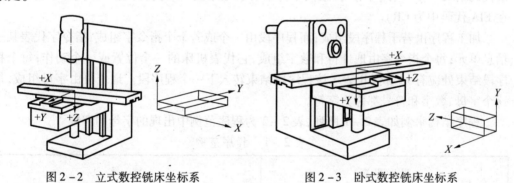

图 2-2　立式数控铣床坐标系　　　　　图 2-3　卧式数控铣床坐标系

2) 工作坐标系

工作坐标系是编程人员在编程和加工时使用的坐标系,是程序的参考坐标系。工作坐标系的位置以机床坐标系为参考点,一般在一个机床中可以设定 6 个工作坐标系。编程人员以工件图样上的某点为工作坐标系的原点,称工作原点。而编程时的刀具轨迹坐标点按工件轮廓在工作坐标系中的坐标确定。在加工时,工件随夹具安装在机床上,这时测量工作原点与机床原点间的距离,这个距离称作工作原点偏置,如图 2-4 所示。

这个偏置值必须在执行加工程序前预存到数控系统中,这个过程一般称为找正。找正完成后,在加工时,工件原点偏置便能自动加到工作坐标系上,使数控系统可按机床坐标系确定加工时的绝对坐标值。因此,编程人员可以不考虑工件在机床上的实际安装位置和安装精度,而利用数控系统的原点偏置功能,通过工作原点偏置值补偿工件在工作台上的位置误差。目前的绝大多数数控机床都有了这种功能,使用起来很方便。

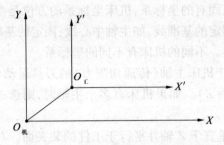

图 2-4 工件坐标系与机床坐标系

3) 附加运动坐标

一般称 X、Y、Z 为主坐标或第一坐标系,如有平行于第一坐标系的第二组和第三组坐标系,则分别指定为 U、V、W 和 P、Q、R。第一坐标系,是指靠近主轴的直线运动,稍远的为第二坐标系,更远的为第三坐标系。

三、程序结构

为运行机床而送到 CNC 的一组指令称为程序。按照指定的指令,刀具沿着直线或圆弧移动,主轴电机按照指令旋转或停止。在程序中,以刀具实际移动的顺序来指定指令。一组单步的顺序指令称为程序段。一个程序段从识别程序段的顺序号开始,到程序段结束代码结束。在本书中,用";"或回车符来表示程序段结束代码(在 ISO 代码中为 LF,而在 EIA 代码中为 CR)。

加工程序由若干程序段组成;而程序段由一个或若干个指令字组成,指令字代表某一信息单元;每个指令字由地址符和数字组成,它代表机床的一个位置或一个动作;每个程序段结束处应有 LF 或 CR 表示该程序段结束转入下一个程序段。地址符由字母组成,每一个字母、数字和符号都称为字符。

程序结构举例如表 2-1 所列,表 2-2 为程序范例中出现的字母的解释。

表 2-1 程序范例

程序内容	注释
O0004	程序号
N1 G90 G54 G00 X0 Y0 S1000 M03;	第一程序段
N2 Z100.0;	第二程序段
N3 G41 D01 X20.0 Y10.0;	……
N4 Z2.0;	
N5 G01 Z-5.0 F100;	
N6 Y50.0 F200;	
N7 X50.0;	
N8 Y20.0;	
N9 G00 Z100.0;	
N10 C40 X0 Y0 M05;	
N11 M30;	程序结束

表 2-2　常用地址符的含义

地址	功能	含义	地址	功能	含义
A	坐标字	绕 X 轴旋转	N	顺序号	程序段顺序号
B	坐标字	绕 Y 轴旋转	O	程序号	程序号、子程序号的指定
C	坐标字	绕 Z 轴旋转	P	——	暂停时间或程序中某功能开始使用的顺序号
D	补偿号	刀具半径补偿指令	Q	——	固定循环终止定距或固定循环中的段号
E	——	第二进给功能	R	坐标字	固定循环中定距离或圆弧半径的指定
F	进给速度	进给速度的指令	S	主轴功能	主轴转速的指令
G	准备功能	指令动作方式	T	刀具功能	刀具编号的指令
H	补偿号	补偿号的指定	U	坐标字	与 X 轴平行的附加轴的增量坐标值
I	坐标字	圆弧中心 X 轴向坐标	V	坐标字	与 Y 轴平行的附加轴的增量坐标值
J	坐标字	圆弧中心 Y 轴向坐标	W	坐标字	与 Z 轴平行的附加轴的增量坐标值
K	坐标字	圆弧中心 Z 轴向坐标	X	坐标字	X 轴的绝对坐标值或暂停时间
L	重复次数	固定循环及子程序的重复次数	Y	坐标字	Y 轴的绝对坐标
M	辅助功能	机床开/关指令	Z	坐标字	Z 轴的绝对坐标

程序段格式是指令字在程序段中排列的顺序,不同数控系统有不同的程序段格式。格式不符合规定,数控装置就会报警,不执行。常见程序段格式如表 2-3 所列。

表 2-3　常见程序段的格式

1	2	3	4	5	6	7	8	9	10	11
N_	G_	X_ U_ Q_	Y_ V_ P_	Z_ W_ R_	I_J_K_ R_	F_	S_	T_	M_	LF
顺序号	准备功能	坐标字				进给功能	主轴功能	刀具功能	辅助功能	结束符号

（1）程序段序号(简称顺序号):通常用 4 位数字表示,即 0000~9999,在数字前还冠有标识符号 N,如 N0001 等。

（2）准备功能(简称 G 功能):它由表示准备功能地址符 G 和两位数字所组成。

（3）坐标字:由坐标地址符及数字组成,且按一定的顺序进行排列,各组数字必须具有作为地址代码的字母(如 X、Y 等)开头。各坐标轴的地址符一般按下列顺序排列:
X、Y、Z、U、V、W、Q、R、A、B、C、D、E

（4）进给功能 F:由进给地址符 F 及数字组成,数字表示所选定的进给速度,一般为 4 位数字码,单位一般为 mm/min 或 mm/r。

（5）主轴转速功能 S:由主轴地址符 S 及数字组成,数字表示主轴转速,单位为 r/min。

（6）刀具功能 T:由地址符 T 和数字组成,用以指定刀具的号码。

（7）辅助功能(简称 M 功能):由辅助操作地址符 M 和两位数字组成,M 功能的代码已标准化。

（8）程序段结束符号：列在程序段的最后一个有用的字符之后，表示程序段结束。

需要说明的是，数控机床的指令格式在国际上有很多格式标准规定，它们之间并不完全一致。随着数控机床的发展，数控系统不断改进和创新，其功能更加强大并且使用方便。但在不同的数控系统之间，程序格式上存在一定的差异。因此，在具体掌握某一数控机床时，要仔细了解其数控系统的编程格式。

四、典型的数控系统介绍

数控系统是数控机床的核心。数控机床根据功能和性能要求，配置不同的数控系统。系统不同，其指令代码也有差别，因此编程时，应按所使用数控系统代码的编程规则进行编程。

FANUC（日本）、SIEMENS（德国）、FAGOR（西班牙）、HEIDENHAIN（德国）、MITSUB-ISHI（日本）等数控系统及相关产品，在数控机床行业占据主导地位；我国数控产品以华中数控、广州数控、航天数控为代表。

1. FANUC 公司的数控系统

目前，在国内销售的 FANUC 系统主要有以下三种。

1）FANUC 0 系统

该系统的具体型号：

（1）Power Mate 0 系列：用于控制二轴的小型车床，取代步进电机的伺服系统，可配 CRT/MDI 和 DPL/MDI。

（2）普及型 CNC 0－D 系列：0－TD 用于车床；0－MD 用于铣床及小型加工中心；0－GCD 用于圆柱磨床；0－GSD 用于平面磨床；0－PD 用于冲床。

（3）全功能型的 0－C 系列：0－TC 用于通用车床、自动车床；0－MC 用于铣床、钻床、加工中心；0－GCC 用于内、外圆磨床；0－GSC 用于平面磨床；0－TTC 用于双刀架四轴车床。

2）FANUC 0i 系统

该系统性能/价格比高，具体型号：0i－MB/MA 用于加工中心和铣床，四轴四联动；0i－TB/TA 用于车床，四轴二联动，0i－mate MA 用于铣床，三轴三联动；0i－mate TA 用于车床，二轴二联动。

3）FANUC 16i 系统/18i 系统/21i 系统

该系统性能比较高，控制单元与 LCD 集成于一体，具有网络功能，超高速串行数据通信。其中 16i－MB 的插补、位置检测和伺服控制以纳米为单位。16i 最大可控八轴，六轴联动；18i 最大可控六轴，四轴联动；21i 最大可控四轴，四轴联动。

本书介绍的数控指令以 FANUC 0i－MB 系统为主，由于数控系统的指令有向下兼容的特点，FANUC 0i－MB 的指令同样可用于 16i/18i/21i 系统。

2. SIEMENS 公司的数控系统

目前，国内销售的 SIEMENS 系统主要有以下四种。

1）SINUMERIK 802S/C

用于车床、铣床等，可控 3 个进给轴和 1 个主轴，802S 适于步进电机驱动，802C 适于伺服电机驱动，具有数字 I/O 接口。

2）SINUMERIK 802D

控制 4 个数字进给轴和 1 个主轴，PLC I/O 模块，具有图形式循环编程，车削、铣削/钻削工艺循环，FRAME（包括移动、旋转和缩放）等功能，为复杂加工任务提供智能控制。

3）SINUMERIK 810D

用于数字闭环驱动控制，最多可控六轴（包括 1 个主轴和 1 个辅助主轴），紧凑型可编程输入/输出。

4）SINUMERIK 840D

全数字模块化数控设计，用于复杂机床、模块化旋转加工机床和传送机，最大可控 31 个坐标轴。

第三节　FANUC 系统常用编程指令

一、FANUC 数控系统编程指令综述

1. 可编程功能

通过编程并运行这些程序使数控机床能够实现的功能，称之为可编程功能。一般可编程功能分为两类：一类用来实现刀具轨迹控制，即各进给轴的运动，如直线/圆弧插补、进给控制、坐标系原点偏置及变换、尺寸单位设定、刀具偏置及补偿等，这一类功能被称为准备功能，以字母 G 以及两位数字组成，也被称为 G 代码。另一类功能被称为辅助功能，用来完成程序的执行控制、主轴控制、刀具控制、辅助设备控制等功能。在这些辅助功能中，T××用于选刀，S××××用于控制主轴转速。其他功能由以字母 M 与两位数字组成的 M 代码来实现。

2. 准备功能

准备功能如表 2-4 所列。

表 2-4　FANUC OMD 的准备功能表

G 代码	分组	功　　能	G 代码	分组	功　　能
▼ G00	01	定位（快速移动）	▼ G40	07	取消刀具半径补偿
▼ G01		直线插补（进给速度）	G41		左侧刀具半径补偿
G02		顺时针圆弧插补	G42		右侧刀具半径补偿
G03		逆时针圆弧插补	G43	08	刀具长度补偿 +
G04	00	暂停，精确停止	G44		刀具长度补偿 -
G09		精确停止	▼ G49		取消刀具长度补偿
▼ G17	02	选择 XY 平面	G52	00	设置局部坐标系
G18		选择 ZX 平面	G53		选择机床坐标系
G19		选择 YZ 平面	▼ G54	14	选用 1 号工件坐标系
G27	00	返回并检查参考点	G55		选用 2 号工件坐标系
G28		返回参考点	G56		选用 3 号工件坐标系
G29		从参考点返回	G57		选用 4 号工件坐标系
G30		返回第二参考点	G58		选用 5 号工件坐标系

G 代码	分组	功 能	G 代码	分组	功 能
- G59	14	选用 6 号工件坐标系	G83		深孔钻削固定循环
G60	00	单一方向定位	G84		攻丝固定循环
G61	15	精确停止方式	G85		镗削固定循环
▼ G64		切削方式	G86	09	镗削固定循环
G65	00	宏程序调用	G87		反镗固定循环
G66	12	模态宏程序调用	G88		镗削固定循环
▼ G67		模态宏程序调用取消	G89		镗削固定循环
G73		深孔钻削固定循环	▼ G90	03	绝对值指令方式
G74		反螺纹攻丝固定循环	▼ G91		增量值指令方式
G76	09	精镗固定循环	G92	00	工件零点设定
▼ G80		取消固定循环	▼ G98	10	固定循环返回初始点
G81		钻削固定循环	G99		固定循环返回 R 点
G82		钻削固定循环			

从表 2-4 可知,G 代码被分为了不同的组,这是由于大多数的 G 代码是模态的。模态 G 代码,是指这些 G 代码不只在当前的程序段中起作用,而且在以后的程序段中一直起作用,直到程序中出现另一个同组的 G 代码为止,同组的模态 G 代码控制同一个目标但起不同的作用,它们之间是不相容的。00 组的 G 代码是非模态的,这些 G 代码只在它们所在的程序段中起作用。标有▼的 G 代码是数控系统启动后默认的初始状态。对于 G01 和 G00、G90 和 G91 这两组指令,数控系统启动后默认的初始状态由系统参数指定。

同一程序段中,可以有几个 G 代码出现,但当两个或两个以上的同组 G 代码出现时,最后出现的一个(同组的)G 代码有效。在固定循环模态下,任何一个 01 组的 G 代码都将使固定循环模态自动取消,成为 G80 模态。

3. 辅助功能

机床用 S 代码来对主轴转速进行编程,用 T 代码来进行选刀编程,其他可编程辅助功能由 M 代码来实现。一般地,一个程序段中,M 代码最多可以有一个(0i 系统最多可有 3 个)。常用的 M 代码如表 2-5 所列。

表 2-5 常用的 M 代码

M 代码	功 能	M 代码	功 能
M00	程序暂停	M09	冷却关
M01	条件程序暂停	M18	主轴定向解除
M02	程序结束	M19	主轴定向
M03	主轴正转	M29	刚性攻丝
M04	主轴反转	M30	程序结束并返回程序头
M05	主轴停止	M98	调用子程序
M06	刀具交换	M99	子程序结束返回/重复执行
M08	冷却开		

二、插补功能

1. 快速定位(G00)

格式:G00 IP_;

IP_在本书中代表任意多个(最多5个)进给轴地址的组合,当然,每个地址后面都会有一个数字作为赋给该地址的值,一般机床有3个进给轴(个别机床有4个~5个进给轴)即X、Y、Z轴,所以IP_可以代表如X12. Y119. Z - 37. 或X287.3 Z73.5 A45. 等内容。

G00 这条指令所作的就是使刀具以快速的速率移动到IP_指定的位置,被指定的各轴之间的运动是互不相关的,也就是说刀具移动的轨迹不一定是一条直线。G00 指令下,快速倍率为100% 时,各轴运动的速度是机床的最快移动速度,目前的机床通常大于15m/min,该速度不受当前F值的控制。当各运动轴到达运动终点并发出位置到达信号后,CNC认为该程序段已经结束,并转向执行下一程序段。

说明:可以用系统参数(如0i系统 No. 1401 的第 1 位LRP)选择G00指令的移动轨迹。

1)非直线插补定位

刀具分别以每轴的快速移动速度定位。刀具轨迹一般不是直线。

2)直线插补定位

刀具轨迹与直线插补(G01)相同。刀具以不超过每轴的快速移动速度,在最短的时间内定位。这两种插补方式的区别如图 2-5 所示。

2. 直线插补(G01)

格式:G01 IP_F_;

G01 指令使当前的插补模态成为直线插补模态,刀具从当前位置移动到 IP 指定的位置,其轨迹是一条直线,F_指定了刀具沿直线运动的速度,单位为 mm/min(X、Y、Z 轴)。第一次出现 G01 指令时,必须指定 F 值,否则机床报警。

假设当前刀具所在点为 X -50Y -75,则下面的程序段将使刀具走出如图 2-6 所示轨迹。

N1 G01 X150. Y25. F100 ;

N2 X50. Y75. ;

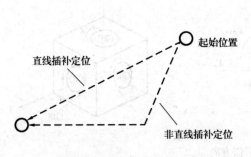

图 2-5 G00 指令移动方式

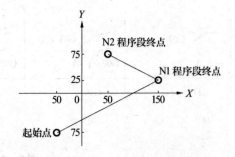

图 2-6 G01 指令移动轨迹

可以看到,程序段 N2 并没有指令 G01,但由于 G01 指令为模态指令,所以 N1 程序段中所指令的 G01 在 N2 程序段中继续有效,同样地,指令 F100 在 N2 段也继续有效,即刀具沿两段直线的运动速度都是 100mm/min。

3. 圆弧插补(G02/G03)

下面所列的指令可以使刀具沿圆弧轨迹运动:

在 $X - Y$ 平面

G17｛G02/G03｝X_Y_｛(I_J_)/R_｝F_;

在 $X - Z$ 平面

G18｛G02/G03｝X_Z_｛(I_K_)/R_｝F_;

在 $Y - Z$ 平面

G19｛G02/G03｝Y_Z_｛(J_K_)/R_｝F_;

上面指令中字母的解释如表 2 - 6 所列。

表 2 - 6　G02/G03 指令解释

序号	数据内容		指　令	含　　义
1	平面选择		G17	指定 $X—Y$ 平面上的圆弧插补
			G18	指定 $X—Z$ 平面上的圆弧插补
			G19	指定 $Y—Z$ 平面上的圆弧插补
2	圆弧方向		G02	顺时针方向的圆弧插补
			G03	逆时针方向的圆弧插补
3	终点位置	G90 模态	X、Y、Z 中的两轴指令	当前工件坐标系中终点位置的坐标值
		G91 模态	X、Y、Z 中的两轴指令	从起点到终点的距离(有方向的)
4	起点到圆心的距离		I、J、K 中的两轴指令	从起点到圆心的距离(有方向的)
	圆弧半径		R	圆弧半径
5	进给率		F	沿圆弧运动的速度

在这里,圆弧方向对于 $X - Y$ 平面来说,是由 Z 轴的正向往 Z 轴的负向看 $X - Y$ 平面所看到的圆弧方向。同样,对于 $X - Z$ 平面或 $Y - Z$ 平面来说,观测的方向则应该是从 Y 轴或 X 轴的正向到 Y 轴或 X 轴的负向(适用于右手坐标系如图 2 - 7 所示)。

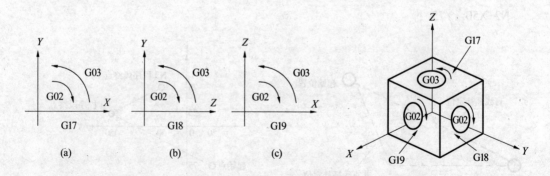

图 2 - 7　圆弧方向

圆弧的终点由地址 X、Y 和 Z 来确定。在 G90 模态,即绝对值模态下,地址 X、Y、Z 给出了圆弧终点在当前坐标系中的坐标值;在 G91 模态,即增量值模态下,地址 X、Y、Z 给出的则是在各坐标轴方向上当前刀具所在点到终点的距离。

从起点到圆弧中心,用地址 I、J 和 K 分别指令 X_P、Y_P 或 Z_P 轴向的圆弧中心位置。I、J 或 K 后的数值是从起点向圆弧中心方向的矢量分量,并且,不管指定 G90 还是指定 G91,I、J 和 K 的值总是增量值,如图 2-8 所示。

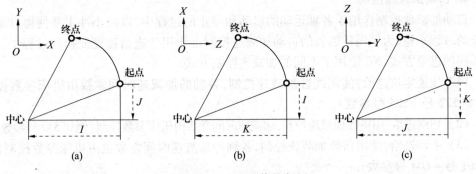

图 2-8 I、J、K 值的定义

I、J 和 K 必须根据方向指定其符号(正或负)。

I0、J0 和 K0 可以省略。当 X_P、Y_P 或 Z_P 省略(终点与起点相同),并且中心用 I、J 和 K 指定时,移动轨迹为 360°的圆弧(整圆)。例如:G02 I_;指令一个整圆。

如果在起点和终点之间的半径差在终点超过了系统参数中的允许值时,则机床报警。

对一段圆弧进行编程,除了用给定终点位置和圆心位置的方法外,还可以用给定半径和终点位置的方法对一段圆弧进行编程,用地址 R 来指定半径值,替代给定圆心位置的地址。在这种情况下,如果圆弧小于 180°,半径 R 为正值;如果圆弧大于 180°,半径 R 用负值指定。如果 X_P、Y_P 或 Z_P 全都省略,即终点和起点位于相同位置,并且指定 R 时,程序编制出的圆弧为 0°。编程一个整圆一般使用给定圆心的方法,如果必须要用 R 来表示,整圆必须打断为四个部分,每个部分小于 180°。

三、进给功能

为切削工件,刀具以指定速度移动称为进给。指定进给速度的功能称为进给功能。

1. 进给速度

数控机床的进给一般分为两类:快速定位进给及切削进给。

快速定位在指令 G00、手动快速移动以及固定循环时的快速进给和点位之间的运动时出现。快速定位进给的速度是由机床参数给定的,所以快速移动速度不需要编程指定。用机床操作面板上的开关,可以对快速移动速度施加倍率,倍率值为 F0,25,50,100%。其中 F0 由机床参数设定每个轴的固定速度。

切削进给出现在 G01、G02/03 以及固定循环中加工进给的情况下,切削进给的速度由地址 F 在程序中指定。在加工程序中,F 是一个模态的值,即在给定一个新的 F 值之前,原来编程的 F 值一直有效。CNC 系统刚刚通电时,F 的值由机床参数给定,通常该参数在机床出厂时被设为 0。切削进给的速度是一个有方向的量,它的方向是刀具运动的方向,模(即速度的大小)为 F 的值。参与进给的各轴之间是插补的关系,它们的运动合成即是切削进给运动。

F 的最大值也由机床参数控制,如果编程的 F 值大于此值,实际的进给切削速度将限制为最大值。

切削进给的速度还可以由操作面板上的进给倍率开关来控制,实际的切削进给速度应该为 F 的给定值与倍率开关给定倍率的乘积。

2. 自动加减速控制

自动加减速控制作用于各轴运动的启动和停止的过程中,以减小冲击并使得启动和停止的过程平稳,为了同样的目的自动加减速控制也作用于进给速度变换的过程中。对于不同的进给方式,NC 使用了不同的加减速控制方式。

(1)快速定位进给:使用线性加减速控制,各轴的加减速时间常数由机床参数控制(例如 522 号~525 号参数)。

(2)切削进给:用指数加减速控制,加减速时间常数由机床参数控制(例如 530 号参数)。

(3)手动进给:使用指数加减速控制,各轴的加减速时间常数也由机床参数控制(例如 601 号~604 号参数)。

3. 切削方式(G64)

为了有一个好的切削条件,希望刀具在加工工件时要保持线速度的恒定,但是自动加减速控制只作用于每一段切削进给过程的开始和结束,那么在两个程序段之间的衔接处如何使刀具保持恒定的线速度呢? 在切削方式 G64 模态下,两个切削进给程序段之间的过渡是这样的:在前一个运动接近指令位置并开始减速时,后一个运动开始加速,这样就可以在两个插补程序段之间保持恒定的线速度。可以看出在 G64 模态下,切削进给时,数控系统(NC)并不检查每个程序段执行时各轴的位置到达信号,而在两个切削进给程序段的衔接处使刀具走出一个小小的圆角。

4. 精确停止(G09)及精确停止方式(G61)

如果在一个切削进给的程序段中有 G09 指令给出,则刀具接近指令位置时会减速,数控系统检测到位置到达信号后才会继续执行下一程序段。这样,在两个程序段之间的衔接处刀具将走出一个非常尖锐的角,所以需要加工非常尖锐的角时可以使用这条指令。使用 G61 可以实现同样的功能,G61 与 G09 的区别就是 G09 是一条非模态的指令,而 G61 是模态的指令,即 G09 只能在它所在的程序段中起作用,不影响模态的变化,而 G61 可以在它以后的程序段中一直起作用,直到程序中出现 G64 或 G63 为止。

5. 暂停(G04)

作用:在两个程序段之间产生一段时间的暂停。

格式:G04 P_;或 G04 X_;

地址 P 或 X 给定暂停的时间,以秒(s)为单位,范围是 0.001s~9999.999s。如果没有 P 或 X,G04 在程序中的作用与 G09 相同。

四、参考点

参考点是机床上的一个固定的点,它的位置由各轴的参考点开关和撞块位置以及各轴伺服电机的零点位置来确定。用参考点返回功能刀具可以非常容易地移动到该位置。参考点可用作刀具自动交换的位置。用机床参数可在机床坐标系中设定四个参考点。

1. 自动返回参考点(G28)

格式:G28IP_;

该指令使主轴以快速定位进给速度经由 IP 指定的中间点返回机床参考点,中间点的指定既可以是绝对值方式的也可以是增量值方式的,这取决于当前的模态。一般地,该指令用于整个加工程序结束后使工件移出加工区,以便卸下加工完毕的零件和装夹待加工的零件。

注意:为了安全起见,在执行该命令以前应该取消刀具半径补偿和长度补偿。

G28 指令中的坐标值将被数控系统作为中间点存储。此外,如果一个轴没有被包含在 G28 指令中,数控系统存储的该轴中间点坐标值将使用以前的 G28 指令中所给定的值。例如:

```
N1   X20.0  Y54.0;
N2   G28   X - 40.0  Y - 25.0;        中间点坐标值( - 40.0, - 25.0)
N3   G28   Z31.0;                     中间点坐标值( - 40.0, - 25.0,31.0)
```

该中间点的坐标值主要由 G29 指令使用。

2. 返回第二参考点(G30)

格式:G30   IP_;

该指令的使用和执行都和 G28 非常相似,唯一不同的就是 G28 使指令轴返回机床参考点,而 G30 使指令轴返回第二参考点。可以使用 G29 指令使指令轴从第二参考点自动返回。

第二参考点也是机床上的固定点,它和机床参考点之间的距离由参数给定,第二参考点指令一般在机床中主要用于刀具交换。

注意:与 G28 一样,为了安全起见,在执行该命令以前应该取消刀具半径补偿和长度补偿。

五、坐标系

通常,编程人员开始编程时,并不知道被加工零件在机床上的位置,他所编制的零件程序通常是以工件上的某个点作为零件程序的坐标系原点来编写加工程序,当被加工零件夹压在机床工作台上以后,再将数控系统所使用的坐标系的原点偏移到与编程使用的原点重合的位置进行加工。所以,坐标系原点偏移功能对于数控机床来说是非常重要的。

用编程指令可以使用三种坐标系,即机床坐标系、工件坐标系、局部坐标系。

1. 选用机床坐标系(G53)

格式:(G90)G53   IP_;

G53 指令使刀具以快速进给速度运动到机床坐标系中 IP_指定的坐标值位置,一般地,该指令在 G90 模态下执行。G53 指令是一条非模态的指令,也就是说它只在当前程序段中起作用。

机床坐标系零点与机床参考点之间的距离由参数设定,无特殊说明,各轴参考点与机床坐标系零点重合。

2. 使用预置的工件坐标系(G54~G59)

在机床中,可以预置6个工件坐标系,通过在数控系统面板上的操作,设置每一个工件坐标系原点相对于机床坐标系原点的偏移量,然后使用 G54~G59 指令来选用它们。G54~G59 都是模态指令,分别对应 1#~6#预置工件坐标系,如表2-7所列。

预置 1#工件坐标系偏移量:X-150.000,Y-210.000,Z-90.000。

预置 4#工件坐标系偏移量:X-430.000,Y-330.000,Z-120.000。

表2-7 程序范例

程序段内容	终点在机床坐标系中的坐标值	注 释
N1 G90 G54 G00 X50. Y50. ;	X-100,Y-160	选择 1#坐标系,快速定位
N2 Z-70. ;	Z-160	
N3 G01 Z-72.5 F100;	Z-160.5	直线插补,F 值为 100
N4 X37.4;	X-112.6	(直线插补)
N5 G00 Z0;	Z-90	快速定位
N6 X0 Y0;	X-150,Y-210	
N7 G53 X0 Y0 Z0;	X0,Y0,Z0	选择使用机床坐标系
N8 G57 X50. Y50. ;	X-380,Y-280	选择 4#坐标系
N9 Z-70. ;	Z-190	
N10 G01 Z-72.5 ;	Z-192.5	直线插补,F 值为 100 (模态值)
N11 X37.4;	X392.6	
N12 G00 Z0;	Z-120	
N13 G00 X0 Y0 ;	X-430,Y-330	

从以上举例可以看出,G54~G59 指令的作用就是将数控系统所使用的坐标系原点移到机床坐标系中的预置点,预置方法请参考后面章节的操作部分。

在机床的数控编程中,插补指令和其他与坐标值有关的指令中的 IP_,除非有特指外,都是指在当前坐标系中(指令被执行时所使用的坐标系)的坐标位置。绝大多数情况下,当前坐标系是 G54~G59 中的一个(G54 为上电时的初始模态),直接使用机床坐标系的情况不多。

3. 可编程工件坐标系(G92)

格式:(G90)G92 IP_;

G92 指令建立一个新的工件坐标系,使得在这个工件坐标系中,当前刀具所在点的坐标值为 IP_指令的值。G92 指令是一条非模态指令,但由该指令建立的工件坐标系却是模态的。实际上,该指令也是给出了一个偏移量,这个偏移量是间接给出的,它是新工件坐标系原点在原来的工件坐标系中的坐标值,从 G92 的功能可以看出,这个偏移量也就是刀具在原工件坐标系中的坐标值与 IP_指令值之差。如果多次使用 G92 指令,则每次使用 G92 指令给出的偏移量将会叠加。对于每一个预置的工件坐标系(G54~G59),这个叠加的偏移量都是有效的,如表2-8所列。

预置 1# 工件坐标系偏移量:X – 150.000,Y – 210.000,Z – 90.000。

预置 4# 工件坐标系偏移量:X – 430.000,Y – 330.000,Z – 120.000。

表 2 – 8　程序范例

程序段内容	终点在机床坐标系中的坐标值	注　释
N1 G90 G54 G00 X0 Y0 Z0;	$X-150,Y-210,Z-90$	选择 1# 坐标系,快速定位到坐标系原点
N2 G92 X70. Y100. Z50.;	$X-150,Y-210,Z-90$	刀具不运动,建立新坐标系,新坐标系中当前点坐标值为 $X70,Y100,Z50$
N3 G00 X0 Y0 Z0;	$X-220,Y-310,Z-140$	快速定位到新坐标系原点
N4 G57 X0 Y0 Z0;	$X-500,Y-430,Z-170$	选择 4# 坐标系,快速定位到坐标系原点(已被偏移)
N5 X70. Y100. Z50.;	$X-430,Y-330,Z-120$	快速定位到原坐标系原点

4. 局部坐标系(G52)

G52 可以建立一个局部坐标系,局部坐标系相当于 G54 ~ G59 坐标系的子坐标系。

格式:G52 IP_;

在 G52 指令中,IP_ 给出了一个相对于当前 G54 ~ G59 坐标系的偏移量,也就是说,IP_ 给定了局部坐标系原点在当前 G54 ~ G59 坐标系中的位置坐标,即使该 G52 指令执行前已经由一个 G52 指令建立了一个局部坐标系。取消局部坐标系的方法也非常简单,使用 G52 IP0 即可。

六、平面选择

这一组指令用于选择进行圆弧插补以及刀具半径补偿所在的平面。使用方法如图 2 – 9 所示。

关于平面选择的相关指令可以参考圆弧插补及刀具补偿等指令的相关内容。

七、坐标值和尺寸单位

绝对值和增量值编程(G90 和 G91):

刀具运动的两种指令是绝对值指令和增量值指令。

绝对值指令:绝对值指令是刀具移动到"距坐标系零点某一距离"的点,即刀具移动到坐标值的位置。

增量值指令:指令刀具从前一个位置移动到下一个位置的位移量。

在绝对值指令模式下,指定的是运动终点在当前坐标系中的坐标值;而在增量值指令模式下,指定的则是各轴运动的距离。G90 和 G91 这对指令被分别用来选择使用绝对值模式或增量值模式。

图 2 – 10 所示的实例,可以更好地理解绝对值方式和增量值方式的编程。

八、辅助功能

1. M 代码

在机床中,M 代码分为两类:①由数控系统直接执行,用来控制程序的执行;②由 PMC 来执行,控制主轴、ATC 装置、冷却系统。

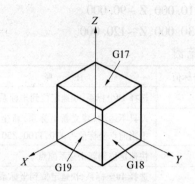
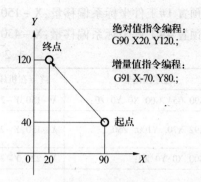

图 2-9 平面选择指令

G17—选择 XY 平面；G18—选择 ZX 平面；
G19—选择 YZ 平面。

图 2-10 绝对值方式和增量值方式的编程

1）程序控制用 M 代码

用于程序控制的 M 代码有 M00、M01、M02、M30、M98、M99，其功能分别如下：

M00——程序暂停。数控系统执行到 M00 时，中断程序的执行，按循环启动按钮可以继续执行程序。

M01——条件程序暂停。数控系统执行到 M01 时，若 M01 有效开关置为上位，则 M01 与 M00 指令有同样效果，如果 M01 有效开关置下位，则 M01 指令不起任何作用。

M02——程序结束。遇到 M02 指令时，数控系统认为该程序已经结束，停止程序的运行并发出一个复位信号。

M30——程序结束，并返回程序头。在程序中，M30 除了起到与 M02 同样的作用外，还使程序返回程序头。

M98——调用子程序。

M99——子程序结束，返回主程序。

2）其他 M 代码

M03——主轴正转。使用该指令使主轴以当前指定的主轴转速逆时针（CCW）旋转。

M04——主轴反转。使用该指令使主轴以当前指定的主轴转速顺时针（CW）旋转。

M05——主轴停止。

M06——自动刀具交换（参阅机床操作说明书）。

M08——冷却开。

M09——冷却关。

机床厂家往往将自行开发的机床功能设置为 M 代码（如机床开/关门），这些 M 代码请参阅机床自带的使用说明书。

2. T 代码

机床刀具库使用任意选刀方式，即由两位的 T 代码 T×× 指定刀具号而不必管这把刀在哪一个刀套中，地址 T 的取值范围可以是 1~99 之间的任意整数，在 M06 之前必须有一个 T 码，如果 T 指令和 M06 出现在同一程序段中，则 T 码也要写在

M06 之前。

注意: 刀具表一定要设定正确,如果与实际不符,将会严重损坏机床,并造成不可预料的后果。

3. 主轴转速指令(S 代码)

一般机床主轴转速范围在 20r/min ~ 6000r/min。主轴的转速指令由 S 代码给出,S 代码是模态的,即转速值给定后始终有效,直到另一个 S 代码改变模态值。主轴的旋转指令由 M03 或 M04 实现。

九、FANUC 系统的程序结构

1. 程序结构

早期的数控系统加工程序,是以纸带为介质存储的,为了保持与以前系统的兼容性,所用的 NC 系统也可以使用纸带作为存储的介质,所以一个完整的程序还应包括纸带输入输出程序必需的一些信息,这样,一个完整的程序应由下列几部分构成:

(1)纸带程序起始符。

(2)前导。

(3)程序起始符。

(4)程序正文。

(5)注释。

(6)程序结束符。

(7)纸带程序结束符。

1)纸带程序起始符(Tape Start)

该部分在纸带上用来标识一个程序的开始,符号是"%"。在机床操作面板上直接输入程序时,该符号由 NC 自动产生。

2)前导(Leader Section)

第一个换行(LF,ISO 代码的情况下)或回车(CR,EIA 代码的情况下)前的内容被称为前导部分。该部分与程序执行无关。

3)程序起始符(Program Start)

该符号标识程序正文部分的开始,ISO 代码为 LF,EIA 代码为 CR。在机床操作面板上直接输入程序时,该符号由数控系统自动产生。

4)程序正文(Program Section)

位于程序起始符和程序结束符之间的部分为程序正文部分,在机床操作面板上直接输入程序时,输入和编辑的就是这一部分。程序正文的结构请参考下一节的内容。

5)注释(Comment Section)

在任何地方,一对圆括号之间的内容为注释部分,NC 对这部分内容只显示,在执行时不予理会。

6)程序结束符(Program End)

用来标识程序正文的结束,所用符号如表 2-9 所列。

表 2 - 9　程序结束符

ISO 代码	EIA 代码	含　义
M02LF	M02CR	程序结束
M30LF	M30CR	程序结束,返回程序头
M99LF	M99CR	子程序结束

ISO 代码的 LF 和 EIA 代码的 CR,在操作面板的屏幕上均显示为";"。

7) 纸带程序结束符(Tape End)

用来标识纸带程序的结束,符号为"%"。在机床操作面板上直接输入程序时,该符号由数控系统自动产生。

2. 程序正文结构

1) 地址和词

在加工程序正文中,一个英文字母被称为一个地址,一个地址后面跟着一个数字就组成了一个词。每个地址有不同的意义,它们后面所跟的数字也因此具有不同的格式和取值范围,如表 2 - 10 所列。

表 2 - 10　地址符的取值范围

功　能	地　址	取值范围	含　义
程序号	O	1 ~ 9999	程序号
顺序号	N	1 ~ 9999	顺序号
准备功能	G	00 ~ 99	指定数控功能
尺寸定义	X,Y,Z	±99999.999mm	坐标位置值
	R		圆弧半径,圆角半径
	I,J,K	±9999.9999mm	圆心坐标位置值
进给速率	F	1mm/min ~ 100,000mm/min	进给速率
主轴转速	S	1r/min ~ 32000r/min	主轴转速值
选刀	T	0 ~ 99	刀具号
辅助功能	M	0 ~ 99	辅助功能 M 代码号
刀具偏置号	H,D	1 ~ 200	指定刀具偏置号
暂停时间	P,X	0 ~ 99999.999s	暂停时间(ms)
指定子程序号	P	1 ~ 9999	调用子程序用
重复次数	P,L	1 ~ 999	调用子程序用
参数	P,Q	P 为 0 ~ 99999.999s Q 为 ±99999.999mm	固定循环参数

2) 程序段结构

一个加工程序由许多程序段构成,程序段是构成加工程序的基本单位。程序段由一个或更多的词构成并以程序段结束符(EOB,ISO 代码为 LF,EIA 代码为 CR,屏幕显示为";")作为结尾。另外,一个程序段的开头可以有一个可选的顺序号 N × × × × 用来标识该程序段。一般来说,顺序号有两个作用:

(1) 运行程序时,便于监控程序的运行情况,因为在任何时候,程序号和顺序号总是显示在 CRT 的右上角；

（2）在分段跳转时，必须使用顺序号来标识调用或跳转位置。

必须注意：程序段执行的顺序只和它们在程序存储器中所处的位置有关，而与它们的顺序号无关，即如果顺序号为 N20 的程序段出现在顺序号为 N10 的程序段前面，也一样先执行顺序号为 N20 的程序段。如果某一程序段的第一个字符为"/"，则表示该程序段为条件程序段，即可选跳段开关在上位时，不执行该程序段，而可选跳段开关在下位时，该程序段才能被执行。

3）主程序和子程序

加工程序分为主程序和子程序。一般地，NC 执行主程序的指令，但当执行到一条子程序调用指令时，NC 转向执行子程序，在子程序中执行到返回指令时，再回到主程序。

当加工程序需要多次运行一段同样的轨迹时，可以将这段轨迹编成子程序存储在机床的程序存储器中，每次在程序中需要执行这段轨迹时便可以调用该子程序。

当一个主程序调用一个子程序时，该子程序可以调用另一个子程序，这样的情况，称之为子程序的两重嵌套。一般机床可以允许最多达四重的子程序嵌套。在调用子程序指令中，可以指令重复执行所调用的子程序，可以指令重复最多达 999 次。

一个子程序应该具有如下格式：

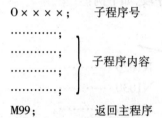

```
O××××；      子程序号
…………；
…………；  }  子程序内容
…………；
…………；
M99；        返回主程序
```

在程序的开始，应该有一个由地址 O 指定的子程序号；在程序的结尾，返回主程序的指令 M99 是必不可少的。M99 可以不必出现在一个单独的程序段中，作为子程序的结尾，这样的程序段也是可以的：

G90 G00 X0 Y100. M99；

在主程序中，调用子程序的程序段应包含如下内容：

M98 P×××××××；

在这里，地址 P 后面所跟的数字中，后面的 4 位用于指定被调用的子程序的程序号，前面的 3 位用于指定调用的重复次数。

M98 P51002；调用 1002 号子程序，重复 5 次。

M98 P1002； 调用 1002 号子程序，重复 1 次。

M98 P50004；调用 4 号子程序，重复 5 次。

子程序调用指令可以和运动指令出现在同一程序段中：

G90 G00 X-75. Y50. Z53. M98 P40035；

该程序段指令 X、Y、Z 三轴以快速定位进给速度运动到指令位置，然后调用执行 4 次 35 号子程序。

包含子程序调用的主程序，程序执行顺序如下例：

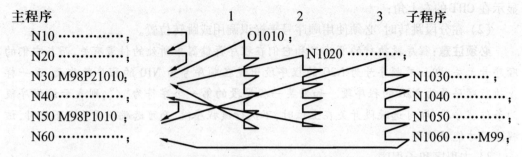

与其他 M 代码不同,M98 和 M99 执行时,不向机床发送信号。

当 NC 找不到地址 P 指定的程序号时,发出 PS 报警。

子程序调用指令 M98 不能在 MDI 方式下执行,如果需要单独执行一个子程序,可以在程序编辑方式下编辑如下程序,并在自动运行方式下执行。

× × × ×;

M98 P× × × ×;

M02(或 M30);

在 M99 返回主程序指令中,可以用地址 P 来指定一个顺序号。当这样的一个 M99 指令在子程序中被执行时,返回主程序后并不是执行紧接着调用子程序的程序段后的那个程序段,而是转向执行具有地址 P 指定的顺序号的那个程序段,如下例:

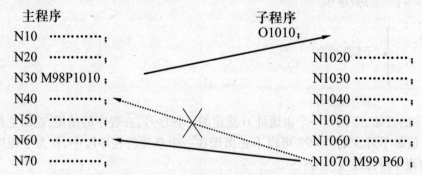

这种主—子程序的执行方式只有在程序存储器中的程序能够使用,DNC 方式下不能使用。

如果 M99 指令出现在主程序中,执行到 M99 指令时,将返回程序头,重复执行该程序。这种情况下,如果 M99 指令中出现地址 P,则执行该指令时,跳转到顺序号为地址 P 指定的顺序号的程序段。大部分情况下,将该功能与可选跳段功能联合使用。如下例:

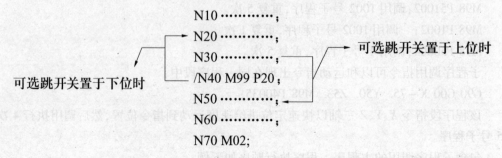

当可选跳段开关置于下位时,跳段标识符不起作用,M99P20 被执行,跳转到 N20 程序段,重复执行 N20 及 N30(如果 M99 指令中没有 P20,则跳转到程序头,即 N10 程序段)。当可选跳段开关置于上位时,跳段标识符起作用,该程序段被跳过,N30 程序段执行完毕后执行 N50 程序段,直到 N70M02;结束程序的执行。值得注意:如果包含 M02、M30 或 M99 的程序段前面有跳段标识符"/",则该程序段不被认为是程序的结束。

十、刀具补偿功能

1. 刀具长度补偿(G43,G44,G49)

使用 G43(G44)H_;指令可以将 Z 轴运动的终点向正或负向偏移一段距离,这段距离等于 H 指令的补偿号中存储的补偿值。G43 或 G44 是模态指令,H_指定的补偿号也是模态的使用这条指令,编程人员在编写加工程序时就可以不必考虑刀具的长度而只需考虑刀尖的位置即可。刀具磨损或损坏后更换新的刀具时也不需要更改加工程序,直接修改刀具补偿值即可。

G43 指令为刀具长度补偿 + ,即 Z 轴到达的实际位置为指令值与补偿值相加的位置;G44 指令为刀具长度补偿 - ,即 Z 轴到达的实际位置为指令值减去补偿值的位置。H 的取值范围为 00~200。H00 意味着取消刀具长度补偿值。取消刀具长度补偿的另一种方法是使用指令 G49。NC 执行到 G49 指令或 H00 时,立即取消刀具长度补偿,并使 Z 轴运动到不加补偿值的指令位置。

由于补偿值的取值范围是 - 999.999mm ~ 999.999mm 或 - 99.9999 英寸 ~ 99.9999 英寸。补偿值正负号的改变,使用 G43 指令就可完成全部工作,因而在实际工作中,绝大多数情况下都是使用 G43 指令。

2. 刀具半径补偿

当使用加工中心进行内、外轮廓的铣削时,刀具中心的轨迹应该是这样的:能够使刀具中心在编程轨迹的法线方向上距编程轨迹的距离始终等于刀具的半径(见图 2 - 11)。在机床上,这样的功能可以由 G41 或 G42 指令来实现。

格式:G41(G42)D_;

1) 补偿向量

补偿向量是一个二维的向量,当由它来确定进行刀具半径补偿时,实际位置和编程位置之间的偏移距离和方向。补偿向量的模,即实际位置和补偿位置之间的距离始终等于指定补偿号中存储的补偿值,补偿向量的方向始终为编程轨迹的法线方向,如图 2 - 12 所示。该编程向量由 NC 系统根据编程轨迹和补偿值计算得出,并由此控制刀具(X、Y 轴)的运动完成补偿过程。

2) 补偿值

在 G41 或 G42 指令中,地址 D 指定了一个补偿号,每个补偿号对应一个补偿值。补偿号的取值范围为 0~200,这些补偿号由长度补偿和半径补偿共用。和长度补偿一样,D00 意味着取消半径补偿。补偿值的取值范围和长度补偿相同。

3) 平面选择

刀具半径补偿只能在被 G17、G18 或 G19 选择的平面上进行,在刀具半径补偿的模态下,不能改变平面的选择,否则出现 P/S 报警。

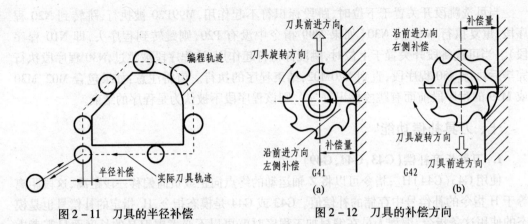

图 2 - 11　刀具的半径补偿　　　　　图 2 - 12　刀具的补偿方向

4) G40、G41 和 G42

G40 用于取消刀具半径补偿模态,G41 为左向刀具半径补偿,G42 为右向刀具半径补偿。在这里所说的左和右是指沿刀具运动方向而言的。G41 和 G42 的区别如图 2 - 13 所示。

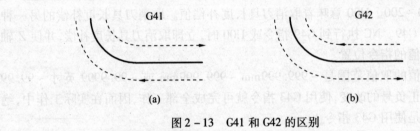

图 2 - 13　G41 和 G42 的区别

5) 使用刀具半径补偿的注意事项

在指令了刀具半径补偿模态及非零的补偿值后,第一个在补偿平面中产生运动的程序段为刀具半径补偿开始的程序段。在该程序段中,不允许出现圆弧插补指令,否则 NC 会给出 P/S 报警。在刀具半径补偿开始的程序段中,补偿值从零均匀变化到给定的值。同样的情况出现在刀具半径补偿被取消的程序段中,即补偿值从给定值均匀变化到零。所以,在这两个程序段中,刀具不应该接触到工件,否则就会出现过切现象。

十一、固定循环指令

1. 孔加工固定循环(G73 ,G74 ,G76 ,G80 ~ G89)

应用孔加工固定循环功能,使得其他方法需要几个程序段完成的功能在一个程序段内完成。表 2 - 1 列出了所有的孔加工固定循环。

表 2 - 11　固定循环指令

G 代码	加工运动 (Z 轴负向)	孔底动作	返回运动 (Z 轴正向)	应用
G73	分次,切削进给	——	快速定位进给	高速深孔钻削
G74	切削进给	暂停—主轴正转	切削进给	左螺纹攻丝
G76	切削进给	主轴定向,让刀	快速定位进给	精镗循环

G 代码	加工运动 （Z 轴负向）	孔底动作	返回运动 （Z 轴正向）	应 用
G80	——	——	——	取消固定循环
G81	切削进给		快速定位进给	普通钻削循环
G82	切削进给	暂停	快速定位进给	钻削或粗镗削
G83	分次,切削进给		快速定位进给	深孔钻削循环
G84	切削进给	暂停—主轴反转	切削进给	右螺纹攻丝
G85	切削进给		切削进给	镗削循环
G86	切削进给	主轴停	快速定位进给	镗削循环
G87	切削进给	主轴正转	快速定位进给	反镗削循环
G88	切削进给	暂停—主轴停	手动	镗削循环
G89	切削进给	暂停	切削进给	镗削循环

一般地,一个孔加工固定循环完成以下 6 步操作,如图 2-14 所示。

对孔加工固定循环指令的执行有影响的指令主要有 G90/G91 及 G98/G99 指令。图 2-15 为 G90/G91 对孔加工固定循环指令的影响。

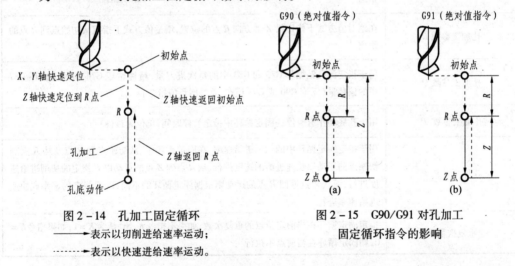

图 2-14　孔加工固定循环
——▶ 表示以切削进给速率运动;
----▶ 表示以快速进给速率运动。

图 2-15　G90/G91 对孔加工
固定循环指令的影响

G98/G99 决定固定循环在孔加工完成后返回 R 点还是起始点,G98 模态下,孔加工完成后 Z 轴返回起始点;在 G99 模态下则返回 R 点。

一般地,如果被加工的孔在一个平整的平面上,可以使用 G99 指令,因为 G99 模态下返回 R 点进行下一个孔的定位,而一般编程中 R 点非常靠近工件表面,这样可以缩短零件加工时间,但如果工件表面有高于被加工孔的凸台或筋时,使用 G99 时非常有可能使刀具和工件发生碰撞,这时,就应该使用 G98,使 Z 轴返回初始点后再进行下一个孔的定位,这样就比较安全,如图 2-16 所示。

在 G73/G74/G76/G81 ~ G89 后面,给出孔加工参数,格式如下:

G×× X_ Y_ Z_ R_ Q_ P_ F_ K_;

表 2-12 说明了各地址指定的加工参数的含义。

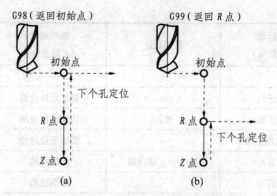

图 2-16 G98/G99 对孔加工固定循环指令的影响

表 2-12 固定循环指令的参数

孔加工方式 G	含 义
被加工孔位置参数 X、Y	以增量值方式或绝对值方式指定被加工孔的位置,刀具向被加工孔运动的轨迹和速度与 G00 的相同
孔加工参数 Z	在绝对值方式下指定沿 Z 轴方向孔底的位置,增量值方式下指定从 R 点到孔底的距离
孔加工参数 R	在绝对值方式下指定沿 Z 轴方向 R 点的位置,增量值方式下指定从初始点到 R 点的距离
孔加工参数 Q	用于指定深孔钻循环 G73 和 G83 中的每次进刀量,精镗循环 G76 和反镗循环 G87 中的偏移量(无论 G90 或 G91 模态,总是增量值指令)
孔加工参数 P	用于孔底动作有暂停的固定循环中指定暂停时间,单位为秒(s)
孔加工参数 F	用于指定固定循环中的切削进给速率,在固定循环中,从初始点到 R 点及从 R 点到初始点的运动以快速进给的速度进行,从 R 点到 Z 点的运动以 F 指定的切削进给速度进行,而从 Z 点返回 R 点的运动则根据固定循环的不同,以 F 指定的速率或快速进给速率进行
重复次数 K	指定固定循环在当前定位点的重复次数,如果不指令 K,NC 认为 $K=1$,如果指令 $K=0$,则固定循环在当前点不执行

由 G×× 指定的孔加工方式是模态的,如果不改变当前的孔加工方式模态或取消固定循环的话,孔加工模态会一直保持下去。使用 G80 或 01 组的 G 指令可以取消固定循环。孔加工参数也是模态的,在被改变或固定循环被取消之前也会一直保持,即使孔加工模态被改变。可以在指令一个固定循环时或执行固定循环中的任何时候指定或改变任何一个孔加工参数。

重复次数 K 不是一个模态的值,它只在需要重复的时候给出。进给速率 F 则是一个模态的值,即使固定循环取消后它仍然会保持。

如果正在执行固定循环的过程中 NC 系统被复位,则孔加工模态、孔加工参数及重复次数 K 均被取消。

用表 2-13 所列的例子可以更好地理解前面的内容。

54

表 2 – 13   程序范例

序号	程序内容	注　释
1	S_M03;	给出转速,并指令主轴正向旋转
2	G81X_Y_Z_R_F_K_;	快速定位到 X、Y 指定点,以 Z、R、F 给定的孔加工参数,使用 G81 给定的孔加工方式进行加工,并重复 K 次,在固定循环执行的开始,Z、R、F 是必要的孔加工参数
3	Y_;	X 轴不动,Y 轴快速定位到指令点进行孔的加工,孔加工参数及孔加工方式保持 2 中的模态值。2 中的 K 值在此不起作用
4	G82X_P_K_;	孔加工方式被改变,孔加工参数 Z、R、F 保持模态值,给定孔加工参数 P 的值,并指定重复 K 次
5	G80X_Y_;	固定循环被取消,除 F 以外的所有孔加工参数被取消
6	G85X_Y_Z_R_P_;	由于执行 5 时固定循环已被取消,所以必要的孔加工参数除 F 之外必须重新给定,即使这些参数和原值相比没有变化
7	X_Z_;	X 轴定位到指令点进行孔的加工,孔加工参数 Z 在此程序段中被改变
8	G89X_Y_;	定位到 X、Y 指令点进行孔加工,孔加工方式被改变为 G98。R、P 由 6 指定,Z 由 7 指定
9	G01X_Y_;	固定循环模态被取消,除 F 外所有的孔加工参数都被取消

当加工在同一条直线上的等分孔时,可以在 G91 模态下使用 K 参数,K 的最大取值为 9999。

G91 G81 X_Y_Z_R_F_K5;

在以上程序段中,X、Y 给定了第一个被加工孔和当前刀具所在点的距离,各被加工孔的位置如图 2 – 17 所示。

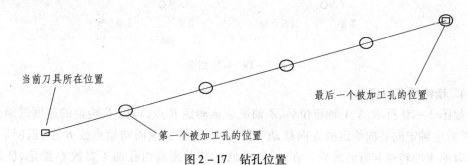

当前刀具所在位置

最后一个被加工孔的位置

第一个被加工孔的位置

图 2 – 17   钻孔位置

2. 高速深孔钻削循环(G73)

如图 2 – 18 所示,在高速深孔钻削循环中,从 R 点到 Z 点的进给是分段完成的,每段切削进给完成后 Z 轴向上抬起一段距离,然后再进行下一段的切削进给,Z 轴每次向上抬起的距离为 d,由机床参数给定,每次进给的深度由孔加工参数 Q 给定。该固定循环主要用于径深比较小的孔(如 ϕ5,深 70)的加工,每段切削进给完毕后 Z 轴抬起的动作起到了断屑的作用。

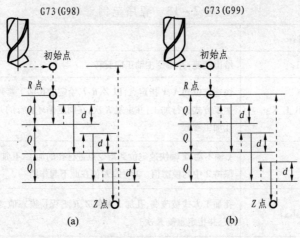

图 2-18 G73 指令

3. 左螺纹攻丝循环(G74)

如图 2-19 所示,在使用左螺纹攻丝循环时,循环开始以前必须给 M04 指令使主轴反转,并且使 F 与 S 的比值等于螺距。另外,在 G74 或 G84 循环进行中,进给倍率开关和进给保持开关的作用将被忽略,即进给倍率被保持在 100%,而且在一个固定循环执行完毕之前不能中途停止。

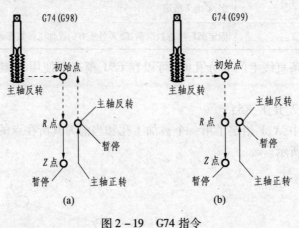

图 2-19 G74 指令

4. 精镗循环(G76)

如图 2-20 所示,X、Y 轴定位后,Z 轴快速运动到 R 点,再以 F 给定的速度进给到 Z 点,然后主轴定向并向给定的方向移动一段距离,再快速返回初始点或 R 点,返回后,主轴再以原来的转速和方向旋转。在这里,孔底的移动距离由孔加工参数 Q 给定,Q 始终应为正值,移动的方向由机床参数给定。

在使用该固定循环时,应注意孔底移动的方向是使主轴定向后,刀尖离开工件表面的方向,这样退刀时便不会划伤已加工好的工件表面,可以得到较好的精度和较低的表面粗糙度。

注意:每次使用该固定循环或者更换使用该固定循环的刀具时,应注意检查主轴定向后刀尖的方向与要求是否相符。如果加工过程中出现刀尖方向不正确的情况,将会损坏

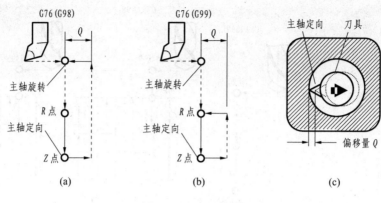

图2-20　G76指令

工件、刀具甚至机床。

5. 取消固定循环(G80)

G80指令被执行以后,固定循环(G73、G74、G76、G81~G89)被该指令取消,R点和Z点的参数以及除F外的所有孔加工参数均被取消。另外01组的G代码也会起到同样的作用。

6. 钻削循环(G81)

如图2-21所示,G81是最简单的固定循环,它的执行过程:X、Y定位,Z轴快进到R点,以F速度进给到Z点,快速返回初始点(G98)或R点(G99),没有孔底动作。

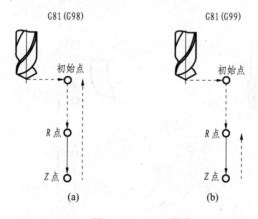

图2-21　G81指令

7. 钻削循环、粗镗削循环(G82)

如图2-22所示,G82指令固定循环在孔底有一个暂停的动作,此外与G81完全相同。孔底的暂停可以提高孔深的精度。

8. 深孔钻削循环(G83)

如图2-23所示,与G73指令相似,G83指令下从R点到Z点的进给也分段完成。与G73指令不同的是,每段进给完成后,Z轴返回的是R点,然后以快速进给速率运动到距离下一段进给起点上方d的位置开始下一段进给运动。

每段进给的距离由孔加工参数Q给定,Q始终为正值,d的值由机床参数给定。

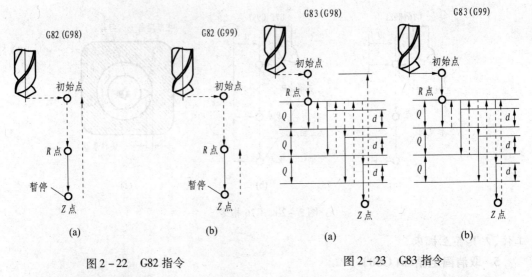

图 2 - 22　G82 指令　　　　　　　图 2 - 23　G83 指令

9. 攻丝循环（G84）

如图 2 - 24 所示，G84 固定循环除主轴旋转的方向完全相反外，其他与左螺纹攻丝循环 G74 完全一样。**注意**：在循环开始以前指令主轴正转。

10. 镗削循环（G85）

如图 2 - 25 所示，该固定循环非常简单，执行过程如下：X、Y 定位，Z 轴快速到 R 点，以 F 给定的速度进给到 Z 点，以 F 给定速度返回 R 点，如果在 G98 模态下，返回 R 点后再快速返回初始点。

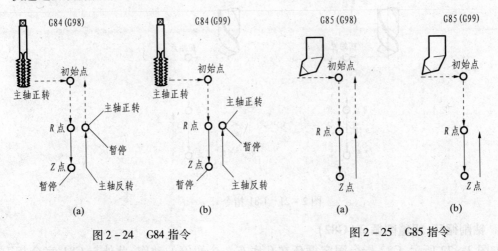

图 2 - 24　G84 指令　　　　　　　图 2 - 25　G85 指令

11. 镗削循环（G86）

如图 2 - 26 所示，该固定循环的执行过程和 G81 相似，不同之处是 G86 中刀具进给到孔底时使主轴停止，快速返回到 R 点或初始点时再使主轴以原方向、原转速旋转。

12. 反镗削循环（G87）

如图 2 - 27 所示，G87 循环中，X、Y 轴定位后，主轴定向，X、Y 轴向指定方向移动由加工参数 Q 给定的距离，以快速进给速度运动到孔底（R 点），X、Y 轴恢复原来的位置，主轴以给定的速度和方向旋转，Z 轴以 F 给定的速度进给到 Z 点，然后主轴再次定向，X、Y 轴

58

向指定方向移动 Q 指定的距离,以快速进给速度返回初始点,X、Y 轴恢复定位位置,主轴开始旋转。

该固定循环用于图 2 – 27 所示的孔的加工。该指令不能使用 G99。注意事项同 G76。

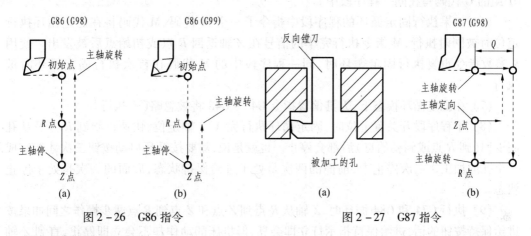

图 2 – 26 G86 指令   图 2 – 27 G87 指令

13. 镗削循环(G88)

如图 2 – 28 所示,固定循环 G88 是带有手动返回功能的、用于镗削的固定循环。

14. 镗削循环(G89)

如图 2 – 29 所示,该固定循环在 G85 的基础上增加了孔底的暂停。

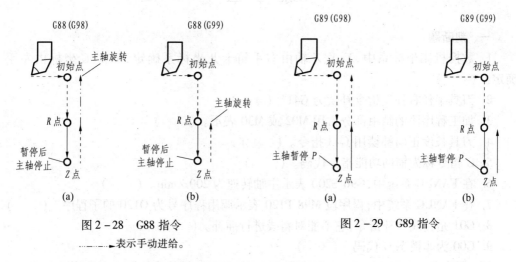

图 2 – 28 G88 指令   图 2 – 29 G89 指令

┈┈┈▶表示手动进给。

15. 使用孔加工固定循环的注意事项

(1)编程时,需注意在固定循环指令之前,必须先使用 S 代码和 M 代码指令主轴旋转。

(2)在固定循环模态下,包含 X、Y、Z、A、R 的程序段将执行固定循环,如果一个程序段不包含上列的任何一个地址,则在该程序段中将不执行固定循环,G04 中的地址 X 除外。另外,G04 中的地址 P 不会改变孔加工参数中的 P 值。

(3)孔加工参数 Q、P 必须在固定循环被执行的程序段中被指定,否则指令的 Q、P 值无效。

（4）在执行含有主轴控制的固定循环（如 G74、G76、G84 等）过程中，刀具开始切削进给时，主轴有可能还没有达到指令转速。这种情况下，需要在孔加工操作之间加入 G04 暂停指令。

（5）由于 01 组的 G 代码也起到取消固定循环的作用，所以不能将固定循环指令和 01 组的 G 代码写在同一程序段中。

（6）如果执行固定循环的程序段中指令了一个 M 代码，M 代码将在固定循环执行定位时被同时执行，M 指令执行完毕的信号在 Z 轴返回 R 点或初始点后被发出。使用 K 参数指令重复执行固定循环时，同一程序段中的 M 代码在首次执行固定循环时被执行。

（7）在固定循环模态下，刀具偏置指令 G45 ~ G48 将被忽略（不执行）。

（8）单程序段开关置上位时，固定循环执行完 X、Y 轴定位、快速进给到 R 点及从孔底返回（到 R 点或到初始点）后都会停止。也就是说，需要按循环启动按钮三次才能完成一个孔的加工。三次停止中，前面的两次是处于进给保持状态，后面的一次是处于停止状态。

（9）执行 G74 和 G84 循环时，Z 轴从 R 点到 Z 点和 Z 点到 R 点两步操作之间如果按进给保持按钮的话，进给保持指示灯立即会亮，但机床的动作却不会立即停止，直到 Z 轴返回 R 点后才进入进给保持状态。另外，在 G74 和 G84 循环中，进给倍率开关无效，进给倍率被固定在 100%。

练 习 二

一、判断题

1. 数控机床坐标系中，X、Y、Z 轴由右手笛卡儿坐标系确定，A、B、C 坐标由左手确定。（   ）

2. 刀具半径右补偿指令补偿为 G41。（   ）

3. 加工程序段的结束部分常用 M02 或 M30 表示。（   ）

4. 刀具长度正向补偿用 G43 指令。（   ）

5. G 指令称为辅助功能指令代码。（   ）

6. 在 FANUC 系统中，G96 S200 表示主轴转速为 200r/min。（   ）

7. 在 FANUC 系统中，程序段 M98 P120 表示调用程序号为 O120 的子程序。（   ）

8. G01 是直线插补指令，它不能对斜线进行插补。（   ）

9. G00 为非模态 G 代码。（   ）

10. 程序段 G00 X100 Y50 和程序段 G28 X100 Y50 中的 X、Y 值都表示目标点的坐标值。（   ）

二、选择题

1. 在 FANUC 系统中，G17 表示_____功能。

（A）坐标系平移和旋转　　（B）英寸制输入

（C）X - Y 平面指定　　　（D）Z 轴刀具长度补偿

2. 手工编程中数学处理的内容包括数值换算、坐标值计算、辅助计算及_____的计算。

    （A）基点   （B）刀具中心轨迹   （C）尺寸链   （D）节点

3. 在 FANUC 系统中 G43 代表_____功能。

    （A）自动刀具补偿 X （B）自动补偿 Z

    （C）刀具圆弧半径左补偿   （D）刀具半径右补偿

4. 顺圆弧插补指令为_____。

    （A）G04   （B）G03   （C）G02   （D）G01

5. 刀具长度补偿值的地址用_____。

    （A）D   （B）H   （C）R   （D）J

6. 在 FANUC 数控系统中,规定用地址字_____指令换刀。

    （A）M04   （B）M05   （C）M06   （D）M08

7. 非模态代码是指_____。

    （A）一经在一个程序段中指定,直到出现同组的另一个代码时才失效

    （B）只在写有该代码的程序段中有效

    （C）不能独立使用的代码

    （D）有续效作用的代码

8. 下面哪项不属于刀具补偿范围内的_____。

    （A）刀具位置补偿   （B）刀具的耐用度补偿

    （C）刀具半径补偿   （D）刀具长度补偿

9. 在 G55 中设置的数值是_____。

    （A）工件坐标系原点相对机床坐标系原点的偏移值

    （B）刀具的长度偏差值

    （C）工件坐标系的原点

    （D）工件坐标系原点相对对刀点的偏移值

三、问答题

1. 数控编程包含哪些内容?

2. 数控编程有哪几种方法?

3. 请简要说明数控机床坐标轴和运动方向是如何定义的?

4. 在数控机床上常用哪些坐标系?

第三章　加工中心操作基础

实训要点：
- 熟悉加工中心的基本情况；
- 熟悉数控系统面板的基本操作；
- 熟悉训练机床控制面板的基本操作。

第一节　加工中心简介

一、加工中心概述

本书所涉及的加工中心是指镗铣类加工中心,它把铣削、镗削、钻削、攻螺纹和切削螺纹等功能集中在一台设备上,使其具有多种工艺手段。又由于工件经一次装夹后,能对两个以上的表面自动完成加工,并且有多种换刀或选刀功能及自动工作台交换装置(APC),从而使生产效率和自动化程度大大提高。加工中心为了加工出零件所需形状至少要有三个坐标运动,即由三个直线运动坐标 X、Y、Z 和三个转动坐标 A、B、C 适当组合而成,多者能达到十几个运动坐标。其控制功能应最少两轴半联动,多的可实现五轴联动,六轴联动,现在又出现了并联数控机床,从而保证刀具按复杂的轨迹运动。加工中心应具有各种辅助功能,如:各种加工固定循环,刀具半径自动补偿,刀具长度自动补偿,刀具破损报警,刀具寿命管理,过载自动保护,丝杆螺距误差补偿,丝杠间隙补偿,故障自动诊断,工件与加工过程显示,工件在线检测和加工自动补偿乃至切削力控制或切削功率控制,提供DNC接口等,这些辅助功能使加工中心更加自动化、高效、高精度。同样,生产的柔性促进了产品试制、实验效率的提高,使产品改型换代成为易事,从而适应于灵活多变的市场竞争战略。

图 3 – 1 所示为三轴立式加工中心。

二、加工中心的工艺特点

加工中心作为一种高效多功能机床,在现代化生产中扮演着重要角色,它的制造工艺与传统工艺及普通数控加工有很大不同。加工中心自动化程度的不断提高和工具系统的发展使其工艺范围不断扩展。现代加工中心更大程度地使工件一次装夹后实现多表面、多特征、多工位的连续、高效、高精度加工,即工序集中。但一台加工中心只有在合适的条件下才能发挥出最佳效益。

1. 适合于加工中心加工的零件

(1) 周期性重复投产的零件。有些产品的市场需求具有周期性和季节性,如果采用专门生产线则得不偿失,用普通设备加工效率又太低,质量不稳定,数量也难以保证,以上

图 3-1 乔福 VMC850 加工中心

两种方式在市场中必然被淘汰。而采用加工中心首件（批）试切完后,程序和相关生产信息可保留下来,下次产品再生产时,只要很少的准备时间就可开始生产。同时,加工中心工时包括准备工时和加工工时,加工中心把很长的单件准备工时平均分配到每一个零件上,使每次生产的平均实际工时减少,生产周期大大缩短。

（2）高效、高精度工件。有些零件需求甚少,但属关键部件,要求精度高且工期短,用传统工艺需用多台机床协调工作,周期长、效率低,在长工序流程中,受人为影响容易出废品从而造成重大经济损失。而采用加工中心进行加工,生产完全由程序自动控制,避免了长工艺流程,减少了硬件投资及人为干扰,具有生产效益高及质量稳定的特点。

（3）具有合适批量的工件。加工中心生产的柔性不仅体现在对特殊要求的快速反应上,而且可以快速实现批量生产,拥有并提高市场竞争能力。加工中心适合于中小批量生产,特别是小批量生产,在应用加工中心时,尽量使批量大于经济批量,以达到良好的经济效果。随着加工中心及辅具的不断发展,经济批量越来越小,对一些复杂零件5件~10件就可生产,甚至单件生产时也可考虑用加工中心。

（4）多工位和工序可集中工件。

（5）形状复杂的零件。四轴联动、五轴联动加工中心的应用以及 CAD/CAM 技术的成熟、发展使加工零件的复杂程度大幅度提高。DNC 的使用使同一程序的加工内容足以满足各种加工需要,使复杂零件的自动加工成为易事。

（6）难测量零件。

2. 工序集中带来的问题

加工中心的工序集中加工方式固然有其独特的优点,但也带来一些问题,如:

（1）粗加工后直接进入精加工阶段,工件的温升来不及回复,冷却后尺寸变动。

（2）工件由毛坯直接加工为成品,一次装夹中金属切除量大、几何形状变化大,没有

63

释放应力的过程,加工完了一段时间后内应力释放,使工件变形。

（3）切削不断屑,切屑的堆积、缠绕等会影响加工的顺利进行及零件表面质量,甚至使刀具损坏、工件报废。

（4）装夹零件的夹具必须满足既能克服粗加工中较大的切削力,又能在精加工中准确定位的要求,而且零件夹紧变形要小。

（5）由于ATC的应用,使工件尺寸、大小、高度都受到一定的限制,钻孔深度、刀具长度、刀具直径、重量等也要予以考虑。

3. 各种加工中心的功能特点

（1）立式加工中心。立式加工中心装夹工件方便,便于操作,找正容易,宜于观察切削情况,调试程序容易,占地面积小,应用广泛。但它受立柱高度及ATC的限制,不能加工太高的零件,也不适于加工箱体。

（2）卧式加工中心。一般情况下卧式加工中心比立式加工中心复杂、占地面积大,有能精确分度的数控回转工作台,可实现对零件的一次装夹多工位加工,适合于加工箱体类零件及小型模具型腔。但调试程序及试切时不宜观察,生产时不宜监视,装夹不便,测量不便,加工深孔时切削液不易到位(若没有用内冷却钻孔装置)。由于许多不便使卧式加工中心准备时间比立式更长,但加工件数越多,其多工位加工、主轴转速高、机床精度高的优势就表现得越明显,所以卧式加工中心适合于批量加工。

（3）带自动交换工作台（APC）的加工中心。立式加工中心、卧式加工中心都可带有APC装置,交换工作台可有两个或多个。在有的制造系统中,工作台在各机床上通用,通过自动运送装置工作台带着装夹好的工件在车间内形成物流,因此这种工作台也叫托盘。因为装卸工件不占机时,因此其自动化程度更高,效率也更高。

（4）复合加工中心。复合加工中心兼有立式和卧式加工中心的功能,工艺范围更广,使本来要两台机床完成的任务在一台上完成,工序更加集中。由于没有二次定位,精度也更高,但价格昂贵。

第二节　加工中心的辅具及辅助设备

一、刀柄

加工中心所用的切削工具由两部分组成,即刀具和供自动换刀装置夹持的通用刀柄及拉钉,如图3-2所示。

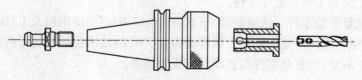

图3-2　刀具的组成

在加工中心上所使用的刀柄,一般采用7:24锥柄,这是因为这种锥柄不自锁,换刀比较方便,并且与直柄相比有高的定心精度和刚性,刀柄和拉钉已经标准化,各部分尺寸如图3-3和表3-1所示。

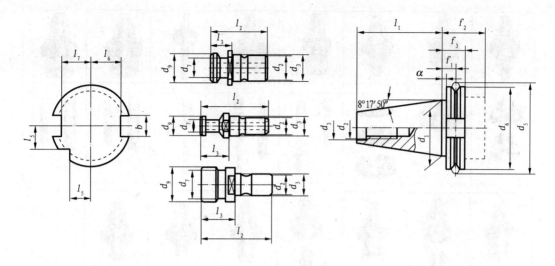

图 3 – 3　刀柄与拉钉

表 3 – 1　刀柄尺寸

型号	a	b	d_1	d_2	d_3	d_5	d_6	d_8	f_1	f_2	f_3	l_1	l_5	l_6	l_7
30	3.2	16.1	31.75	M12	13	59.3	50	45	11.1	35	19.1	47.8	15	16.4	19
40	3.2	16.1	44.45	M16	17	72.30	63.55	50	11.1	35	19.1	68.4	18.5	22.8	25
50	3.2	25.7	69.85	M24	25	107.35	97.50	80	11.1	35	19.1	101.75	30	35.5	37.7

在加工中心上,加工的部位繁多也使刀具种类有很多,造成与锥柄相连的装夹刀具的工具多种多样,把通用性较强的装夹工具标准化、系列化就成为工具系统。

镗铣工具系统可分为整体式与模块式两类。整体式工具系统(见图 3 – 4(a))针对不同刀具都要求配有一个刀柄,这样工具系统规格、品种繁多,给生产、管理带来不便,成本上升。为了克服上述缺点,国内外相继开发出多种多样的模块式工具系统,如图 3 – 4(b)所示。

二、常用工具

1. 对刀器

对刀器的功能是测定刀具与工件的相对位置。其形式多样,如对刀量块(见图 3 – 5(a))、电子式对刀器(见图 3 – 5(b))。对刀块的材料有淬火钢、人造大理石及陶瓷。

2. 找正器

找正器的作用是确定工件在机床上的位置,即确定工作坐标系,它有机械式及电子式两种。机械找正器如图 3 – 6(a)所示。电子式找正器需要内置电池,当其找正球接触工件时,发光二极管亮,其重复找正精度在 2 μm 以内,如图 3 – 6(b)所示。

3. 刀具预调仪

此装置用于在机床外部对刀具的长度、直径进行测量和调整,还能测出刀具的几何角度。测量时不占机动工时。

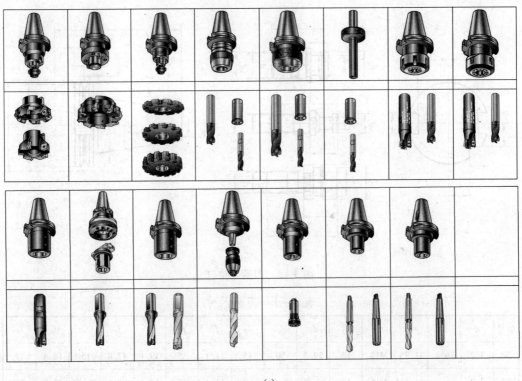

(a)

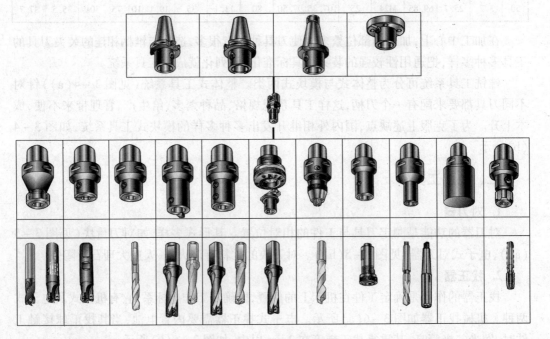

(b)

图 3-4 镗铣工具系统

(a) 整体式镗铣工具；(b) 模块式镗铣工具。

66

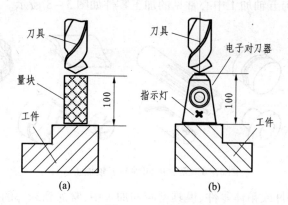

图 3-5 对刀器
(a) 用量块对刀; (b) 用电子对刀器对刀。

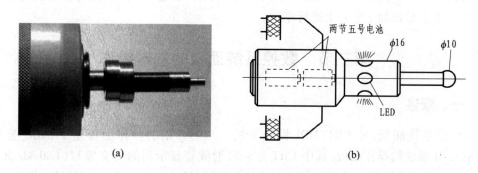

图 3-6 找正器
(a) 机械找正器; (b) 电子找正器。

三、辅助轴

在三坐标加工中心上加工表面的繁杂程度是有限制的, 而且有些表面即使能加工, 精度也不高。如果刀轴矢量与曲面法向不重合, 刀具长度和半径不准确时将造成加工误差。而对于回转体零件、螺旋曲面、多倾斜孔箱体、桨叶等复杂零件, 即使是五面加工中心也没办法。这时只能使用四坐标或五坐标加工中心利用四轴或五轴联动实现加工目的。但是, 不能因为某类零件或某个零件而购置价格昂贵的五轴加工中心, 这时可以考虑选用辅助回转轴, 如图 3-7 所示。

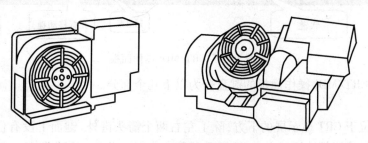

图 3-7 辅助回转轴

四轴加工中心与五轴加工中心常见的加工零件如图3-8所示。

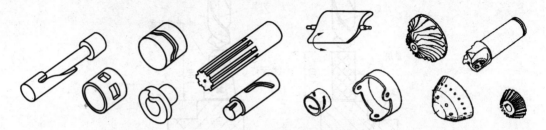

图3-8 常见的四轴与五轴加工零件

此外,在大型零件或箱体零件、模具型腔的加工中,常遇到局部的不规则回转体加工。针对这种情况,最好采用 U 轴控制。CNC 镗头可从刀库调出,并完成刀柄与机床控制系统的连接。加工时,主轴带动镗刀旋转,同时镗头 U 轴按 NC 程序横向移动实现加工功能,实际上它是在加工中心上进行车削。

第三节　数控系统面板的基本操作

一、概述

数控系统面板,即 CRT/MDI 操作面板。本书介绍的操作面板是 FANUC 公司的 FANUC 0I 系统的操作面板,其中 CRT 是阴极射线管显示器的英文缩写(Cathode Radiation Tube,CRT),MDI 是手动数据输入的英文缩写(Manual Date Input,MDI)。图3-9为9英寸 CRT 全键式的操作面板和标准键盘的操作面板。

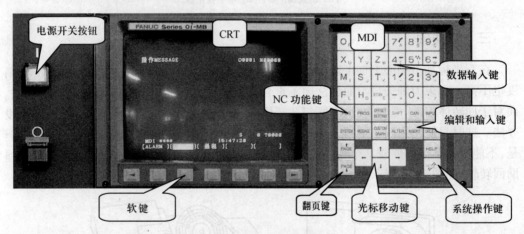

图3-9 CRT/MDI 操作面板

可以将 CRT/MDI 操作面板的键盘分为以下几个部分。

1. 软键

该部分位于 CRT 显示屏的下方,除了左右两个箭头键外,键面上没有任何标识。这是因为各键的功能都被显示在 CRT 显示屏下方的对应位置,并随着 CRT 显示的页面不同而有着不同的功能,这就是该部分被称为软键的原因。

2. 系统操作键

这一组有两个键,分别为右下角【RESET】键和【HELP】键,其中的【RESET】为复位键,【HELP】键为系统帮助键。

3. 数据输入键

该部分包括了机床能够使用的所有字符和数字。可以看到,字符键都具有两个功能,较大的字符为该键的第一功能,即按下该键可以直接输入该字符,较小的字符为该键的第二功能,要输入该字符须先按【SHIFT】键(按【SHIFT】键后,屏幕上相应位置会出现一个"^"符号)然后再按该键。另外,键"6/SP"中 SP 是"空格"的英文缩写(Space),即该键的第二功能是空格。

4. 光标移动键和翻页键

在 MDI 面板的下方的上下箭头键("↑"和"↓")和左右箭头键("←"和"→")为光标前后移动键,标有 PAGE 的上下箭头键为翻页键。

5. 编辑键

这一组有 5 个键:【CAN】、【INPUT】、【ALTER】、【INSERT】和【DELETE】,位于 MDI 面板的右上方,这几个键为编辑键,用于编辑加工程序。

6. NC 功能键

该组的 6 个键(标准键盘)或 8 个键(全键式)用于切换 NC 显示的页面以实现不同的功能。

7. 电源开关按钮

机床的电源开关按钮位于 CRT/MDI 面板左侧,红色标有 OFF 的按钮为 NC 电源关断,绿色标有 ON 的按钮为 NC 电源接通。

二、MDI 面板

CRT 为显示屏幕,用于相关数据的显示,用户可以从屏幕中看到操作数控系统的反馈信息。MDI 面板是用户输入数控指令的地方,MDI 面板的操作是数控系统最主要的输入方式。

图 3 – 10 为 MDI 面板上各按键的位置。

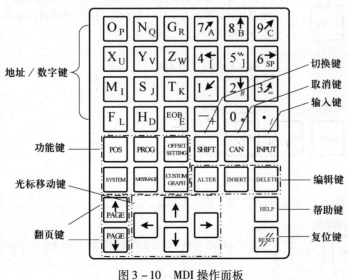

图 3 – 10 MDI 操作面板

表3-2为MDI面板上各键的详细说明。

表3-2　MDI面板上键的详细说明

编号	名　称	详　细　说　明
1	复位键 RESET	按下这个键,可以使 CNC 复位或取消报警等
2	帮助键 HELP	当对 MDI 键的操作不明白时,按下这个键可以获得帮助(帮助功能)
3	软键	根据不同的画面,软键有不同的功能。软键功能显示在屏幕的底端
4	地址和数字键 O P　7 A	按下这些键,可以输入字母、数字或者其他字符
5	切换键 SHIFT	在该键盘上,有些键具有两个功能:按下【SHIFT】键可以在这两个功能之间进行切换;当一个键右下脚的字母可被输入时,就会在屏幕上显示一个特殊的字符"^"
6	输入键 INPUT	当按下一个字母键或数字键时,再按该键数据被输入到缓冲区,并且显示在屏幕上。要将输入缓冲区的数据复制到偏置寄存器中,请按下该键。这个键与软键中的【INPUT】键是等效的
7	取消键 CAN	按下这个键删除最后一个进入输入缓冲区的字符或符号。当键输入缓冲区后显示为 > N001X100Z_当按下该键时,Z 被取消并且显示为 > N001X100_
8	程序编辑键 ALTER　INSERT　DELETE	按以下键进行程序编辑: ALTER :替换 INSERT :插入 DELETE :删除
9	功能键 POS　PROG	按下这些键,切换不同功能的显示屏幕(详细请参考后面功能键的讲解)

编号	名　称	详　细　说　明
10	光标移动键	有4种不同的光标移动键： →：这个键用于将光标向右或者向前移动。光标以小的单位向前移动 ←：这个键用于将光标向左或者往回移动。光标以小的单位往回移动 ↓：这个键用于将光标向下或者向前移动。光标以大的单位向前移动 ↑：这个键用于将光标向上或者往回移动。光标以大的单位往回移动
11	翻页键 PAGE↑　PAGE↓	有两个翻页键： PAGE↑：该键用于将屏幕显示的页面向回翻页 PAGE↓：该键用于将屏幕显示的页面往下翻页

三、功能键和软键

1. 功能键

功能键用来选择将要显示的屏幕的种类。在 MDI 面板上的功能键如图 3 - 11 所示。

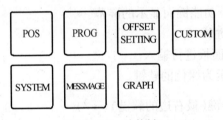

图 3 - 11　功能键

每一个功能键的主要作用如表 3 - 3 所列（标准键盘只有前 6 个键）。

表 3 - 3　每一个功能键的主要作用

编号	功能键	详　细　说　明
1	POS	按下该键以显示位置屏幕
2	PROG	按下该键以显示程序屏幕
3	OFFSET SETTING	按下该键以显示偏置/设置（SETTING）屏幕

编号	功能键	详 细 说 明
4	SYSTEM	按下该键以显示系统屏幕
5	MESSMAGE	按下该键以显示信息屏幕
6	GRAPH	按下该键以显示图形显示屏幕
7	CUSTOM	按下该键以显示用户宏屏幕（宏程序屏幕）；如果是带有 PC 功能的 CNC 系统，这个键相当于个人计算机上的 Ctrl 键
8	:	如果是带有 PC 功能的 CNC 系统，这个键相当于个人计算机上的 Alt 键

2. 软键

要显示一个更详细的屏幕，按下功能键后按软键。软键也用于实际操作（见图 3-12）。下面各图标说明了按下一个功能键后软键显示屏幕的变化情况。

□：显示的屏幕。

■：表示通过按下功能键而显示的屏幕（*^{1}）。

[　]：表示一个软键（*^{2}）。

(　)：表示由 MDI 面板进行输入。

[＿＿]：表示一个显示为绿色的软键。

▷：表示菜单继续键（最右边的软键）（*^{3}）。

说明：

*^{1}按下功能键后常用屏幕之间的切换。

*^{2}根据配置的不同，有些软键并不显示。

*^{3}在一些情况下，当应用 12 个软键显示单元时菜单继续键被忽略。

图 3-12　选择软键的操作方法

软键的一般操作：

（1）按下 MDI 面板上的功能键,属于所选功能的章节软键就显示出来。

（2）按下其中一个章节选择键,则所选章节的屏幕就显示出来。如果有关一个目标章节的屏幕没有显示出来,按下菜单继续键(下一菜单键)。有些情况,可以选择一章中的附加章节。

（3）当目标章节屏幕显示后,按下操作选择键,以显示要进行操作的数据。

（4）为了重新显示章节选择软键,按下菜单返回键。

上面解释了通常的屏幕显示过程。但实际的显示过程,每一屏幕都不一样。

3. 按下功能键 POS 的画面显示

按下这个功能键,可以显示刀具的当前位置。数控系统用以下三种画面来显示刀具的当前位置：

（1）绝对坐标系位置显示画面。

（2）相对坐标系位置显示画面。

（3）综合位置显示画面。

以上画面也可以显示进给速度,运行时间和加工的零件数。此外,也可以在相对坐标系的画面中设定浮动参考点。图 3-13 为该功能键被按下时 CRT 画面的切换,同时显示了每一画面的子画面。

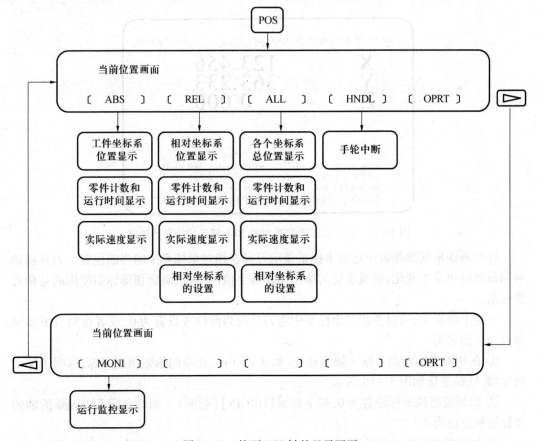

图 3-13　按下 POS 键的显示画面

73

下面讲解常用的显示画面：

（1）绝对坐标系位置显示画面（ABS），如图 3-14 所示。

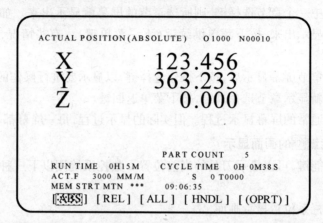

图 3-14　按下功能键 POS 键和 ABS 软键后的显示画面

这个画面是显示刀具在工件坐标系中的当前位置。当刀具移动时，当前位置也发生变化。最小的输入增量被用作数据值的单位。画面顶部的标题标明使用的是绝对坐标系。

（2）相对坐标系位置显示画面（REL），如图 3-15 所示。

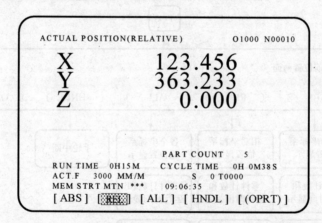

图 3-15　按下功能键 POS 键和 REL 软键后的显示画面

这个画面根据操作者设定的坐标系显示刀具在相对坐标系中的当前位置。刀具移动时当前坐标也发生变化，增量系统的单位用作数字值的单位，画面顶部标明使用的是相对坐标系。

在这个画面中，可以在相对坐标系中将刀具的当前位置设置为 0，或者按照以下步骤预设一个指定值：

① 在相对坐标画面上输入轴的地址（如 X 或 Y）。相应的轴则出现闪烁，标明了那个指定轴，软键变化如图 3-16 所示。

② 如果要将该坐标设置为 0，按下软键【ORGIN】（起源）。相对坐标系中闪烁的轴的坐标值被复位为 0。

③ 如果要将坐标预设为某一值，将值输入后按下软键【PRESET】。闪烁的轴的相对

74

ACTUAL POSITION(RELATIVE)
O1000 N00010
X 123.456
Y 363.233
Z 0.000
PART COUNT 5
RUN TIME 0H15M
CYCLE TIME 0H 0M38S
>X
S 0 T0000
REF **** *** ***
09:06:35

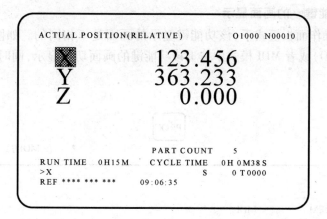

图 3－16　在相对坐标系显示画面中进行置零操作

坐标被设置为输入的值。

说明：实际工作中，在对刀、找正等操作中经常用到这个操作技巧，可以完成数值计数，即将机床当成数显铣床来用。

4. 综合位置显示画面（ALL）

图 3－17 所示的这个画面是按下功能键【POS】后，又按下了软键【ALL】后，CRT 屏幕显示的画面。下面解释该画面中的一些内容：

（1）坐标显示可以同时显示下面坐标系中刀具的当前位置：

相对坐标系的当前位置（相对坐标系）；

工件坐标系的当前位置（绝对坐标系）；

机床坐标系的当前位置（机床坐标系）；

剩余的移动量（剩余移动量）。

（2）剩余的移动量。在 MEMORY 或者 MDI 方式中可以显示剩余移动量，即在当前程序段中刀具还需要移动的距离。

（3）机床坐标系。最小指令单位用作机床坐标系的数值单位，也可以通过参数 No. 3104#0（MCN）的设置使用最小输入单位。

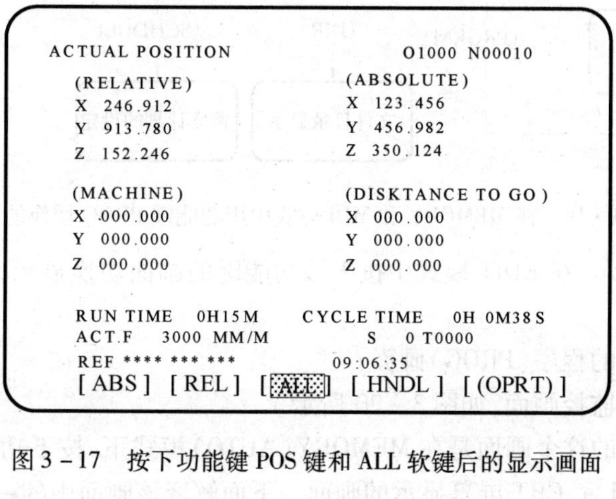

ACTUAL POSITION
O1000 N00010
(RELATIVE)
X 246.912
Y 913.780
Z 152.246
(ABSOLUTE)
X 123.456
Y 456.982
Z 350.124
(MACHINE)
X 000.000
Y 000.000
Z 000.000
(DISKTANCE TO GO)
X 000.000
Y 000.000
Z 000.000
RUN TIME 0H15M
CYCLE TIME 0H 0M38S
ACT.F 3000 MM/M
S 0 T0000
REF **** *** ***
09:06:35
[ABS] [REL] [ALL] [HNDL] [(OPRT)]

图 3－17　按下功能键 POS 键和 ALL 软键后的显示画面

5. 按下功能键 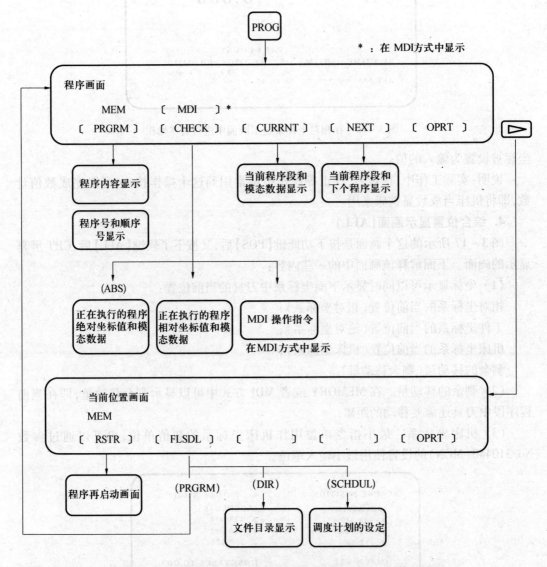的画面显示

在不同的操作面板模式下,该功能键显示的画面是不相同的。如图 3 – 18 所示,在 MEMORY(AUTO)或者 MDI 模式中按下该功能键的画面切换显示,同时显示了每一画面的子画面。

图 3 – 18 在 MEMORY 和 MDI 方式中用功能键 PROG 切换的画面

如图 3 – 19 所示,在 EDIT 模式中按下该功能键的画面切换显示,同时显示了每一画面的子画面。

下面讲解常用的程序(PROG)画面:

(1) 程序运行监控画面,如图 3 – 20 所示。

图 3 – 20 所示的这个画面是在 MEMORY(AUTO)模式下,按下功能键【PROG】,又按下了软键【CHECK】后,CRT 屏幕显示的画面。下面解释该画面中的一些内容。

76

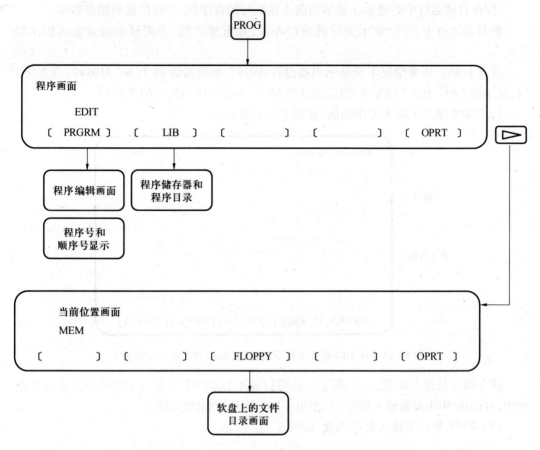

图 3 – 19　在 EDIT 方式中用功能键 PROG 切换的画面

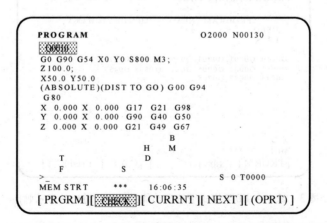

图 3 – 20　按下功能键 PROG 键和 CHECK 软键后的显示画面

① 程序显示。画面可以显示从当前正在执行的程序段开始的 4 个程序段。当前正在执行的程序段以白色背景显示。在 DNC 操作中,仅能显示 3 个程序段。

② 当前位置显示。显示在工件坐标系或者相对坐标系中的位置以及剩余的移动量。绝对位置和相对位置可以通过【ABS】软键和【REL】软键进行切换。

③ 模态 G 代码。可以显示最多 12 个模态 G 代码。

④ 在自动运行中的显示。显示当前正在执行的程序段,刀具位置和模态数据。

在自动运行中,可以显示实际转速(SACT)和重复次数,否则显示键盘输入提示符 ">_"。

⑤ T 代码。正常情况下是显示当前刀具的号码,如果参数 PCT(No. 3108#2) 设置为 1 时,显示由 PMC(HD. T/NX. T)指定的 T 代码,而不是程序中指定的 T 代码。

(2) MDI 模式下输入程序画面,如图 3 – 21 所示。

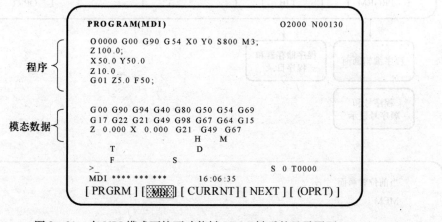

图 3 – 21　在 MDI 模式下按下功能键 PROG 键后的显示画面

这个画面是在 MDI 模式下,按下功能键【PROG】后 CRT 屏幕显示的画面。在这个画面中,可以由 MDI 面板输入程序(只使用一次的程序)和模态数据。

(3) EDIT 模式下输入程序画面,如图 3 – 22 所示。

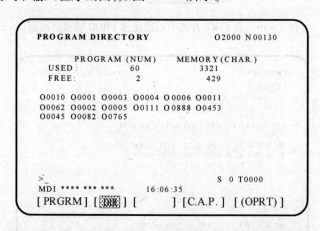

图 3 – 22　在 EDIT 模式下按下功能键 PROG 键后的显示画面

这个画面是在 EDIT 模式下,按下功能键【PROG】后,CRT 屏幕显示的画面。从这个画面,可以使用 CRT 屏幕下的软键,进入 PRGRM 和 DIR 两种画面。

① PRGRM 画面。在这个画面中,可以完成程序的建立、程序的编辑、程序的传输等操作内容。

② DIR 画面。在这个画面中,可以看到已经建立的程序文件名、程序的大小、剩余的系统内存等内容。

6. 按下功能键 [OFFSET SETTING] 的画面显示

按下该功能键显示和设置补偿值和其他数据。

图 3-23 为该功能键被按下 CRT 画面的切换,同时显示了每一画面的子画面。

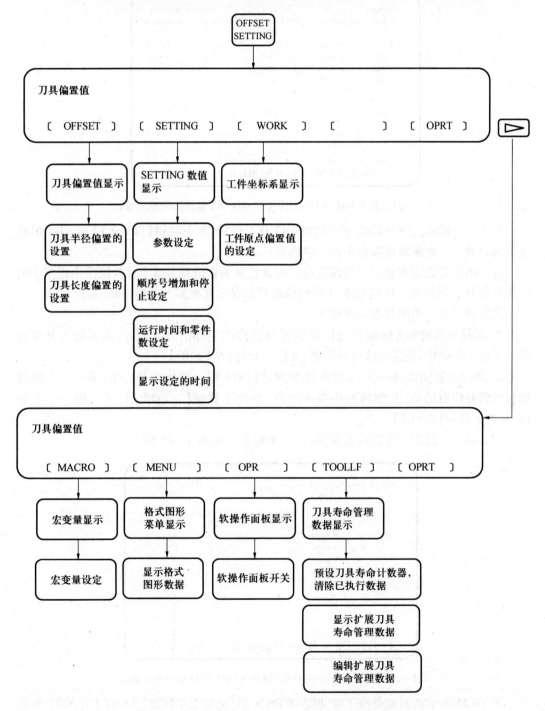

图 3-23　用功能键 OFFSET SETTING 切换的画面

下面讲解常用的补偿输入(OFFSET SETTING)画面:

(1) 设定和显示刀具偏置值,如图 3 - 24 所示。

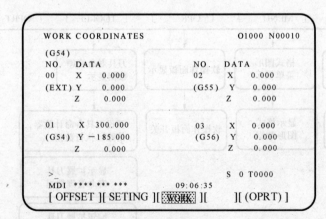

```
OFFSET                              O1000 N00010
    NO.   GEOM(H)    WEAR(H)    GEOM(D)    WEAR(D)
    001     0.000      0.000      0.000      0.000
    002  -345.000      0.000      6.000      0.000
    003  -147.000      0.000      4.000      0.000
    004     0.000      0.000      0.000      0.000
    005     0.000      0.000      0.000      0.000
    006     0.000      0.000      0.000      0.000
    007     0.000      0.000      0.000      0.000
    008     0.000      0.000      0.000      0.000
ACTUAL POSITION(RELATIVE)
          X 0.000          Y 0.000
          Z 0.000
    >_                                 S 0 T0000
MDI **** *** ***              16:06:35
 [ OFFSET ][ SETING ][ WORK ][      ][( OPRT) ]
```

图 3 - 24 按下功能键 OFFSET 键和 OFFSET 软键后的显示画面

图 3 - 24 所示的画面是按下功能键 OFFSET 后,又按下软键【OFFSET】后 CRT 屏幕显示的画面。下面解释该画面中的一些内容:

这个画面是设定和显示刀具偏置值。刀具长度偏置值和刀具半径补偿值由程序中的 D 代码或 H 代码指定。D 代码或 H 代码的值可以显示在画面上并借助画面进行设定。

设置刀具补偿值的基本步骤如下:

① 通过页面键和光标键将光标移到要设定和改变补偿值的地方,或者输入补偿号码。在这个号码中,设定或改变补偿值,并按下软键【NO. SRH】。

② 要设定补偿值,输入一个值并按下软键【INPUT】。要修改补偿值,输入一个将要加到当前补偿值的值(负值将减小当前的值)并按下软键【+INPUT】,或者输入一个新值,并按下软键【INPUT】。

(2) 显示和设定工件原点偏移值(用户坐标系),如图 3 - 25 所示。

```
WORK COORDINATES                    O1000 N00010

(G54)
NO.   DATA                   NO.   DATA
00    X    0.000             02    X    0.000
(EXT) Y    0.000             (G55) Y    0.000
      Z    0.000                   Z    0.000


01    X  300.000             03    X    0.000
(G54) Y -185.000             (G56) Y    0.000
      Z    0.000                   Z    0.000


    >_                                 S 0 T0000
MDI **** *** ***              09:06:35
 [ OFFSET ][ SETING ][ WORK ][      ][ (OPRT) ]
```

图 3 - 25 按下功能键 OFFSET 键和 WORK 软键后的显示画面

图 3 - 25 所示的画面是按下功能键 OFFSET 后,又按下了软键【WORK】后,CRT 屏幕显示的画面。

这个画面是设定和显示每一个工件坐标系的工件原点偏移值(G54 ~ G59)和外部工

件原点偏移值。工件原点偏移值和外部工件原点偏移值可以在这个画面上设定。

显示和设定工件原点偏移值的步骤如下：

① 关掉数据保护键，使得可以写入。

② 将光标移动到想要改变的工件原点偏移值上。

③ 通过数字键输入数值，然后按下软件【INPUT】。输入的数据就被指定为工件原点偏移值，或通过输入一个数值并按下软键【＋INPUT】，输入的数值可以累加到以前的数值上。

④ 重复第②步和第③步，以改变其他的偏移值。

⑤ 接通数据保护键禁止写入（防止他人改动）。

注意：在图 3 − 25 所示的画面中，有一个特殊的 EXT 坐标系，该坐标系用来补偿编程的工件坐标系与实际工件坐标系的差值。该坐标系里的数值会影响到后面的所有用户坐标系（G54 ~ G59）。

7. 按下功能键 ⬛SYSTEM 的画面显示

当 CNC 和机床连接调试时，必须设定有关参数以确定机床的功能、性能与规格。并充分利用伺服电机的特性。参数要根据机床设定，见机床厂提供的参数表。

图 3 − 26 为该功能键被按下时 CRT 画面的切换，同时显示了每一画面的子画面。

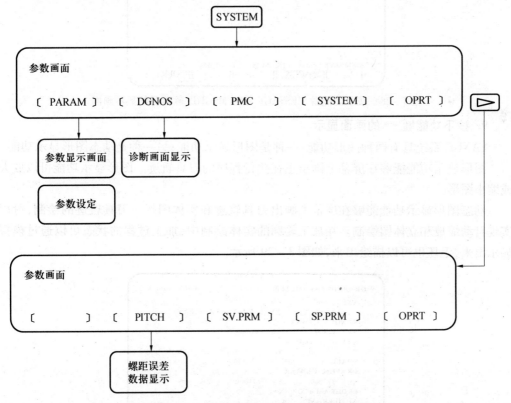

图 3 − 26　用功能键 SYSTEM 切换的画面

注意：对于机床使用者来说，系统参数通常不需要改变。

系统参数（SYSTEM）的画面，如图 3 − 27 所示。

PARAMETER(SETTING) O1000 N00010
0000 SEQ INI ISO TVC
0 0 0 0 0 0 0
0001 FCV
0 0 0 0 0 0 0 0
0012 MIR
X 0 0 0 0 0 0 0 0
Y 0 0 0 0 0 0 0 0
Z 0 0 0 0 0 0 0 0
0020 I/O CHANNEL
0022
>_
THND **** *** *** 16:06:35
[PARAM][DGNOS][PMC][SYSTEM][(OPRT)]

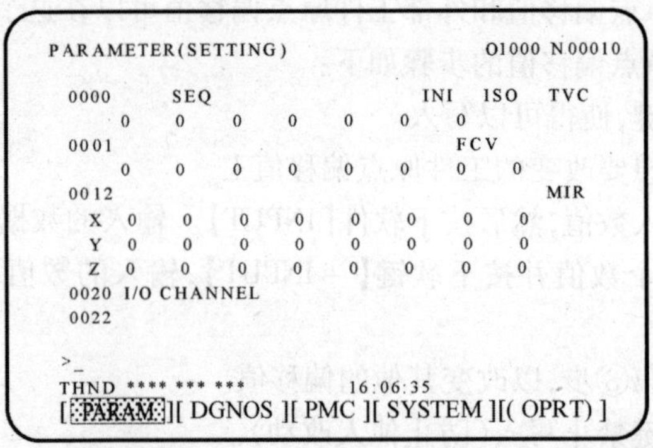

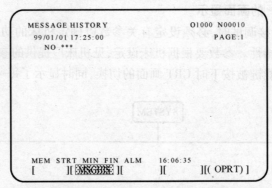

图 3－27　按下功能键 SYSTEM 键和 PARAM 软键后的显示画面

8. 按下功能键MESSAGE的画面显示

按下该功能键后，可显示报警、报警记录和外部信息，如图 3－28 所示。

MESSAGE HISTORY O1000 N00010
99/01/01 17:25:00 PAGE:1
NO.***
MEM STRT MIN FIN ALM 16:06:35
[ ][MSGHIS][ ][ ][(OPRT)]

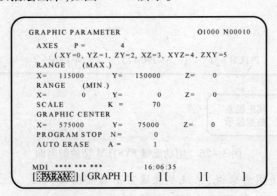

图 3－28　按下功能键 MESSAGE 键和 MSGHIS 软键后的显示画面

9. 按下功能键GRAPH的画面显示

FANUC 系统具有两种图形功能：一种是图形显示功能；另一种是动态图形显示功能。

图形显示功能能够在屏幕上画出正在执行程序的刀具轨迹。图形显示功能可以放大或缩小图形。

动态图形显示功能能够在屏幕上画出刀具轨迹和实体图形。刀具轨迹的绘制，可以实现自动缩放和立体图绘制。在加工轮廓的实体绘制中，加工过程的状态可以通过模拟显示出来，毛坯也可以描绘出来，如图 3－29 所示。

GRAPHIC PARAMETER O1000 N00010
AXES P = 4
(XY=0, YZ=1, ZY=2, XZ=3, XYZ=4, ZXY=5
RANGE (MAX.)
X= 115000 Y= 150000 Z= 0
RANGE (MIN.)
X= 0 Y= 0 Z= 0
SCALE K = 70
GRAPHIC CENTER
X= 575000 Y= 75000 Z= 0
PROGRAM STOP N= 0
AUTO ERASE A = 1
MDI **** *** *** 16:06:35
[PARAM] [GRAPH] [ ] [ ] [ ]

图 3－29　按下功能键 GRAPH 键和 PARAM 软键后的显示画面

第四节　机床操作面板的基本操作

一、概述

机床控制面板是由机床厂家配合数控系统自主设计的。不同厂家的产品,机床控制面板是各不相同的。甚至同一厂家,不同批次的产品,其机床控制面板也不相同。因此,这部分内容的学习,应该根据本单位实际机床的操作面板来学习。图 3－30 为台湾乔福立式加工中心所配的机床操作面板,该机床的型号为 VMC－850。

图 3－30　机床操作面板

对于配备 FANUC 系统的加工中心来说,机床控制面板的操作基本上大同小异,除了部分按钮的位置不相同外,其他的操作都是一样的。

如果想要熟练操作加工中心,必须熟练掌握机床操作面板上各按钮的作用。下面介绍机床操作面板上各按钮的作用。

二、机床操作面板上各按钮的说明

机床操作面板上各按钮的说明如表 3－4 所列。

表 3－4　机床操作面板上各按钮的说明

按 钮 图 片	按 钮 说 明
	该旋钮为【模式选择】旋钮(MODE):是机床操作面板上最重要的功能,绝大多数操作是从这个旋钮开始;左图中的旋钮处于原点回归(REF)模式;配合 X、Y、Z 轴的轴向移动按钮,完成原点回归操作
	左图中的旋钮处于【快速机动(RAPID)】模式:配合 X、Y、Z 轴的轴向移动按钮,完成机床的快速移动操作。 注意:快速机动模式下,不能进行切削,如果刀具与工件发生接触,则视为碰撞

（续）

按 钮 图 片	按 钮 说 明
	左图中的模式为【切削进给机动（JOG）】模式：配合 X、Y、Z 轴的轴向移动按钮，完成机床的机动操作。注意：该模式下可以进行切削操作，配合 CRT 的刀具位置显示，可以将机床作为数显机床来使用
	左图中的模式为【手轮（HANDLE）】模式：配合手轮完成 X、Y、Z 轴的轴向移动。注意：该模式下可以进行切削操作，配合 CRT 的刀具位置显示，可以将机床作为数显机床来使用
	左图中的模式为【手动数据输入（MDI）】模式：在此模式下，配合 MDI 键盘录入单步，少量并且不用保存的程序
	左图中的模式为【在线加工（REMOTE）】模式或称【DNC】模式：在此模式下，可一边传输程序，一边进行加工；解决机床的内存不能容纳 250KB 以上的程序的问题
	左图中的模式为【自动（AUTO）】模式
	左图中的模式为【编辑（EDIT）】模式：配合 MDI 键盘完成程序的录入、编辑和删除等操作
	【进给速率调节】旋钮（FEEDRATE OVERRIDE）：在【机动（JOG）】模式下或【试运行】模式下，使用外圈的数字，调节范围 0～4000mm/min；在【自动（AUTO）】或【MDI】模式下，使用内圈数字，调节范围为程序给定 F 值的 0～200%

84

按钮图片	按钮说明
	【快速进给速率调节】旋钮（RAPID OVERRIDE）：在【快速机动】模式下使用，其中 LOW 的速率为 500mm/min
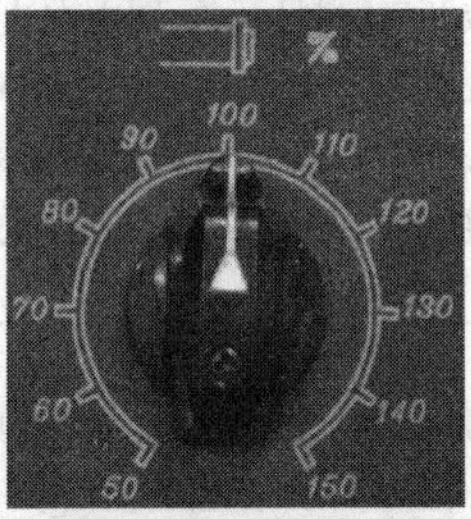	【主轴转速调节】旋钮：调节范围 50%～150%
	主轴负载表：该表提供目前主轴电机切削时的功率输出状态；正常操作应保持在 100% 以下；如果超过 100%～150% 时，不能连续切削超过 30min
	【主轴旋转】按钮：从左到右，依次为【主轴正转】、【主轴停止】和【主轴反转】。 注意：只能在【快速机动】、【机动】、【手轮】和【原点回归】这四个模式下使用
	刀号显示（TOOL DISPLAY）： • 当选择开关切换到刀库一侧（图中靠左），数字显示为目前待命的刀库号码； • 当选择开关切换到主轴一侧（图中靠右），数字显示为目前主轴上的刀具号码
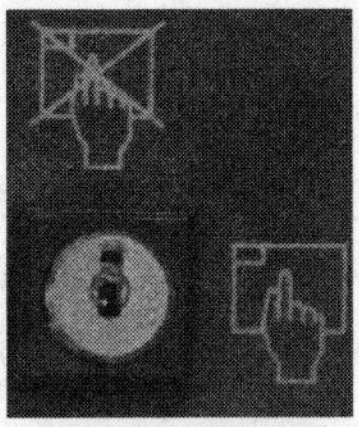	程序保护锁：当钥匙孔旋向保护状态时（如图中所示），不能编辑程序、工件坐标系和刀具偏置值等数据。该功能能在机床运行，自动执行程序时，不被外人无意中破坏。如果要编辑程序，则要用专用钥匙将钥匙孔旋向非保护状态（图中靠右）
	【超行程释放】按钮（OVERTRAVEL RELEASE）：当机床行程正常时，按键灯亮，当机床行程超过极限开关的设定时，则机床停止，该按键灯熄灭，CRT 屏幕显示"NOT READY"

按钮图片	按钮说明
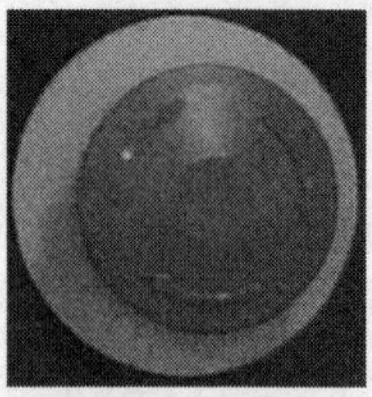	【紧急停止】开关（EMEERGENCY STOP）：当有紧急情况时（如机床撞刀），按下紧急停止按钮，可使机械动作全部停止，确保操作人员和机床的安全； 处于紧急停止状态时，主轴停止，轴向移动停止，液压装置停止，刀库停止，切削液停止，铁屑机停止，防护门互锁
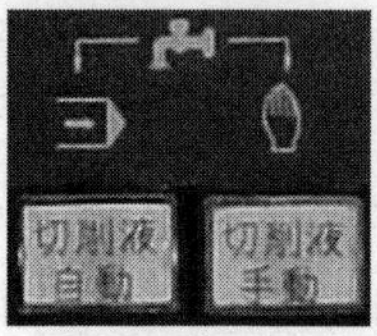	【切削液开启控制】开关：图中左边为程序自动控制方式，按下该键，如程序正在执行 M08 指令，则切削液打开，如正在执行 M09 指令，则关闭；图中右边为手动控制方式，按下该键，切削液打开，再按关闭
	主轴喷雾吹气开关：按一次，吹气打开，按键灯亮；再按一次，吹气关闭，按键灯熄灭。 吹气功能：在程序方式下由 M07 指令打开，M12 指令关闭
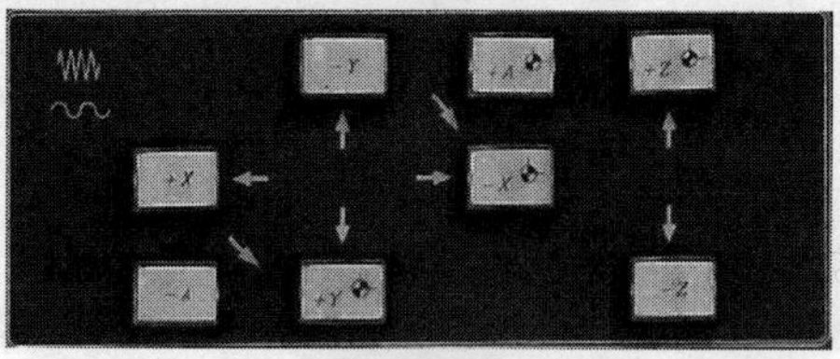	各轴移动方向：在【快速机动】模式或【机动】模式使用，按下按钮，即按进给方向移动，放开按钮则停止；同时按下"＋""－"方向，轴向不动
	【程序启动】按钮（CYCLE START）：按下该按钮，程序将自动执行
	【程序暂停】按钮（LED）：按下该按钮，按键灯亮，程序执行暂停；如果要继续执行程序，则按下【程序启动】键；如果不继续执行程序，需要按下 RESET 按键
	单步运行模式：按下该键，按键灯亮，程序执行一个程序段后，将暂停，等待用户按【程序启动】按钮之后，执行一个程序段。一般是在调试程序时使用该功能

按钮图片	按钮说明
	试运行模式:按下该键,按键灯亮,程序执行时,将忽略程序中设定的 F 值,而按进给速率调节旋钮指示的外圈的数字进给
	单节忽略模式:按下该键,按键灯亮,程序执行时,将忽略以"/"开头的程序段
	选择停止(OPTION STOP):按下该键,按键灯亮,程序执行至 M01 指令时,程序将暂停,等待用户按【程序启动】按钮之后,继续执行。再按该键,则取消选择停止模式,程序执行至 M01 时,不会暂停,而是直接执行下一程序段
	【辅助功能锁定】键(M.S.T.LOCK):按下该键,按键灯亮,程序中的 M 代码、S 代码和 T 代码将被忽略无效,该功能常与【机械锁定】键联用,以检查程序是否正确。 注意:该键对 M00、M01、M02、M30、M98、M99 无效
	【机械锁定】键:按下该键,按键灯亮,机械运动被锁定;再按该键,取消机械锁定
	【Z 轴运动锁定】键:按下该键,按键灯亮,Z 轴运动被锁定;再按该键,取消 Z 轴锁定
	控制机床防护门互锁装置开启或关闭:在程序停止及主轴和切削液停止的状态下,可正常打开,按键灯在防护门打开状态下亮
	【NC 系统就绪】键:当机床启动时,如果机床控制系统正常,按下此键,启动控制系统,并使 CNC 系统就位,CRT 屏幕显示 READY

按 钮 图 片	按 钮 说 明
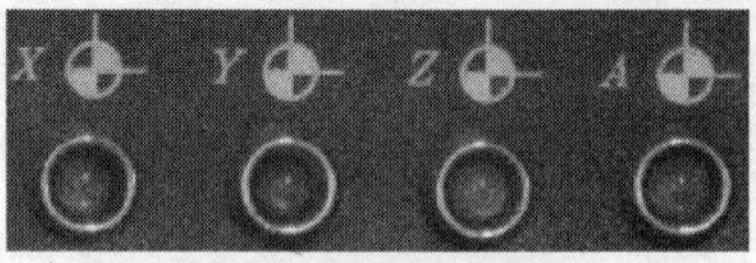	原点指示灯：X 轴回原点时，X 轴指示灯（图中左端）产生闪烁；到原点位置时，灯亮不闪烁。其他轴向的指示灯，与 X 轴指示灯一样
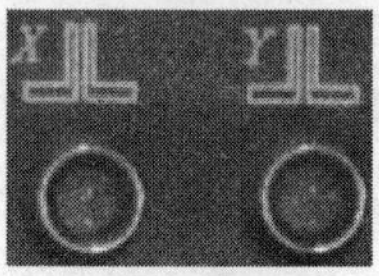	镜像功能指示灯：X 轴指示灯亮（图中左端），表示正在使用 X 轴的镜像功能；Y 轴指示灯亮（图中右端），表示正在使用 Y 轴的镜像功能
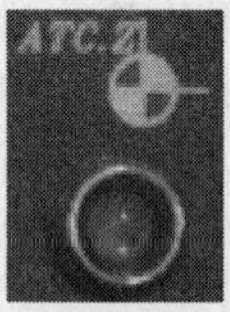	换刀位置指示灯：当 Z 轴处于换刀点时，该灯点亮；使用 G30 指令，可让 Z 轴回到该点
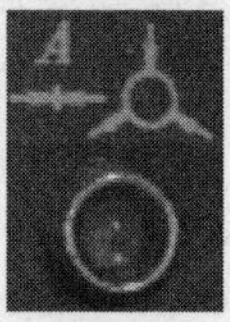	第 4 轴锁定指示灯：当第 4 轴（如 A 轴）处于夹紧状态时，指示灯亮，此时第四轴无法旋转
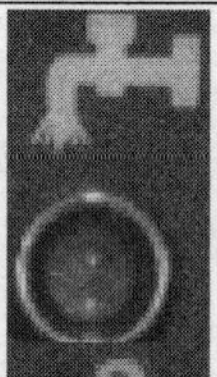	切削液开启指示灯：当切削液启动时，该指示灯亮
	程序报警指示灯：当 NC 产生 ALARM 报警时，该红灯产生闪烁
	机械装置报警指示灯：当机械装置产生 ALARM 报警时，该红灯产生闪烁
	润滑油缺油指示灯：当导轨润滑油缺油时，该红灯产生闪烁，此时请将导轨专用润滑油加入到润滑油箱中

按钮图片	按钮说明
	轴向控制手轮（MANUAL PULSE GENERATOR）：手轮进给操作只能在【手轮】模式（HANDLE）或【手轮插入】模式【有效（MANUAL HANDLE INTERRUPTION）】模式下使用，此时手轮上的指示灯会亮。使用时，必须仔细调节各轴向旋转的方向、比例和移动量 　　　　 【轴向选择】旋钮　　　【速度比率选择】旋钮

三、乔福加工中心的部分常用操作

1. 机床开机操作

乔福加工中心的机床开机操作如表 3 – 5 所列。

表 3 – 5　机床开机操作

操作顺序	按钮图片
（1）打开压缩空气开关	——
（2）将电气箱侧面的电源开关旋至 ON，打开机床主电源。完成该动作后，可以听到电器箱中散热风扇转动的声音	
（3）按下数控系统面板上的电源开关（POWER ON）启动 CNC 的电源和 CRT 屏幕。该操作需要等待十几秒，完成 CNC 系统的装载	
（4）将【紧急停止】开关打开	
（5）按下【NC 系统就绪】键，使 CNC 系统就位，CRT 屏幕显示 READY	
（6）将【模式选择】旋钮旋至【原点回归】模式，再按下【程序启动】按钮，执行自动回归原点操作	

2. 机床关机操作

乔福加工中心的机床关机操作如表 3 – 6 所列。

表 3 - 6　机床关机操作

操 作 顺 序
(1) 将工作台移动到安全的位置
(2) 将主轴停止转动
(3) 按下【紧急停止】开关,停止油压系统及所有驱动元件
(4) 按下数控系统面板上的【电源关】按键,关闭 CNC 系统和 CRT 屏幕的电源
(5) 将电气箱侧面的电源开关旋至 OFF,关闭机床主电源
(6) 关闭压缩空气开关

3. 手动原点回归操作(RETUTRN TO REFERENCE POSITION)

乔福加工中心的手动原点回归操作如表 3 - 7 所列。

表 3 - 7　手动原点回归操作

操 作 顺 序	按钮图片
(1) 将【模式选择】旋钮旋至原点回归(ZRN)	
(2) 按下" + Z"或" - Z"均可自动回到 Z 轴机械原点;再按下" + X"或" - X"自动回到 X 轴机械原点;按下" + Y"或" - Y"自动回到 Y 轴机械原点	
(3) 如果工作台距离原点太近(小于100mm),原点回归无法完成,则需要将工作台反方向移动一段距离,然后再执行步骤(2)	——
(4) 在执行原点回归过程中,原点指示灯会持续闪烁。原点回归完成后,则指示灯会亮着不再闪烁	——

4. 手动资料输入的操作(MDI)

乔福加工中心的手动资料输入的操作如表 3 - 8 所列。

表 3 - 8　手动资料输入的操作

操 作 顺 序	按钮图片
(1) 将【模式选择】旋钮旋至手动资料输入(MDI)	
(2) 按下【PROG】功能键,切换到程序录入界面	PROG
(3) 使用【MDI】操作键,将程序录入	——
(4) 按下程序启动键,开始执行 MDI 程序	
(5) 程序执行完成后,自动清除 MDI 中的程序	——

5. 自动执行程序(AUTOMATIC)

乔福加工中心的自动执行程序如表3-9所列。

表3-9　自动执行程序

操 作 顺 序	按钮图片
(1) 将【模式选择】旋钮旋至自动模式(AUTO)	
(2) 按下【PROG】功能键,切换到程序界面,选择想要执行的程序号码及程序位置	——
(3) 按下程序启动键,程序将自动执行。程序启动的指示灯将亮起	——

6. 在线加工的操作(DNC)

乔福加工中心在线加工的操作如表3-10所列。

表3-10　在线加工的操作

操 作 顺 序	按钮图片
(1) 刀具准备妥当,刀具长度和半径补偿值录入完成,用户坐标系设置完成	——
(2) 将【模式选择】旋钮旋至程序传输(REMOTE)	
(3) 将程序保护钥匙开关切换到"开"	
(4) 将外部设备(如计算机)和传输界面(如 WINDNC)准备好,打开要执行的程序	——
(5) 按下【程序启动】键,数控系统等待外部程序的输入	——
(6) 开始传输程序,程序填入数据缓冲区,待缓冲区填满后,数控系统从程序头开始执行	——

7. 超行程的解除(因为某种原因,工作台处于超行程位置,机床将自动停止,CRT 屏幕显示"NOT READY")

乔福加工中心超行程的解除如表3-11所列。

表3-11　超行程的解除

操 作 顺 序	按钮图片
(1) 将模式选择旋钮旋至手动模式	
(2) 将【超行程】按键持续按下,按键灯亮	

操 作 顺 序	按钮图片
（3）再将【NC 系统就绪】键按下,重新启动数控系统 CNC	
（4）重新执行原点回归操作	——

注:当机床超行程时,注意移动方向,如果方向错误,将造成严重的撞机事故;操作时,需要特别注意方向及适当降低速度

8. 自动换刀时的注意事项

乔福加工中心 VMC850 的刀库为斗笠式刀库,机床在进行自动换刀时,要注意以下问题:

使用 T 代码执行换刀,可以不要 M06 指令。当程序执行 T 码时,机床会使用子程序自动判断回换刀点,并自动换刀。因此,如果希望以单步模式执行换刀,即一个动作一个动作的执行,则必须设定 PMCK6#1 为 1。如果不需要单步模式换刀,请勿设定。

如果在换刀过程中,按下重置(RESET)或紧急停止按钮,将会有如下一些特殊情况发生:

（1）刀库在进行上下换刀时,刀库将立即停止动作,待紧急停止解除后,会自动回复到正常位置。

（2）刀库在进行上下换刀时,刀库将立即停止动作,待紧急停止解除后,不会自动回复到正常位置。此时,操作者必须配合 M 功能,一步一步执行回到安全位置。

（3）换刀时,刀库会自动寻找主轴目前刀号的刀位,再进行换刀。若想更改主轴刀号请使用 M86 命令来变更主轴刀号为目前刀位刀号。

注意:操作者在使用 M 代码控制刀库回正常位置时,须注意是否有干涉碰撞的危险,并且应在单步模式下小心操作,一步一步将刀库退回原始位置。

与换刀有关的 M 代码如下:

（1）M80:主轴刀刀位搜寻。

（2）M81:刀库前进。

（3）M82:刀库后退。

（4）M83:刀库上。

（5）M84:刀库下。

（6）M86:设定主轴刀为目前刀位刀号。

（7）M87:主轴松刀。

（8）M88:主轴夹刀。

（9）M77:主轴吹气开。

（10）M78:主轴吹气关。

9. M 代码

乔福加工中心(VMC850)的 M 代码如表 3 – 12 所列。

表 3-12　M 代码

M 代码	功　能	M 代码	功　能
M00	程式停止	M26	分度盘旋转轴
M01	程式选择停止	M27	第四轴夹紧(追加)
M02	程式结束	M29	刚性攻丝功能开
M03	主轴正转	M30	程式结束并重置
M04	主轴反转	M31	第五轴夹
M05	主轴停止	M32	第五轴松
M06	自动换刀(只用于机械手换刀)	M33	第六轴夹
M07	喷雾启动(喷压缩空气)	M34	第六轴松
M08	切削液开	M37	冲屑开
M09	切削液关	M38	冲屑关
M10	中空刀具启动	M70	镜像取消
M11	中空刀具停止	M71	X 轴镜像
M12	喷雾停止	M72	Y 轴镜像
M13	主轴正转及切削液开	M74	第四轴镜像
M14	主轴反转及切削液开	M75	第五轴镜像
M15	主轴停止及切削液关	M76	第六轴镜像
M16	自动门开(追加)	M77	主轴吹气开
M17	自动门关(追加)	M78	主轴吹气关
M19	主轴定位	M80	寻找主轴刀杯
M20	夹头闭(追加)	M81	刀库前进/刀臂前进
M21	夹头开(追加)	M82	刀库后退
M22	进给率调整无效	M83	刀库下/刀杯下
M23	进给率调整有效	M84	刀库上/刀杯上
M24	卷屑机启动	M85	钢性攻丝功能关
M25	卷屑机停止	M86	主轴刀号设定/刀库重整

练 习 三

一、判断题

1. 加工中心机外对刀仪用来测量刀具的长度、直径和刀具形状角度。(　　)

2. 在 FANUC 系统中 PRGRAM 表示在 MDI 模式下 MDI 的数据输入和显示。(　　)

3. PRGRM 表示在 MDI 模式下 MDI 的数据输入和显示。(　　)

4. OFFSET SETTING 用于设定,显示各种补偿量及参数。(　　)

5. RESET 键用于解除报警,CNC 复位。(　　　)

二、选择题

1. ALTER 用于_____已编辑的程序号或程序内容。

   (A) 插入　　　　(B) 修改　　　　(C) 删除　　　　(D) 清除

2. 可实现对某个程序、某条程序段及某个程序字的删除的键是_____。

   (A) MON　　　　(B) DEL　　　　(C) SCH　　　　(D) LF

3. MLK 表示_____。

   (A) Z 轴指令取消开关　　　　　　(B) 机床轴锁定开关

   (C) 单段操作开关　　　　　　　　(D) 信号删除开关

4. DELET 键用于_____已编辑的程序或内容。

   (A) 插入　　　　(B) 修改　　　　(C) 删除　　　　(D) 取消

5. INSRT 键用于编辑新的程序或_____新的程序内容。

   (A) 插入　　　　(B) 修改　　　　(C) 更换　　　　(D) 删除

第四章　加工中心二维零件手工编程与仿真练习

实训要点:

- 掌握手工编程的编程步骤;
- 掌握数控加工仿真系统的操作流程;
- 完成二维手工编程实例的练习。

第一节　加工中心训练零件一

图4-1为加工中心训练零件一(四方台)。

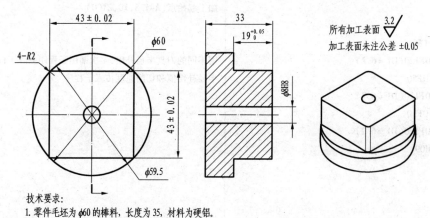

技术要求:

1. 零件毛坯为$\phi60$的棒料,长度为35,材料为硬铝。

图4-1　加工中心训练零件一(四方台)

加工采用的刀具参数如表4-1所列。

表4-1　加工中心训练所用的刀具参数表

刀具号码	刀具名称	刀具材料	刀具直径/mm	零件材料为铝材			零件材料为45#钢			备注
				转速/(r/min)	径向进给量/(mm/min)	轴向进给量/(mm/min)	转速/(r/min)	径向进给量/(mm/min)	轴向进给量/(mm/min)	
T1	端铣刀	高速钢	$\phi12$	600	120	50	500	60	35	粗铣
T2	端铣刀	高速钢	$\phi8$	1100	130	80	800	90	50	精铣
T3	中心钻	高速钢	$\phi3$	1500		80	1100		60	钻中心孔
T4	钻头	高速钢	$\phi7.8$	800		60	500		40	钻孔
T5	铰刀	高速钢	$\phi8$	200		50	140		35	精铰$\phi8$的孔

选择零件中心为编程原点,水平向右的方向为 X 的正向,垂直纸面向上的方向为 Z 的正向,工件的上表面定为 $Z0$。需要加工的部分为带 $R2$ 圆弧的 43×43 的四方台面,深度为 $19^{+0.05}_{0}$ mm,$\phi8H7$ 的通孔和 $\phi59.5$ 的工艺台阶。

零件的工艺安排如下:

(1) 用虎钳和 V 型铁装夹零件,用百分表找正 $\phi60$ 的圆后,铣平零件上表面,将零件中心和零件上表面设为 G54 的原点。

(2) 加工路线:粗铣 43×43 的四方台面→钻中心孔→钻 $\phi7.8$ 孔→铰 $\phi8H7$ 孔→精铣 43×43 的四方台面→精铣 $\phi59.5$ 的工艺台阶。

手工编程参考答案:

主程序内容	程序注释(加工时不需要输入)
%	传输程序时的起始符号
O0001	
G91Z0G28	主轴直接回到换刀参考点
T1M6	换 1 号刀,$\phi12$mm 的端铣刀
G90G54G0X0Y0S600M3	刀具初始化
G43H1Z100.0	1 号刀的长度补偿
X41.5Y0	加工起始点($X41.5$,$Y0$,$Z100$)
Z10.0M08	
G01Z − 7.0F50	
D1M98P100F120(D1 = 6.2)	用不同的刀具半径补偿,多次调用子程序去除工件余量
G01Z − 13.0F50	半径补偿值和切削速度传入子程序
D1M98P100F120(D1 = 6.2)	
G01Z − 19.0F50	
D1M98P100F120(D1 = 6.2)	
G0Z100.0M09	
M05	
G91G28Z0	
T3M6	换 3 号刀,$\phi3$mm 中心钻
G90G54G0X0Y0S1500M3	
G43H3Z100.0	
X0Y0	
Z10.0M08	
G01Z − 5.0F80	钻中心孔
G0Z100.0M09	
M5	
G91G28Z0	
T4M6	换 4 号刀,$\phi7.8$mm 钻头
G90G54G0X0Y0S800M3	
G43H4Z100.0	
Z5.0M08	
G99G73Z − 36.0R5.Q2.0F60	G73 指令的钻孔循环
G80	

96

主程序内容	程序注释（加工时不需要输入）
G0Z100.0M09	
M05	
G91G28Z0	
T5M6	换 5 号刀，ϕ8mm 铰刀
G90G54G0X0Y0S200M3	
G43H5Z100.0	
Z5.0M08	
G1Z－33.0F50	铰孔
G0Z100.0M09	
M05	
G91G28Z0	
T2M6	换 2 号刀，ϕ8mm 端铣刀
G90G54G0X0Y0S1100M3	
G43H2Z100.0	
X41.5Y0	加工起始点（X41.5，Y0，Z100）
Z10.0M08	
G01Z－7.0	
D2M98P100F130（D2＝4）	用合适的刀具半径补偿，通过调用子程序完成精加工
G01Z－13.0F50	
D2M98P100F130（D2＝4）	
G01Z－19.0F50	
D2M98P100F130（D2＝4）	
G01Z－23.0F50	
D2M98P200F130（D2＝4）	铣削工艺台阶
G0Z100.0M09	
M05	
M30	程序结束
％	传输程序时的结束符号
子程序内容	注释内容
％	
O100	O100 子程序
X41.5Y0	（铣削带 R2 圆弧的 43×43 的四方台面）
G1G41Y20.0	刀具半径补偿有效，补偿值由主程序传入
G3X21.5Y0R20.0	圆弧切入
G1Y－19.5	加工轨迹的描述
G2X19.5Y－21.5R2.0	
G01X－19.5	
G2X－21.5Y－19.5R2.0	
G01Y19.5	

主程序内容	程序注释（加工时不需要输入）
G02X－19.5Y21.5R2.0	
G01X19.5	
G02X21.5Y19.5R2.0	
G01Y0	
G03X41.5Y－20.0R20.0	圆弧切出
G01G40Y0	刀具半径补偿取消
M99	返回主程序
%	
%	
O200	O200 子程序（铣削 φ59.5 的工艺台阶）
X41.5Y0	
G1G41Y11.75	刀具半径补偿有效，补偿值由主程序传入
G3X29.75Y0R11.75	圆弧切入
G2I－29.75J0	加工工艺台阶的轨迹描述
G03X41.5Y－11.75R11.75	圆弧切出
G01G40Y0	刀具半径补偿取消
M99	返回主程序
%	
%	铣工件上表面的程序，单独使用（走圆形轨迹）
G91G28Z0	
T1M6	
G90G54G0X0Y0S600M3	
G43H1Z100.0	
X45.0Y0	起始点（X45.0，Y0，Z100.0）
Z5.0M08	
G01Z0.F80	铣削深度，可根据实际情况调整 Z 值
G01X35.0F120	走圆形轨迹
G02I－35.0J0	
G01X25.0	
G02I－25.0J0	
G01X15.0	
G02I－15.0J0	
G01X5.0	
G02I－5.0J0	
G0Z100.M09	
M05	
G91G28Z0	
M30	
%	

第二节　数控加工仿真系统的操作流程

在数控加工仿真系统中,FANUC Oi 系统—乔福加工中心 VMC850 的操作步骤如表 4-2 所列。

表 4-2　操作步骤

实际机床的操作步骤	仿真系统的加工中心操作步骤
(1) 开压缩空气、电源	(1) 选择机床
(2) 机床原点返回(X,Y,Z,A,ATC)	(2) 机床操作初始化
(3) 准备刀具	(3) 机床回零
(4) 刀具长度、刀具半径的测量	(4) 确定零件毛坯尺寸,选择夹具并完成零件装夹
(5) 刀具的安装	(5) 确定工作原点,建立用户坐标系(G54)
(6) 刀具的登录	(6) 选择并安装刀具
(7) 刀具补偿的输入	(7) 刀具参数的登录(长度补偿值和半径补偿值)
(8) 装夹工件、找正	(8) 输入程序
(9) 确定工件原点	(9) 程序试运行(调试程序)
(10) 输入工作坐标系	(10) 自动加工
(11) 输入程序	(11) 保存项目文件
(12) 试运行(调试程序)	
(13) 试切削(测量尺寸、调试程序、用于批量生产)	
(14) 自动加工	
(15) 清扫、整理机床	
(16) 关电源、压缩空气	

加工准备:

(1) 选择机床为乔福加工中心 VMC850 - FANUC Oi 系统。

(2) 毛坯为 $\phi60mm$ 的棒料,厚度为 50mm,零件材料为铝材。

(3) 加工采用的刀具参数参见表 4-1。

具体操作过程:单击【开始】→【程序】→【数控加工仿真系统】,选择【数控加工仿真系统】,在弹出的登录用户对话框中,选择快速登录,进入数控加工仿真系统。

一、选择机床

如图 4-2 所示,单击菜单【机床/选择机床…】(见图 4-2 中 P1),出现选择机床对话框,在选择机床对话框中控制系统选择【FANUC】(见图 4-2 中 P2)和 FANUC Oi(见图 4-2 中 P3),机床类型选择"立式加工中心"(见图 4-2 中 P4),型号是 JOHNFORD VMC-850(见图 4-2 中 P5),并按确定按钮,此时仿真系统界面如图 4-2 中 P6 所示,机床选择结束。

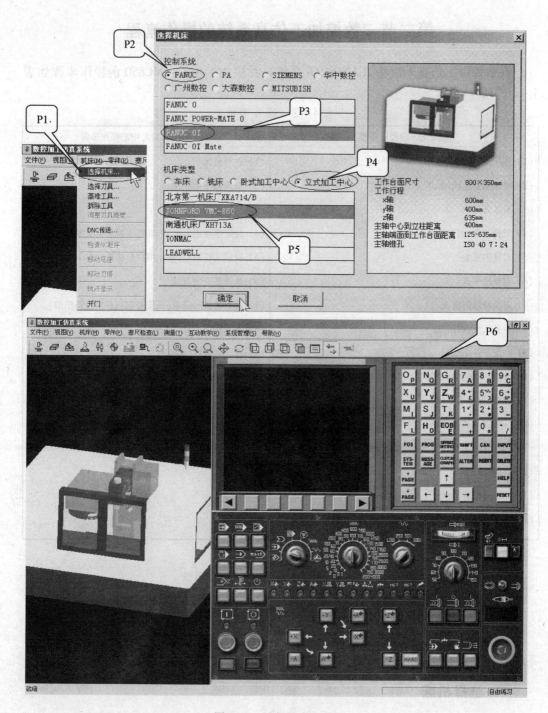

图 4-2 选择机床类型

实际机床操作相当于选择操作机床,打开操作机床的空气开关,打开机床的总电源。

二、机床操作初始化

选择机床后,机床处于锁定状态,需要进行机床初始化操作,即解除锁定状态。在仿真系统中,不同型号的机床,其机床的初始化操作也不相同。

对于仿真系统乔福加工中心 VMC850 来说,具体操作步骤:如图 4-3 所示,按下数控系统的电源按钮(见图 4-3 中 P1),然后再按下急停按钮(见图 4-3 中 P2),最后按下系统启动按钮(见图 4-3 中 P3)。

图 4-3　机床操作初始化

三、机床回零

机床回零操作是建立机床坐标系的过程:回零操作是实际机床在打开机床电源后,首先要做的操作,即在 X 轴、Y 轴、Z 轴通过与限位开关的接触,机床找到这三个方向的极限值后,将机床坐标系的值清零,建立机床坐标系的零点。

由于控制系统的延迟特性,如果机床主轴的实际位置,即 X 轴、Y 轴、Z 轴的位置距离机床零点太近,为了避免主轴与限位开关发生碰撞,一般数控机床都规定在进行机床回零操作前,机床主轴的 X 轴、Y 轴、Z 轴的位置距离机床零点必须大于 100mm。

以下是仿真系统的具体操作。

1. 查看是否满足回零条件

如图 4-4 所示,用鼠标按下【POS】(见图 4-4 中 P1),接着按下 CRT 中【综合】下面对应的软键按钮(见图 4-4 中 P2)。注意:CRT 中【机械坐标】坐标系下的 X、Y 和 Z(见图 4-4 中 P3)的绝对值不能小于"100.0"。图中 X、Y 和 Z 的值是满足回零条件的。

2. 回零操作

如图 4-5 所示,用鼠标将【模式选择】旋钮指向【参考点】(见图 4-5 中 P1)。转动旋钮的方法:鼠标停留在旋钮上,按鼠标左键,旋钮左转,按鼠标右键,旋钮右转。

Z 轴回零:按下【+Z】按钮(见图 4-5 中 P2);X 轴回零:按下【-X】按钮(见图 4-5 中 P3);Y 轴回零:按下【+Y】按钮(见图 4-5 中 P4)。

回零操作完成后,CRT 中【机械坐标】坐标系的结果应该如图 4-5 中 P5 所示。

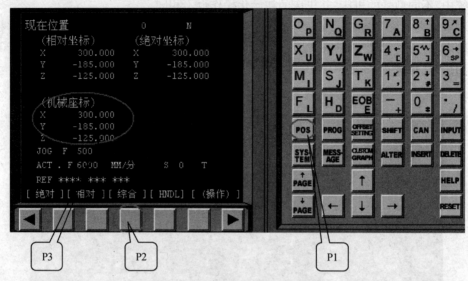

图 4 – 4　查看是否满足回零条件

　　上述操作是手动回零的操作过程。此外,FANUC Oi 系统还支持自动回零操作,即用鼠标将【模式选择】旋钮指向【参考点】(见图 4 – 5 中 P1)后,直接按下【循环启动】按钮(见图 4 – 5 中 P6)即可,机床首先将 Z 轴回零,然后将 X 轴和 Y 轴依次回零。

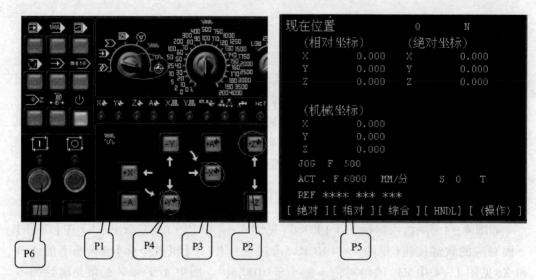

图 4 – 5　机床回零的操作过程

四、确定零件毛坯尺寸,选择夹具并完成零件装夹

1. 定义毛坯尺寸

　　如图 4 – 6 所示,单击菜单【零件/定义毛坯…】或按下【毛坯定义】按钮(见图 4 – 6 中 P1),出现定义毛坯对话框,将毛坯形状改为圆柱形(见图 4 – 6 中 P2),定义毛坯直径为 60mm(见图 4 – 6 中 P4),定义毛坯高度为 50mm(见图 4 – 6 中 P3),完成后按下

【确定】按钮。

2. 选择装夹方式

如图 4 - 7 所示,单击菜单【零件/安装夹具…】或按下【夹具】按钮(见图 4 - 7 中 P1),出现安装夹具对话框,选择要安装的零件【毛坯 1】(见图 4 - 7 中 P2),为了便于观察切削加工,选择安装毛坯的夹具为【工艺板】(见图 4 - 7 中 P3),完成后,按下【确定】按钮 (见图 4 - 7 中 P4)。

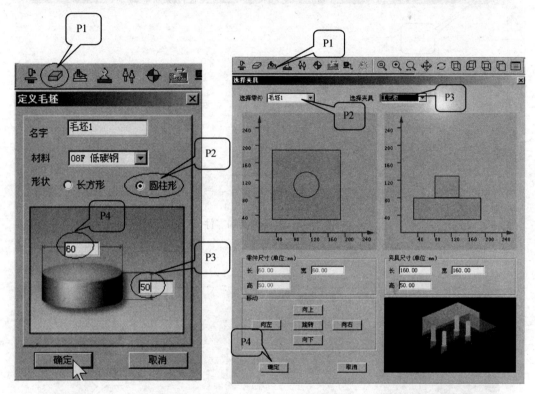

图 4 - 6　定义毛坯尺寸　　　　　图 4 - 7　定义装夹方式

3. 放置夹具和毛坯

如图 4 - 8 所示,单击菜单【零件/放置零件…】或按下【放置零件】按钮(见图 4 - 8 中 P1),在放置零件对话框选取名称为【毛坯 1】的零件(见图 4 - 8 中 P2)。完成后,按下【安装零件】按钮。

4. 移动工作台上的零件

如图 4 - 9 所示,定义好的毛坯和夹具,出现在机床工作台面上(见图 4 - 9 中 P1),并出现控制零件移动的面板(见图 4 - 9 中 P2),这四个方向的按钮,可以移动工作台面上的零件和夹具,如果零件位置没有问题,单击面板上的【退出】按钮(见图 4 - 9 中 P2),关闭该面板,毛坯放置完成。由于机床门的阻挡,观察零件有些不方便,可以单击菜单【机床】→【开门】(见图 4 - 9 中 P3),打开机床门。为了将零件固定在工作台上,可以单击菜单【零件】→【安装压板】(见图 4 - 9 中 P4),在弹出的选择压板对话框中,选择横向压板(见图 4 - 9 中 P5),然后选择确定按钮(见图 4 - 9 中 P6)关闭选择压板对话框,安装工件的结果如图 4 - 9 中 P7 所示。

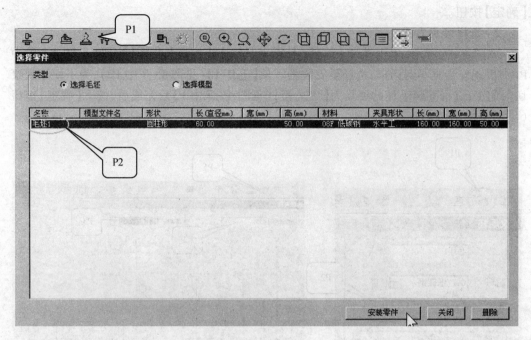

图 4-8   放置夹具和零件

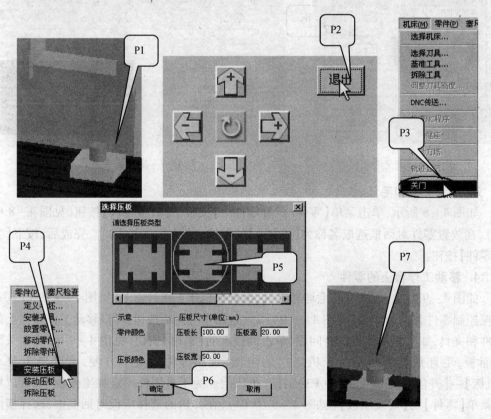

图 4-9   放置夹具和零件

五、确定工作原点,建立用户坐标系(G54)

选择零件中心为编程原点,水平向右的方向为 X 的正向,垂直纸面向上的方向为 Z 的正向,工件的上表面定为 $Z0$。

下面选择基准工具,确定 X、Y 的用户坐标系。

如图 4 – 10 所示,单击菜单【机床】→【基准工具…】或按下【基准工具】按钮(见图 4 – 10 中 P1),在基准工具对话框中,选取右边的基准工具(见图 4 – 10 中 P2)。完成后,按下【确定】按钮。基准工具出现在机床主轴上。

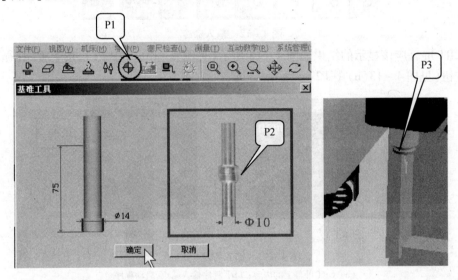

图 4 – 10　选择基准工具

使用基准工具可以帮助建立用户坐标系,方便编制程序。这两种基准工具是实际工作中应用比较多的基准工具,二者的区别在于精度和价格。

第一个是刚性样柱,价格低。使用时,主轴静止,与零件不接触,利用塞尺来测量塞尺与零件之间的间隙,从而确定 X 轴和 Y 轴的基准。因为测量塞尺与零件的间隙,有赖于操作者的经验来判断,所以精度比较低,通常精度在 0.03 ~ 0.06 之间,如果操作者有较高的操作技能,精度可到达 0.02 ~ 0.03。刚性样柱在小规模的模具企业中使用较广。

第二个是弹性样柱(寻边器),价格中等。使用时,主轴转速在 400r/min ~ 600r/min 之间。当样柱与零件接触时,由于离心力的缘故,轻微接触,就会产生明显的偏心迹象,使用方便。精度在 0.01 ~ 0.03 之间,如果操作者有较高的操作技能,精度可到达 0.005 ~ 0.01。弹性样柱的使用区域广泛。

注意,这两种基准工具都只能确定 X 轴和 Y 轴的基准,而不能确定 Z 轴基准。Z 轴基准的确定,需要配合实际使用的刀具才行。

下面将讲解弹性样柱确定零件 X 轴、Y 轴和 Z 基准的步骤。

1. 让主轴旋转,转速 500r/min

如图 4 – 11 所示,用鼠标将【模式选择】旋钮指向【MDI】(见图 4 – 11 中 P1),按下系统面板中的【PRGRM】按钮(见图 4 – 11 中 P2)。

图 4 – 11　进入 MDI 模式

按照图 4 – 12 中图标的顺序,按下系统面板中的相应按钮,输入命令:S500M3。

图 4 – 12　输入命令

CRT 屏幕应该显示的结果如图 4 – 13 所示(见图 4 – 13(a)中 P1),按下程序【循环启动】按钮(见图 4 – 13(b)中 P2)。

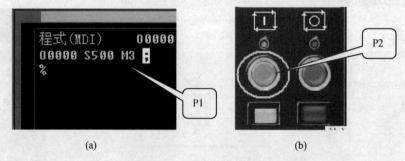

(a)　　　　　　　　　　　　(b)

图 4 – 13　输入程序并启动

(a) CRT 屏幕上的内容;(b) 程序输入结束,启动程序。

2. 让弹性圆柱与零件毛坯快速接近

用鼠标将【模式选择】旋钮指向【快速机动】(见图 4 – 14 中 P1),选择快速移动的轴向(见图 4 – 14 中 P2、P3、P4),直到弹性样柱接近零件为止(见图 4 – 14 中 P5)。

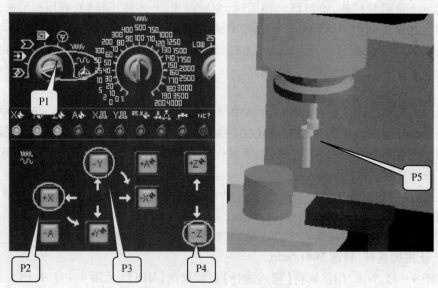

图 4 – 14　弹性样柱接近零件

3. 确定 X 轴的基准

如图 4 - 15 所示,单击菜单【视图】→【复位】或按下【复位】按钮(见图 4 - 15 中 P1),
放大视角(见图 4 - 15 中 P2)。

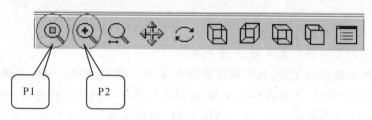

图 4 - 15　调整观察零件的视角

弹性样柱接近零件后,为保证操作安全,必须使用手轮,单击【显示手轮】按钮(见
图 4 - 16 中 P1),出现手轮面板,调节手轮控制轴向为 X 向(见图 4 - 16 中 P2),调节移动
速度倍率(见图 4 - 16 中 P3),转动手轮(见图 4 - 16 中 P4),转动方法:鼠标停留在手轮
上,按鼠标左键,手轮左转,按鼠标右键,手轮右转。

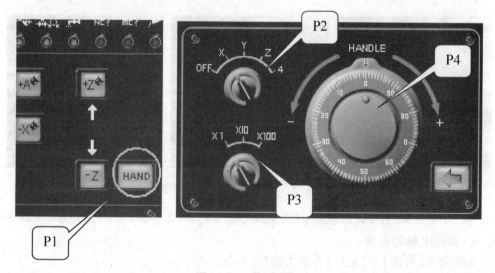

图 4 - 16　使用手轮

转动手轮,让弹性样柱从零件右边逐渐接近零件。此时,样柱上下两个部分是分开的
(见图 4 - 17 中 P1)。向负方向,按下鼠标左键,逆时针转动手轮,弹性样柱逐渐接近零

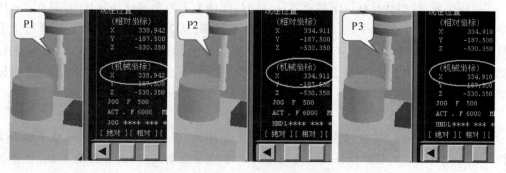

图 4 - 17　确定 X 轴右边的基准值

件。在这过程中,需要调节移动速度倍率,从 X100→X10→X1,减小当样柱上下两个部分,合为一体时(见图 4 – 17 中 P2),此时机床【机械坐标】$X = 334.911$。继续往负方向转动手轮,样柱上下两个部分将突然分开,(见图 4 – 17 中 P3),此时机床【机械坐标】$X = 334.910$。

记下 $X_{右} = 334.911$。

注意:不同的零件若位置不同,此值也不同。

注意:此时不要移动 Y 轴,只能移动 X 轴和 Z 轴。首先,移动 Z 轴,将弹性样柱抬高到零件上方的安全高度,然后再移动 X 轴,将弹性样柱移动到零件的左边,如图 4 – 18 所示,调节手轮移动速度倍率,从 X100→X10→X1,让弹性样柱从零件左边逐渐接近零件,此时,样柱上下两个部分是分开的(见图 4 – 18 中 P1)。向正方向,转动手轮,当样柱上下两个部分,合为一体时,(见图 4 – 18 中 P2),此时机床【机械坐标】$X = 265.089$。继续往正方向,转动手轮,样柱上下两个部分将突然分开,(见图 4 – 18 中 P3)。此时机床【机械坐标】$X = 265.090$。

记下 $X_{左} = 265.089$。

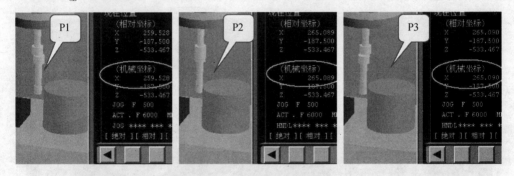

图 4 – 18 确定 X 轴左边的基准值

零件中心 X 轴的机床【机械坐标】值 $X_{中} = (X_{左} + X_{右}) \div 2 = (334.911 + 265.089) \div 2 = 300$。

4. 确定 Y 轴的基准

单击菜单【视图】→【复位】并放大视角,至合适大小。

使用手轮,移动 Z 向,将主轴提高到安全位置,然后移动 X 轴,将主轴移动到 X 轴的机械坐标值为 $X_{中}$(即 300)的位置,然后再移动 Y 轴,到零件的右侧(靠近操作者的方向),然后再移动 Z 轴,将弹性样柱下移到图 4 – 19 中 P1 的位置。

使用手轮,让弹性样柱逐渐接近零件,此时,样柱上下两个部分是分开的(见图 4 – 19 中 P1)。向正方向,转动手轮,注意调节移动速度倍率,从 X100→X10→X1。当样柱上下两个部分合为一体时,(见图 4 – 19 中 P2),此时机床坐标系【机械坐标】$Y = -220.001$。继续往正方向转动手轮,样柱上下两个部分将突然分开,(见图 4 – 19 中 P3),此时【机械坐标】值 $Y = -220.000$。

记下 $Y_{右} = -220.001$。

注意:此时 X 轴的【机械坐标】值应该保持为 300。不要移动 X 轴,只移动 Y 轴和 Z 轴。首先,移动 Z 轴,将弹性样柱抬高到零件上方的安全高度,然后再移动 Y 轴,将弹性样柱移动到零件的左边(远离操作者的方向),调节手轮移动速度倍率,从 X100→X10→

108

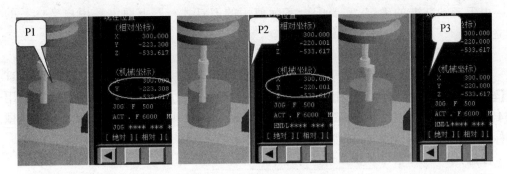

图4-19 确定Y轴右边的基准值

X1,让弹性样柱从零件左边逐渐接近零件,此时,样柱上下两个部分是分开的(见图4-20中P1)。向正方向,转动手轮,当样柱上下两个部分,合为一体时,(见图4-20中P2),此时机床【机械坐标】值$Y = -149.999$。继续往负方向,转动手轮,样柱上下两个部分将突然分开,(见图4-20中P3),此时机床【机械坐标】值$Y = -150.000$。

记下$Y_左 = -149.999$。

零件中心Y轴的机床【机械坐标】值$Y_中 = (Y_左 + Y_右) \div 2 = (-220.001 - 149.999) \div 2 = -185.0$。

到这里,零件中心X轴和Y轴的机床【机械坐标】值都已经知道了,是$(300, -185)$,这个值将放到用户坐标系中。

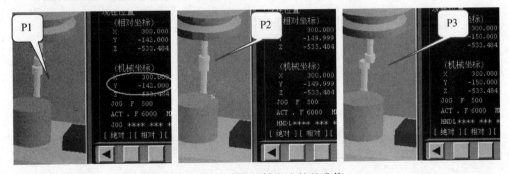

图4-20 确定Y轴左边的基准值

上述操作完成后,将弹性样柱,抬高到零件上方,安全的高度。按下【RESET】,停止主轴转动。然后将手轮隐藏(见图4-21中P1),将基准工具拆除(见图4-21中P2)。

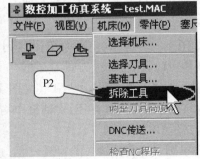

图4-21 隐藏手轮和拆除基准工具

由于 Z 轴基准的确定,需要配合实际使用的刀具才行。下面讲解用户坐标系的建立。

5. 建立用户坐标系(G54)

如图 4－22 所示,用鼠标按下【OFFSET SETTING】(见图 4－22 中 P1),接着按下 CRT 中【坐标系】下面对应的软键按钮(见图 4－22 中 P2),进入用户坐标系,由于通常是使用 G54 用户坐标系,所以移动光标(见图 4－22 中 P3),将零件中心 X 轴和 Y 轴的机床【机械坐标】值输入到 G54 坐标系中(见图 4－22 中 P4)。

注意: G54 坐标系的 Z 值应该保持为零。

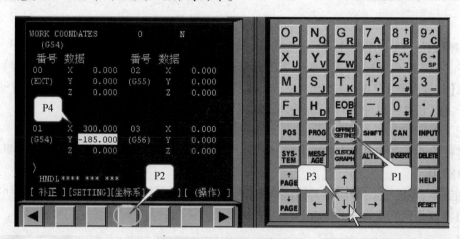

图 4－22　建立用户坐标系 G54

输入参数的按键顺序如图 4－23 所示。

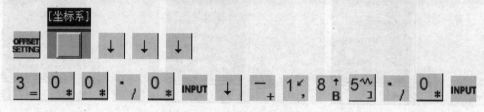

图 4－23　输入命令顺序

六、选择并安装刀具

根据机床数据表,需要安装 5 把刀,刀具参数如表 4－1 所列。

操作步骤如下:

如图 4－24 所示,单击菜单【机床】→【选择刀具…】或按下【选择刀具】按钮(见图 4－24 中 P1),出现选择刀具对话框。

(1)选择刀具号码"序号 1"(见图 4－24 中 P2)。

(2)在【所需刀具直径】对话框中输入"12"(见图 4－24 中 P3),按下【确定】按钮(见图 4－24 中 P4)或回车。

(3)刀具库将按输入的刀具直径,过滤刀具,找到所需要的刀具后,用鼠标选取(见图 4－24 中 P5),完成 ϕ12 端铣刀的选择。

110

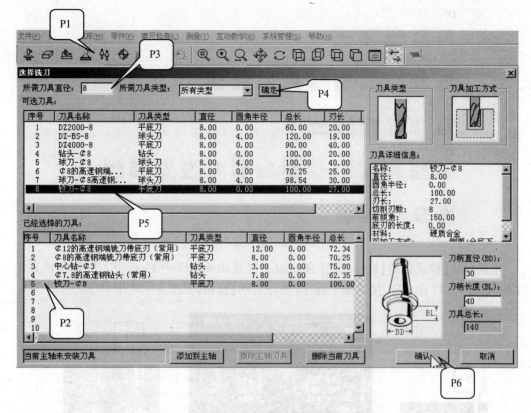

图 4-24 选择刀具对话框

(4)重复步骤(1)~(3),选择完成 NC 机床数据表中所列出的刀具。完成后(见图 4-24 中 P6),按下确定按钮,所选刀具出现在刀库中。

七、刀具参数的登录

由于每一把刀的长度各不相同,所以需要登录刀具参数,步骤如下:

(1)输入一段小程序,将 T1φ12 端铣刀换到主轴上。如图 4-25 所示,用鼠标将【模式选择】旋钮指向【编辑】(见图 4-25 中 P1),按下系统面板中的【PROG】按钮(见图 4-25 中 P2)。

图 4-25 进入【编辑(EDIT)】模式

按照图 4-26 中图标的顺序,按下系统面板中的相应按钮,输入命令:

程序输入完成后,按下 ^{RESET} 按钮,让程序回到程序头,程序录入就完成了。

O2

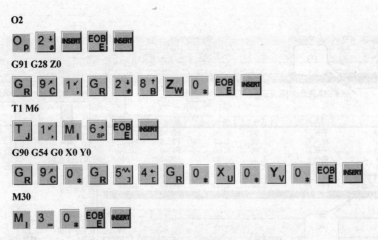

O2

G91 G28 Z0

T1 M6

G90 G54 G0 X0 Y0

M30

图4-26　输入命令

用鼠标将【模式选择】旋钮指向【自动加工】(见图4-27中P1),CRT屏幕应该显示结果(见图4-27中P2),接着按下程序【循环启动】按钮(见图4-27中P3)。

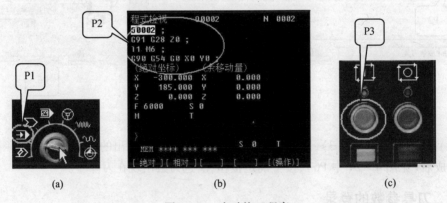

(a)　　　　　　　　　　(b)　　　　　　　　　　(c)

图4-27　启动换刀程序
(a) 进入自动加工模式; (b) CRT屏幕上的内容; (c) 启动程序。

仿真机床自动将1号刀具换到主轴上,换刀完成后,主轴自动移动到工件上方(见图4-28中P1)。

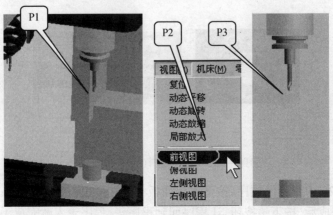

图4-28　主轴换刀结果

（2）确定 1 号刀具的长度补偿值（H_1）。单击菜单【视图】→【前视图】(见图 4-28 中 P2)或按下【前视图】按钮。机床视图结果如图 4-28 中 P3 所示。

如图 4-29 所示,单击菜单【塞尺检查】→【100mm 量块】(见图 4-29 中 P1)。此时,机床显示分为两个部分(见图 4-29 中 P2 和 P3),并出现塞尺检查信息提示框。用鼠标单击系统面板上 POS,再单击 CRT 屏幕下方的【综合】软键,显示机床坐标系(见图 4-29 中 P4)。

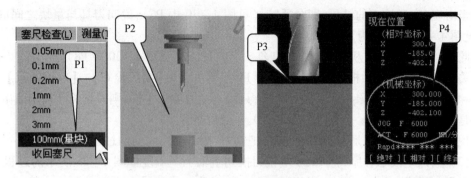

图 4-29 Z 向对刀

如图 4-30 所示,用鼠标将【模式选择】旋钮指向【手轮】(见图 4-30 中 P1),单击手

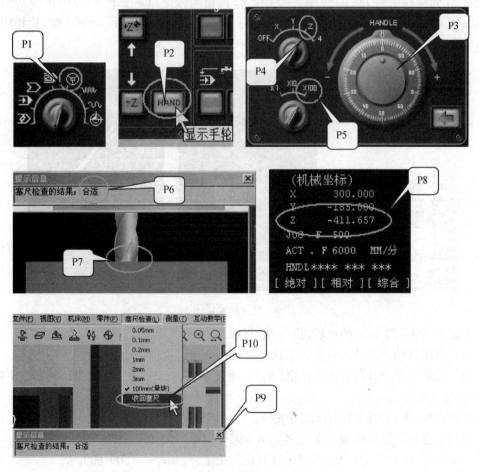

图 4-30 确定刀具 Z 向尺寸

113

轮图标(见图 4 - 30 中 P2),显示出手轮(见图 4 - 30 中 P3),调节轴向移动为 Z 轴(见图 4 - 30 中 P4),用鼠标左键,单击手轮,让刀具从零件上方逐渐接近零件。在这过程中,要注意调节移动倍率,由大到小,即 X100→X10→X1(见图 4 - 30 中 P5)。

塞尺检查信息提示框此时显示的是刀具与零件之间的 Z 向距离(见图 4 - 30 中 P6 ~ P7 的距离),是否是量块的高度,即 100mm。

当出现"塞尺检查的结果,即合适"时(见图 4 - 30 中 P6),说明刀具与量块之间的距离(见图 4 - 30 中 P7)为 $Z_{量块} = 100$。

此时,机床坐标系【机械坐标】中的 $Z_1 = -411.657$(见图 4 - 30 中 P8)。

关闭塞尺检查对话框(见图 4 - 30 中 P9),单击菜单【塞尺检查】→【收回塞尺】(见图 4 - 30 中 P10)。如果机床是数控铣床,只用一把刀加工零件,则刀具长度补偿值中 H_1 的值是 $H_1 = Z_1 - Z_{量块} = -411.657 - 100.0 = -511.657$。

现在所使用的机床是加工中心,有几把铣刀,则需要将前面的过程重复几次。

(3)输入一段小程序,将 T2ϕ8 端铣刀换到主轴上。重复如图 4 - 25 所示的过程,进入编辑程序模式。

如图 4 - 31 所示,编辑 O2 程序,用鼠标单击两次系统面板中的下箭头(见图 4 - 31 中 P1),让光标移动到 T1 上(见图 4 - 31 中 P2),输入命令:T2(见图 4 - 31 中 P2),然后用鼠标按下 ALTER 键(见图 4 - 31 中 P4),将 T1 替换成 T2,再按下 RESET 键,让程序回到程序头,程序就修改完成了(见图 4 - 31 中 P5)。

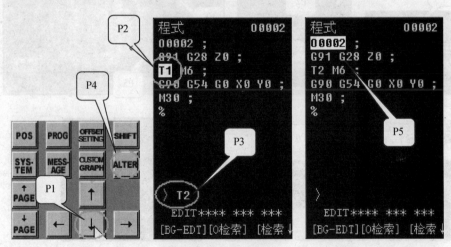

图 4 - 31　修改程序

重复如图 4 - 27 所示的过程,执行 O2 程序。

仿真机床自动将 2 号刀具换到主轴上,换刀完成后,主轴自动移动到工件上方。

(4)确定 2 号刀具的长度补偿值(H_2)。重复如图 4 - 27、图 4 - 28、图 4 - 29、图 4 - 30 所示的过程。

此时,机床坐标系【MACHINE】中的 $Z_2 = -413.748$。

刀具长度补偿值中的 $H_2 = Z_2 - Z_{量块} = -413.748 - 100.0 = -513.748$

(5)按照 T2 对刀的过程,得到 3 号刀具的长度补偿 $H_3 = -509.000$。

(6)按照 T2 对刀的过程,得到 4 号刀具的长度补偿 $H_4 = -521.645$。

(7) 按照 T2 对刀的过程,得到 5 号刀具的长度补偿 $H_5 = -484.000$。

(8) 登录刀具补偿值。将每一把刀具的 H 登录到刀具长度补偿中,操作步骤如图 4 - 32 所示。

用鼠标按下【OFFSET SETTING】按钮(见图 4 - 32 中 P1),CRT 界面中是刀具补偿画面,在形状(H)项目下,依次将前面测量得到的 $H_1 \sim H_5$ 输入到屏幕中(见图 4 - 32 中 P2)。输入方法请参考前面图 4 - 23 中 G54 坐标系值的输入。

长度补偿值将在程序中,用 G43 H_{xx} 命令的方式调用这些补偿值,如果程序中没有 G43 命令,则这些长度补偿值无效。

程序中,需要用到 D1(6. 200),D2(4. 000)这两个刀具半径编程值,按照顺序输入到形状(D)项目下(见图 4 - 32 中 P3)。在程序中,用 G41 D_{xx} 命令的方式调用这些补偿值,如果程序中没有 G41 命令,这些半径补偿值无效。

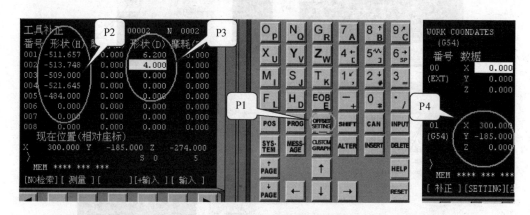

图 4 - 32 登录刀具长度补偿值

注意:这种对刀方式,必须保持 G54 中的 Z 值为 0(见图 4 - 32 中 P4)。

八、录入程序

录入程序有以下三种方式:

(1) 短小程序的录入(程序长度小于 10K)。

具体方法请参考图 4 - 26,对刀程序的录入这里就不赘述了。

(2) 中等长度的程序录入(程序长度为 5KB ~ 250KB)。

中等长度的程序通常是使用传输软件,通过计算机与机床连接的通信端口,将程序直接传输到机床的内存中,方便快捷,这也是实际机床操作中,普遍采用的程序录入方式。数控仿真软件可以仿真这种传输方式,并且传输的程序长度最大支持到 4MB。

操作步骤如下:

步骤一   如图 4 - 33 所示,用鼠标将【模式选择】旋钮指向【编辑】(见图 4 - 33 中 P1),按下系统面板中的【PROG】按钮(见图 4 - 33 中 P2)。然后,按下 CRT 界面中的【操作】下面的软键(见图 4 - 33 中 P3),CRT 界面中的软键切换成其他功能(见图 4 - 33 中 P4),按下图中 P4 的软键,可以看到【READ】,在系统面板上输入程序在机床中的名字 "O1"(见图 4 - 33 中 P5),再按下 CRT 界面中的软键【READ】(见图 4 - 33 中 P6),CRT

界面中的软键切换成其他功能,按下 CRT 界面中的软键【EXEC】(见图 4 - 33 中 P7),出现"标头 SKP"的提示。

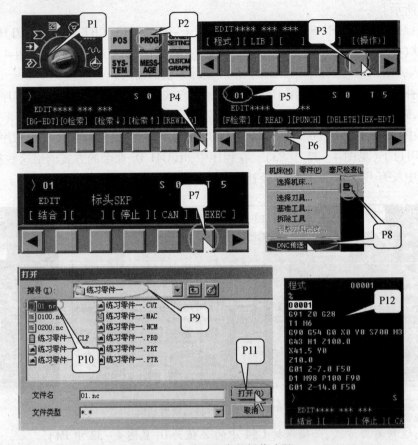

图 4 - 33　传输程序的操作步骤

步骤二　　选择菜单【机床】/【DNC 传送 . . . 】"或按下【DNC 传送】按钮(见图 4 - 33 中 P8),在弹出的打开文件对话框中,利用下拉菜单(见图 4 - 33 中 P9)找到要传输的程序文件的路径,选择要传输的文件(见图 4 - 33 中 P10),按下【打开】按钮(见图 4 - 33 中 P11),程序被传输到仿真系统中,传输结果如图 4 - 33 中 P12 所示。

如果有多个程序,重复步骤一和步骤二,就可以将所有的主程序和子程序录入的仿真机床中。

在实际机床操作中,这部分的操作同时涉及到机床和与机床连接的计算机这两个设备,步骤一的内容是在机床上操作,仿真机床的操作与实际操作一致。

步骤二的内容应该是在与机床连接的计算机上操作。由于无法同时仿真机床和计算机,这里的操作步骤与实际操作不一致。实际的操作:机床出现"标头 SKP"的提示后,在与机床连接的计算机上,启动传输软件(如 CIMCO EDIT),如图 4 - 34 所示,单击【设置传输参数】按钮(见图 4 - 34 中 P1),设置好相应的传输参数,如传输端口、波特率、停止位、数据位和奇偶位(见图 4 - 34 中 P2)和传输控制方式为【软件】控制(见图 4 - 34 中 P3),然后打开要传输的 NC 文件(见图 4 - 34 中 P4),单击【传输当前文件】按钮(见图 4 - 34 中 P5),NC 文件就被传输到机床上了。

116

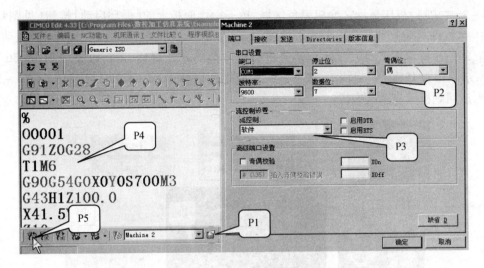

图 4 - 34 传输软件的设置

（3）超长度程序的录入（程序长度在 200KB～20MB 或更大）。这种超长度的程序，只会出现在复杂曲面的加工中。实际工作中，这种情况比较少，实际机床操作中是采用边传输边加工的在线加工方式，目前数控仿真软件还不能仿真这种传输模式。

录入完出所有程序后，在系统面板上输入主程序的名字"O1"（见图 4 - 35 中 P1），然后按下【下箭头】按钮（见图 4 - 35 中 P2），将主程序设置为当前程序。

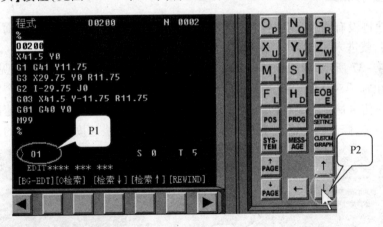

图 4 - 35 检索程序

九、程序试运行（调试程序）

如果是手工录入 NC 程序，应该仔细检查程序是否有语法错误。但如果程序出现逻辑错误，是无法检测出来的。与实际机床一样，数控加工仿真系统，同样提供了刀具轨迹显示的功能，利用这个功能，可以看到程序的刀具轨迹。显示刀具轨迹的操作步骤如下：

如图 4 - 36 所示，用鼠标将【模式选择】旋钮指向【自动】（见图 4 - 36 中 P1），按下系统面板中的【PROG】按钮（见图 4 - 36 中 P2）。再按下【CUSTOM GRAPH】按钮（见

图4-36中 P3),机床显示区变成黑色区域,按下操作面板上的【循环启动】按钮(见图4-36 中 P4),即可观察数控程序的运行轨迹,此时也可通过"视图"菜单中的动态旋转、动态放缩、动态平移等方式对三维运行轨迹进行全方位的动态观察,运行轨迹如图4-36 中 P5 所示。检查刀具轨迹完成后,按下系统面板中的【CUSTOM GRAPH】按钮(见图4-36 中 P6),回到机床显示状态。

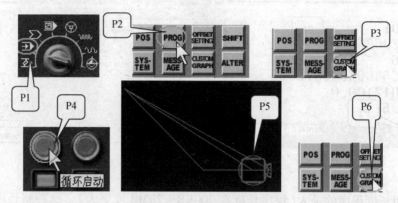

图4-36 检查刀具轨迹

如果程序的运行轨迹与设想的不同,则说明程序有误,可以返回程序编辑状态,改正程序的错误,直至运行轨迹没有错误为止。

十、自动加工

如果轨迹没有错误,用鼠标将【模式选择】旋钮指向【自动】,按下操作面板上的【循环启动】按钮,就进入了自动加工状态。

如图4-37 所示,用鼠标单击【视图选项...】或按下【选项】快捷键(见图4-37 中 P1),将弹出选项对话框。在这个对话框中,数控加工仿真系统提供了一个特殊的功能,即可以调整仿真速度倍率(见图4-37 中 P2),默认是"5"。此时的加工速度,与实际加工速度差不多,修改这个值为100.000,仿真系统将以最快速度仿真零件的加工,这样可

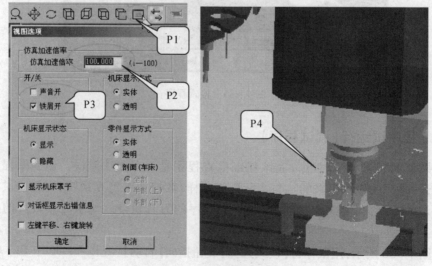

图4-37 自动加工

118

以快速看到程序运行的结果,如果需要切削过程中出现铁屑,可以将【铁屑开】的选项勾上(见图 4－37 中 P3),完成后,选择【确定】按钮即可。

在加工过程中,可以通过【视图】菜单中的动态旋转、动态放缩、动态平移等方式对零件加工的过程进行全方位的动态观察(见图 4－37 中 P4)。

十一、保存项目文件

由于教学需要,也为了便于检测和重现加工过程,数控加工仿真系统提供了保存项目文件的功能,通过这个功能,可以将前面操作过程中,输入的参数包括毛坯的定义、刀具的选择、用户坐标系的设定、录入的程序等,全部以项目文件的方式保存下来。

如图 4－38 所示,用鼠标单击菜单【文件】→【保存项目】(见图 4－38 中 P1),将弹出保存类型对话框(见图 4－38 中 P2),选择【确定】按钮,如果是第一次保存项目文件,将随后弹出保存文件路径对话框(见图 4－38 中 P3),输入一个文件名字,如"练习零件一",仿真系统将以你输入的名字建立一个目录,并将前面操作过程中输入的参数,以多个文件的方式保存下来。

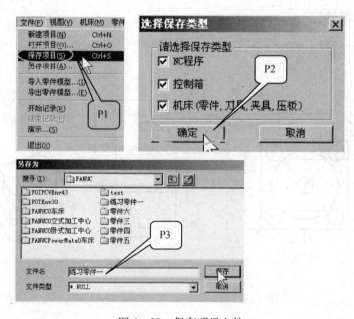

图 4－38　保存项目文件

如果需要再现整个加工过程,可以重新打开刚才保存的项目文件。

如图 4－39 所示,用鼠标单击菜单【文件】→【打开项目】(见图 4－39 中 P1),在弹出的【打开文件】对话框中,找到保存项目的文件夹(见图 4－39 中 P2),进入这个文件,选取项目文件"练习零件一. MAC",(见图 4－39 中 P3),单击【打开】按钮。

项目文件被重新打开后,需要进行机床操作初始化和机床回零这两个操作后才能使用。可以重新查看毛坯的定义,所选择的刀具,用户坐标系(G54),录入的程序等内容,如果毛坯已经被加工完成,可以用鼠标单击菜单【零件】→【拆除零件】→【放置零件】,从而得到一个新的毛坯,然后就可以直接进入自动加工了,具体步骤请参考前面的内容。

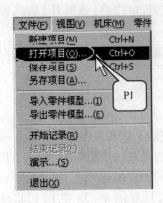 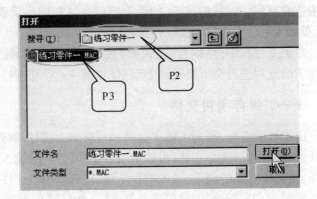

图4-39 打开项目文

第三节 二维手工编程实例练习

一、训练零件二

训练零件二如图4-40所示。

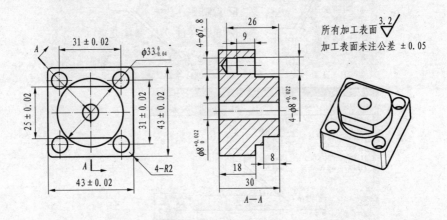

技术要求:
1. 零件毛坯为练习零件一。
2. 刀具参数表见表4-1。

图4-40 加工中心训练零件二

零件的工艺安排如下:

① 用虎钳装夹43的台阶,用百分表找正 $\phi59.5$ 的工艺台阶,然后粗铣零件上表面,测量零件的长度,根据零件长度,精铣零件上表面后,将零件中心和零件上表面设为 G54 的原点。

② 加工路线:钻中心孔→钻 $\phi7.8$ 的孔→粗铣 $\phi33$ 的圆台→粗铣 25 的台阶→精铣 25 的台阶→精铣 $\phi33$ 的圆台→铰 $\phi8H7$ 孔。

手工编程参考答案:

120

主程序内容	程序注释(加工时不需要输入)
%	传输程序时的起始符号
G91G28Z0	主轴直接回到换刀参考点
T3M6	换 3 号刀,ϕ3mm 的中心钻
G90G54G0X0Y0S1500M3	刀具初始化,选择用户坐标系为 G54
G43H3Z100.0M08	3 号刀的长度补偿
G99G81X15.5Y15.5Z－5.0R5.0F80	G81 钻孔循环指令钻中心孔(第 1 点 X15.5,Y15.5)
Y－15.5	(第 2 点 X15.5,Y－15.5)
X－15.5	(第 3 点 X－15.5,Y－15.5)
Y15.5	(第 4 点 X－15.5,Y15.5)
G80M09	
M05	
G91G28Z0	
T4M6	换 4 号刀,ϕ7.8mm 钻头
G90G54G0X0Y0S800M3	
G43H4Z100.0M08	
G99G73X15.5Y15.5Z－29.0Q2.0R5.0F60	G73 钻孔循环指令钻孔(第 1 点 X15.5,Y15.5)
Y－15.5	(第 2 点 X15.5,Y－15.5)
X－15.5	(第 3 点 X－15.5,Y－15.5)
Y15.5	(第 4 点 X－15.5,Y15.5)
G80M09	
M05	
G91G28Z0	
T1M6	换 1 号刀,ϕ12mm 平铣刀
G90G54G0X0Y0S600M3	刀具初始化
G43H1Z100.0	1 号刀的长度补偿
X41.5Y0	加工起始点(X41.5,Y0,Z100)
Z5.0M08	
G01Z－5.5F50	
D1M98P100F120(D1＝14)	用不同的刀具半径补偿值,重复调用子程序去除工件的
D2M98P100F120(D2＝6.2)	余量
G01Z－11.0F50	
D1M98P100F120(D1＝14)	半径补偿值和切削速度传入子程序
D2M98P100F120(D2＝6.2)	
G01Z－8.0F50	
D2M98P200F120(D2＝6.2)	
G0Z100.0M09	
M05	
G91G28Z0	
T2M6	换 2 号刀,ϕ8mm 端铣刀
G90G54G0X0Y0S1100M3	
G43H2Z100.0	
X41.5Y0	加工起始点(X41.5,Y0,Z100)
Z5.0M08	
G01Z－8.0F90	

主程序内容	程序注释（加工时不需要输入）
D3M98P200F130（D3 = 4）	用合适的刀具半径补偿,通过调用子程序完成精加工
D3M98P200F130（D3 = 4）	重复铣削一次,减小刀具弹性变形的影响
G01Z – 11. 0F90	
D4M98P100F130（D4 = 3. 99）	用合适的刀具半径补偿,通过调用子程序完成精加工
D4M98P100F130（D4 = 3. 99）	重复铣削一次,减小刀具弹性变形的影响
G0Z100. 0M09	
M05	
G91G28Z0	
T5M6	换 5 号刀,φ8mm 铰刀
G90G54G0X0Y0S200M3	刀具初始化
G43H5Z100. 0	
G98G81X15. 5Y15. 5R10. 0Z – 21. 0F50	G81 循环指令铰孔
Y – 15. 5	
X – 15. 5	
Y15. 5	
G80M09	
M05	
M30	程序结束
%	传输程序时的结束符号

子程序内容	注释内容
%	
O100	O100 子程序（铣削 φ33 的圆台）
X41. 5Y0	起始点
G01G41Y25. 0	刀具半径补偿有效,补偿值由主程序传入
G03X16. 5Y0R25. 0	圆弧切入
G02I – 16. 5J0	加工轨迹的描述,铣削整圆
G03X36. 5Y – 20. 0R20. 0	圆弧切出
G01G40Y0	刀具半径补偿取消
M99	返回主程序
%	
%	
O200	
X41. 5Y0	O200 子程序（铣削 25 ± 0. 02 的台阶）
G01G41Y – 12. 5	起始点
X – 20. 0	刀具半径补偿有效,补偿值由主程序传入
Y12. 5	直线切入
X41. 5	加工轨迹的描述,铣削整圆
G01G40Y0	直线切出
M99	刀具半径补偿取消
%	返回主程序

主程序内容	注释内容
%	铣工件上表面的程序,单独使用(走方形轨迹)
G91G28Z0	
T1M6	
G90G54G0X0Y0S600M3	
G43H1Z100.0	
X40.0Y－40.0	起始点(X40,Y－40,Z100)
Z5.0 M08	
G01Z0. F80	铣削深度,可根据实际情况,调整Z值
G01X－35.0F130	走方形轨迹
Y－30.0	刀具横向移动距离,刀具直径的0.7倍~0.9倍
X35.0	
Y－20.0	
X－35.0	
Y－10.0	
X35.0	
Y0	
X－35.0	
Y10.0	
X35.0	
Y20.0	
X－35.0	
Y30.0	
X35.0	
Y40.0	
X－40.0	
G0Z100. M09	
M05	
M30	程序结束
%	传输程序时的结束符号

二、训练零件三

训练零件三如图 4 - 41 所示。

零件的工艺安排如下。

（1）第一面的工艺安排:

① 用虎钳和 V 型铁装夹零件,用百分表找正 $\phi60$ 的圆,铣平零件上表面后,将零件中心和零件上表面设为 G54 的原点。

② 加工路线:钻 5 个中心孔→钻 1 个 $\phi7.8$ 的孔→钻四周的 4 个 $\phi7.8$ 的孔→粗铣 $\phi33$ 的圆台→粗铣 25 的台阶→精铣 25 的台阶→精铣 $\phi33$ 的圆台→精铣一个 $\phi59.5$ 的工艺台阶→铰 1 个 $\phi8$ 的孔。

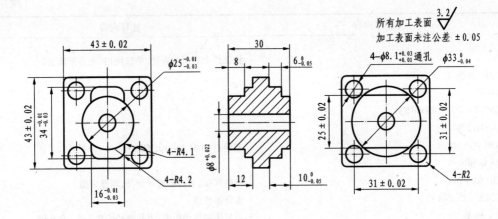

所有加工表面 $\sqrt{\frac{3.2}{}}$
加工表面未注公差 ± 0.05

技术要求:

1. 零件毛坯为 $\phi 60$ 的棒料,长度为 35,材料为铝材(或零件毛坯为练习零件二)。
2. 刀具参数见表4-1。

图4-41 加工中心训练零件三

手工编程参考答案第一面

主程序内容	程序注释(加工时不需要输入)
%	传输程序时的起始符号
O1	
G91G28Z0	主轴直接回到换刀参考点
T3M6	换3号刀, $\phi 3mm$ 的中心钻
G90G54G0X0Y0S1500M3	刀具初始化,选择用户坐标系为G54
G43H3Z100.0M08	3号刀的长度补偿
G99G81X0.Y0.Z−5.0R5.0F80	G81钻孔循环指令钻中心孔(第1点 $X0,Y0$)
X15.5Y15.5	(第2点 $X15.5,Y15.5$)
Y−15.5	(第3点 $X15.5,Y−15.5$)
X−15.5	(第4点 $X−15.5,Y−15.5$)
Y15.5	(第5点 $X−15.5,Y15.5$)
G80M09	
M05	
G91G28Z0	换4号刀, $\phi 7.8mm$ 钻头
T4M6	
G90G54G0X0Y0S800M3	
G43H4Z100.0M08	
G99G73X0.Y0.Z−36.0Q2.0R5.0F60	G73钻孔(第1点 $X0,Y0$),深度 $Z−36$
G80	
G99G73X15.5Y15.5Z−24.0Q2.0R5.0F60	G73钻孔(第1点 $X15.5,Y15.5$),深度 $Z−24$
Y−15.5	(第2点 $X15.5,Y−15.5$)
X−15.5	(第3点 $X−15.5,Y−15.5$)
Y15.5	(第4点 $X−15.5,Y15.5$)
G80M09	
M05	

主程序内容	程序注释(加工时不需要输入)
G91G28Z0	
T1M6	换 1 号刀,ϕ12mm 平铣刀
G90G54G0X0Y0S600M3	刀具初始化
G43H1Z100. 0	1 号刀的长度补偿
X41. 5Y0	加工起始点(X41. 5,Y0,Z100)
Z5. 0M08	
G01Z - 6. 0F50	用不同的刀具半径补偿值,重复调用子程序去除工件的
D1M98P100F120(D1 = 16)	余量
D2M98P100F120(D2 = 6. 2)	半径补偿值和切削速度传入子程序
G01Z - 12. 0F50	分层铣削圆台
D1M98P100F120(D1 = 16)	
D2M98P100F120(D2 = 6. 2)	
G01Z - 8. 0F50	
D2M98P200F120(D2 = 6. 2)	铣削 25 的台阶
G0Z100. 0M09	
M05	
G91G28Z0	
T2M6	换 2 号刀,ϕ8mm 端铣刀
G90G54G0X0Y0S1100M3	
G43H2Z100. 0	
X41. 5Y0	加工起始点(X41. 5,Y0,Z100)
Z5. 0M08	
G01Z - 4. 0F80	用合适的刀具半径补偿,通过调用子程序完成精加工
D3M98P100F130(D3 = 3. 99)	重复铣削一次,减小刀具弹性变形的影响
G01Z - 8. 0F80	
D4M98P200F130(D4 = 4. 0)	用合适的刀具半径补偿,通过调用子程序完成精加工
D3M98P100F130(D3 = 3. 99)	因为公差不同,其刀具半径补偿也不同
G01Z - 12. 0F80	
D3M98P100F130(D3 = 3. 99)	
D3M98P100F130(D3 = 3. 99)	重复铣削一次,减小刀具弹性变形的影响
G01Z - 16. 0F80	
D4M98P300F130(D4 = 4)	
G0Z100. 0M09	
M05	
G91G28Z0	
T5M6	换 5 号刀,ϕ8mm 铰刀
G90G54G0X0Y0S200M3	刀具初始化
G43H5Z100. 0M08	
G99G81X0. Y0. Z - 36. 0R5. 0F50	G81 循环指令铰孔
G80	
G0Z100. 0M09	
M05	
G91G28Z0	
M30	程序结束
%	传输程序时的结束符号

子程序内容	注释内容
% O100 X41.5Y0 G01G41Y25.0 G03X16.5Y0.R25.0 G2I－16.5J0 G03X41.5Y－25.0R25.0 G01G40Y0 M99 %	O100 子程序（铣削 ϕ33 的圆台） 起始点 刀具半径补偿有效,补偿值由主程序传入 圆弧切入 加工轨迹的描述,铣削整圆 圆弧切出 刀具半径补偿取消 返回主程序
% O200 X41.5Y0 G01G41Y－12.5 X－20.0 Y12.5 X41.5 G01G40Y0. M99 %	O200 子程序（铣削 25±0.02 的台阶） 起始点 刀具半径补偿有效,补偿值由主程序传入 直线切入 加工轨迹的描述 直线切出 刀具半径补偿取消 返回主程序
% O300 X41.5Y0 G1G41Y11.75 G3X29.75Y0R11.75 G2I－29.75J0 G03X41.5Y－11.75R11.75 G01G40Y0 M99 %	O300 子程序（铣削 ϕ59.5 的工艺台阶） 起始点 刀具半径补偿有效,补偿值由主程序传入 圆弧切入 加工工艺台阶的轨迹描述 圆弧切出 刀具半径补偿取消 返回主程序

（2）第二面的工艺安排：

① 用虎钳装夹 25 的台阶,用百分表找正 ϕ59.5 的工艺台阶,然后粗铣零件上表面,测量零件的长度,根据零件长度,精铣零件上表面后,将零件中心和零件上表面设为 G54 的原点。

② 加工路线:粗铣 16×34 的台阶→粗铣 43×43 的台阶→粗铣 ϕ25 的圆台→精铣 ϕ25 的圆台→精铣 16×34 的台阶→精铣 43×43 的台阶→精铣 4 个 ϕ8.1 的孔。

主程序内容	程序注释(加工时不需要输入)
%	传输程序时的起始符号
O1	
G91G28Z0	主轴直接回到换刀参考点
T1M6	换1号刀,φ12mm平铣刀
G90G54G0X0Y0S600M3	刀具初始化
G43H1Z100.0	1号刀的长度补偿
X41.5Y0	加工起始点(X41.5,Y0,Z100)
Z5.0M08	
G01Z－5.0F50	用不同的刀具半径补偿值,重复调用子程序去除工件的
D1M98P100F120(D1=16)	余量
D2M98P100F120(D2=6.2)	半径补偿值和切削速度传入子程序
G01Z－10.0F50	Z向分层铣削
D1M98P100F120(D1=16)	XY方向多次铣削
D2M98P100F120(D2=6.2)	
G01Z－14.0F50	
D2M98P400F120(D2=6.2)	
G01Z－18.5F50	
D2M98P400F120(D2=6.2)	
G01Z－4.0F50	
D2M98P200F120(D2=6.2)	
G0Z100.0M09	
M05	
G91G28Z0	
T2M6	换2号刀,φ8mm端铣刀
G90G54G0X0Y0S1100M3	
G43H2Z100.0	
X41.5Y0	加工起始点(X41.5,Y0,Z100)
Z5.0M08	
G01Z－4.0F80	
D3M98P200F130(D3=3.99)	精铣圆台
G01Z－10.0F80	
D4M98P300F80(D4=4.06)	半精铣16×34的方台
D3M98P300F130(D3=3.99)	精铣16×34的方台
D3M98P300F130(D3=3.99)	重复铣削一次,减小刀具弹性变形的影响
G01Z－14.0F80	
D3M98P400F130(D3=3.99)	精铣43×43的方台
G01Z－18.5F50	
D3M98P400F130(D3=3.99)	
D3M98P400F130(D3=3.99)	
G0Z100.	
G0X15.5Y15.5	精铣第1个φ8.1的孔(孔中心坐标X15.5,Y15.5)
Z5.0	
G01Z－19.0F50	

主程序内容	程序注释(加工时不需要输入)
D3M98P500F130(D3 = 3.99) D3M98P500F130(D3 = 3.99) G0Z100. G0X - 15.5Y15.5 Z5.0 G01Z - 19.0F50	重复铣削一次,减小刀具弹性变形的影响 精铣第 2 个 φ8.1 的孔(孔中心坐标 X - 15.5, Y15.5)
D3M98P500F130(D3 = 3.99) D3M98P500F130(D3 = 3.99) G0Z100. G0X - 15.5Y - 15.5 Z5.0 G01Z - 19.0F50	重复铣削一次,减小刀具弹性变形的影响 精铣第 3 个 φ8.1 的孔(孔中心坐标 X - 15.5, Y - 15.5)
D3M98P500F130(D3 = 3.99) D3M98P500F130(D3 = 3.99) G0Z100. G0X15.5Y - 15.5 Z5.0 G01Z - 19.0F50	重复铣削一次,减小刀具弹性变形的影响 精铣第 4 个 φ8.1 的孔(孔中心坐标 X15.5, Y - 15.5)
D3M98P500F130(D3 = 3.99) D3M98P500F130(D3 = 3.99) G0Z100. M09 M05 G91G28Z0 M30 %	重复铣削一次,减小刀具弹性变形的影响 程序结束 传输程序时的结束符号

子程序内容	注释内容
% O100 X41.5Y0 G01G41Y26.5 G03X14.5Y0. R26.5 G01X8.0Y - 17.0 X - 8. X - 14.5Y0 X - 8.0Y17.0 X8.0 X14.5Y0 G03X41.5Y - 26.5R26.5 G01G40Y0 M99 %	O100 子程序(粗铣削 16 × 34 的方台) 起始点 刀具半径补偿有效,补偿值由主程序传入 圆弧切入 加工轨迹的描述 (由于原始形状对刀具补偿值有限制,最大不超过4.1, 为了去除余量,这里构造一个六边形的加工轨迹,以去 除零件余量) 圆弧切出 刀具半径补偿取消 返回主程序

子程序内容	注释内容
% O200 X41. 5Y0 G01G41Y29. G03X12. 5Y0. R29. G2I – 12. 5J0 G03X41. 5Y – 29. R29. G01G40Y0 M99 %	O200 子程序（铣削 $\phi 25$ 的圆台）
% O300 X41. 5Y0. G01G41Y29. G03X12. 5Y0. R29. G2X9. 111Y – 8. 558R12. 5 G3X8. Y – 11. 364I2. 989J – 2. 807 G1Y – 12. 8 G2X3. 8Y – 17. R4. 2 G1X – 3. 8 G2X – 8. Y – 12. 8R4. 2 G1Y – 11. 364 G3X – 9. 111Y – 8. 558I – 4. 1 G2X – 12. 5Y0. R12. 5 X – 9. 111Y8. 558R12. 5 G3X – 8. Y11. 364I – 2. 989J2. 807 G1Y12. 8 G2X – 3. 8Y17. R4. 2 G1X3. 8 G2X8. Y12. 8R4. 2 G1Y11. 364 G3X9. 111Y8. 558I4. 1 G2X12. 5Y0. R12. 5 G03X41. 5Y – 29. R29. G01G40Y0 M99 %	O300 子程序（铣削 16 × 34 的方台） 起始点 刀具半径补偿有效，补偿值由主程序传入 圆弧切入 加工轨迹的描述 （练习 IJ 指令） 圆弧切出 刀具半径补偿取消 返回主程序
% O400 X41. 5Y0 G1G41Y20. 0 G3X21. 5Y0R20. 0 G1Y – 19. 5	O400 子程序（铣削 43 × 43 的方台） 起始点 刀具半径补偿有效，补偿值由主程序传入 圆弧切入 加工轨迹的描述

129

子程序内容	注释内容
G2X19. 5Y－21. 5R2. 0	
G01X－19. 5	
G2X－21. 5Y－19. 5R2. 0	
G01Y19. 5	
G02X－19. 5Y21. 5R2. 0	
G01X19. 5	
G02X21. 5Y19. 5R2. 0	
G01Y0	
G03X41. 5Y－20. 0R20. 0	圆弧切出
G01G40Y0	刀具半径补偿取消
M99	返回主程序
%	
%	（练习相对坐标系的铣削方式）
O500	O500 子程序（铣削 φ8 的孔）
G91	使用 G91 指令相对坐标系的方式
G01G41X4. 05	直线切入，刀具半径补偿有效，补偿值由主程序传入
G03I－4. 05J0	铣削整圆
G01G40X－4. 05	直线切出，刀具半径补偿取消
G90	恢复绝对坐标系的方式
M99	返回主程序
%	

三、训练零件四

训练零件四如图 4 – 42 所示。

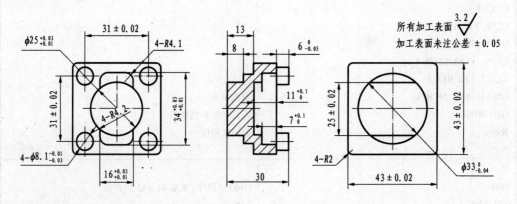

技术要求：
1. 零件毛坯为 φ60×35，材料为硬铝。
2. 刀具参数见表 4-1 所示。

图 4 – 42　加工中心训练零件四

130

零件的工艺安排如下。

（1）第一面的工艺安排：

① 用虎钳和 V 型铁装夹零件，用百分表找正 $\phi60$ 的圆，铣平零件上表面后，将零件中心和零件上表面设为 G54 的原点。

② 加工路线：粗铣 $\phi33$ 的圆台→粗铣 25 的台阶→精铣 25 的台阶→精铣 $\phi33$ 的圆台→精铣一个 $\phi59.5$ 的工艺台阶。

手工编程参考答案第一面

主程序内容	程序注释（加工时不需要输入）
%	传输程序时的起始符号
O1	
G91G28Z0	主轴直接回到换刀参考点
T1M6	换 1 号刀，$\phi12mm$ 平铣刀
G90G54G0X0Y0S600M3	刀具初始化
G43H1Z100.0	1 号刀的长度补偿
X41.5Y0	加工起始点（X41.5，Y0，Z100）
Z5.0M08	
G01Z-6.5F50	用不同的刀具半径补偿值，重复调用子程序去除工件的余量
D1M98P100F120（D1=16）	
D2M98P100F120（D2=6.2）	半径补偿值和切削速度传入子程序
G01Z-13.0F50	分层铣削
D1M98P100F120（D1=16）	
D2M98P100F120（D2=6.2）	
G01Z-8.0F50	
D2M98P200F120（D2=6.2）	铣削 25 的台阶
G0Z100.0M09	
M05	
G91G28Z0	
T2M6	换 2 号刀，$\phi8mm$ 端铣刀
G90G54G0X0Y0S1100M3	
G43H2Z100.0	
X41.5Y0	加工起始点（X41.5，Y0，Z100）
Z5.0M08	
G01Z-5.0F80	用合适的刀具半径补偿，通过调用子程序完成精加工
D3M98P100F130（D3=3.99）	
G01Z-9.0F80	
D3M98P100F130（D3=3.99）	用合适的刀具半径补偿，通过调用子程序完成精加工
G01Z-13.0F80	因为公差不同，其刀具半径补偿也不同
D3M98P100F130（D3=3.99）	
D3M98P100F130（D3=3.99）	重复铣削一次，减小刀具弹性变形的影响
G01Z-8.0F80	
D4M98P200F130（D4=4.0）	
D4M98P200F130（D4=4.0）	重复铣削一次，减小刀具弹性变形的影响
G01Z-17.0F80	
D4M98P300F130（D4=4.0）	铣削 $\phi59.5$ 的工艺台阶
G0Z100.0M09	
M05	
G91G28Z0	
M30	程序结束
%	传输程序时的结束符号

子程序内容	注释内容
% O100 X41. 5Y0 G01G41Y25. 0 G03X16. 5Y0. R25. 0 G2I − 16. 5J0 G03X41. 5Y − 25. 0R25. 0 G01G40Y0 M99 %	O100 子程序（铣削 ϕ33 的圆台） 起始点 刀具半径补偿有效，补偿值由主程序传入 圆弧切入 加工轨迹的描述，铣削整圆 圆弧切出 刀具半径补偿取消 返回主程序
% O200 X41. 5Y0. G01G41Y − 12. 5 X − 20. 0 Y12. 5 X41. 5 G01G40Y0. M99 %	O200 子程序（铣削 25 ± 0.02 的台阶） 起始点 刀具半径补偿有效，补偿值由主程序传入，直线切入 加工轨迹的描述 刀具半径补偿取消 返回主程序
% O300 X41. 5Y0 G1G41Y11. 75 G3X29. 75Y0R11. 75 G2I − 29. 75J0 C03X41. 5Y − 11. 75R11. 75 G01G40Y0 M99 %	O300 子程序（铣削 ϕ59.5 的工艺台阶） 起始点 刀具半径补偿有效，补偿值由主程序传入 圆弧切入 加工工艺台阶的轨迹描述 圆弧切出 刀具半径补偿取消 返回主程序

（2）第二面的工艺安排：

① 用虎钳装夹 25 的台阶，用百分表找正 ϕ59.5 的工艺台阶，然后粗铣零件上表面，测量零件的长度，根据零件长度，精铣零件上表面后，将零件中心和零件上表面设为 G54 的原点。

② 加工路线：粗铣 4 个 ϕ8 的圆柱→粗铣 43 × 43 的台阶→粗铣 ϕ25 的凹槽→精铣 4 个 ϕ8 的圆柱→半精铣 16 × 34 的凹槽→精铣 16 × 34 的凹槽→精铣 ϕ25 的凹槽→精铣 43 × 43 的台阶。

手工编程参考答案第二面

主程序内容	程序注释（加工时不需要输入）
%	传输程序时的起始符号
G91G28Z0	主轴直接回到换刀参考点
T1M6	换 1 号刀，ϕ12mm 平铣刀
G90G54G0X0Y0S600M3	刀具初始化
G43H1Z100. 0	1 号刀的长度补偿

主程序内容	程序注释（加工时不需要输入）
X42.0Y4.0	切削轨迹为两个十字线,去处余量
Z5.0M08	
G01Z-5.98F50	
G01X-37.0F120	
Y-4.0	
X37.0	
G0Z100.0	
X-4.0Y42.0	
Z5.0	
G01Z-5.98F50	
G01Y-37.0F120	
X4.0	
Y37.0	
G0Z100.	
X41.5Y0	回到加工起始点(X41.5,Y0,Z100)
Z5.0	
G01Z-12.F50	
D1M98P400F120(D1=6.2)	铣削43×43的四方
G01Z-17.3F50	
D1M98P400F120(D1=6.2)	半径补偿值和切削速度传入子程序
G0Z100.	
X0Y0	回到加工起始点(X0,Y0,Z100)
Z5.0	
G01Z-5.98F50	
D1M98P100F120(D1=6.2)	半精铣4个ϕ8.1圆柱
G01Z-12.0F50	
D2M98P200F120(D2=10)	粗铣ϕ25的圆槽
D1M98P200F120(D1=6.2)	
G01Z-17.03F50	
D2M98P200F120(D2=10)	分层铣削
D1M98P200F120(D1=6.2)	
G0Z100.0M09	
M05	
G91G28Z0	
T2M6	换2号刀,ϕ8mm端铣刀
G90G54G0X0Y0S1300M3	
G43H2Z100.0	
X0Y0	加工起始点(X0,Y0,Z100)
Z5.0M08	
G01Z-5.98F80	
D3M98P100F130(D3=3.99)	精铣4个ϕ8.1圆柱
D3M98P100F130(D3=3.99)	重复铣削一次,减小刀具弹性变形的影响
G01Z-9.5F80	

主程序内容	程序注释（加工时不需要输入）
D4 M98 P300 F130（D4 = 4.05）	半精铣 16×34 的凹槽
D3 M98 P300 F130（D3 = 3.99）	精铣 16×34 的凹槽
G01 Z - 13.0 F80	分层铣削
D4 M98 P300 F130（D4 = 4.05）	
D3 M98 P300 F130（D3 = 3.99）	
D3 M98 P300 F130（D3 = 3.99）	重复铣削一次，减小刀具弹性变形的影响
G01 Z - 17.03 F80	
D3 M98 P200 F130（D3 = 3.99）	精铣 φ25 的圆槽
G0 Z100.0	
X41.5 Y0	回到加工起始点（X41.5, Y0, Z100）
Z5.0	
G01 Z - 12. F80	
D5 M98 P400 F130（D5 = 4.0）	铣削 43×43 的四方
G01 Z - 17.3 F50	
D5 M98 P400 F130（D5 = 4.0）	
D5 M98 P400 F130（D5 = 4.0）	
G0 Z100. M09	
M05	
M30	程序结束
%	传输程序时的结束符号

子程序内容	注释内容
%	
O100	铣削 4 个 φ8.1 圆柱
X0 Y0	
G01 G41 X11.45	
Y15.5	
G02 I4.05	第1个圆柱
G01 Y30.0	
X - 11.45	
Y15.5	
G02 I - 4.05	第2个圆柱
G01 Y - 15.45	
G02 I - 4.05	第3个圆柱
G01 Y - 30.0	
X11.45	
Y - 15.5	
G02 I4.05	第4个圆柱
G01 Y0	
G01 G40 X0	
M99	
%	

子程序内容	注释内容
% O200 G01G41X12. 5 G03I – 12. 5 G01G40X0 M99 %	铣削 ϕ25 的凹槽
% O300 X0Y0 G01G41X12. 5 G3X9. 132Y8. 536R12. 5 G2X8. Y11. 404I3. 068J2. 868 G1Y12. 9 G3X3. 9Y17. I – 4. 1J0. G1X – 3. 9 G3X – 8. Y12. 9I0. J – 4. 1 G1Y11. 404 G2X – 9. 132Y8. 536I – 4. 2J0. G3X – 12. 5Y0. R12. 5 X – 9. 132Y – 8. 536R12. 5 G2X – 8. Y – 11. 404I – 3. 068J – 2. 868 G1Y – 12. 9 G3X – 3. 9Y – 17. I4. 1J0. G1X3. 9 G3X8. Y – 12. 9I0. J4. 1 G1Y – 11. 404 G2X9. 132Y – 8. 536I4. 2J0. G3X12. 5Y0. R12. 5 G01G40X0 M99 %	铣削 16×34 的凹槽 直线切入 加工轨迹的描述 直线切出
% O400 X41. 5Y0 G1G41Y20. 0 G3X21. 5Y0R20. 0 G1Y – 19. 5 G2X19. 5Y – 21. 5R2. 0 G01X – 19. 5 G2X – 21. 5Y – 19. 5R2. 0 G01Y19. 5 G02X – 19. 5Y21. 5R2. 0 G01X19. 5 G02X21. 5Y19. 5R2. 0 G01Y0 G03X41. 5Y – 20. 0R20. 0 G01G40Y0 M99 %	铣削 43×43 的四方 圆弧切入 加工轨迹的描述 圆弧切出

四、训练零件五

训练零件五如图 4 - 43 所示,表 4 - 3 所列。

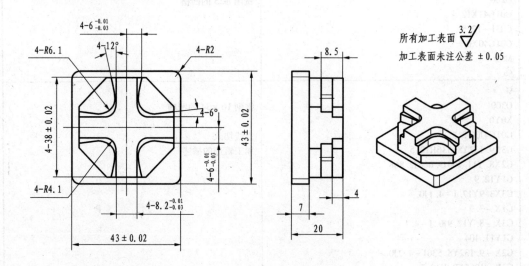

技术要求:
1. 零件毛坯为φ60 的棒料,长度为30,材料为铝材。
2. 刀具参数见表 4-3。

图 4 - 43 加工中心训练零件五

表 4 - 3 加工中心训练所用的刀具参数表

刀具号码	刀具名称	刀具材料	刀具直径/mm	零件材料为铝材			零件材料为45#钢			备注
				转速/(r/min)	径向进给量/(mm/min)	轴向进给量/(mm/min)	转速/(r/min)	径向进给量/(mm/min)	轴向进给量/(mm/min)	
T1	端铣刀	高速钢	φ12	600	120	50	500	60	35	粗铣
T2	端铣刀	高速钢	φ8	1100	130	80	800	90	50	精铣

零件的工艺安排如下。

(1)第一面的工艺安排:

① 用虎钳和 V 型铁装夹零件,用百分表找正 φ60 的圆,铣平零件上表面后,将零件中心和零件上表面设为 G54 的原点。

② 加工路线:粗铣 4 - 38 的八方→粗铣 43×43 的四方→半粗铣带角度的台阶→精铣十字台阶→精铣带角度的台阶→精铣 4 - 38 的八方→精铣 43×43 的四方。

手工编程参考答案第一面

主程序内容	程序注释(加工时不需要输入)
%	传输程序时的起始符号
G91G28Z0	主轴直接回到换刀参考点
T1M6	换 1 号刀,φ12mm 平铣刀
G90G54G0X0Y0S600M3	刀具初始化

136

主程序内容	程序注释(加工时不需要输入)
G43H1Z100.0	1 号刀的长度补偿
X41.5Y0	加工起始点(X41.5,Y0,Z100)
Z5.0M08	
G1Z－6.5F50	
D1M98P200F120(D1＝6.2)	粗铣 4－38 的八方
G1Z－13.0F50	分层铣削
D1M98P200F120(D1＝6.2)	
G1Z－20.0F50	
D1M98P100F120(D1＝6.2)	粗铣 43×43 的四方
G0Z100.0M09	
M05	
G91G28Z0	
T2M6	换 2 号刀,ϕ8mm 端铣刀
G90G54G0X0Y0S800M3	
G43H2Z100.0	
X41.5Y0	加工起始点(X41.5,Y0,Z100)
Z5.0M8	
G01Z－4.0F80	
D2M98P300F90(D2＝4.06)	半粗铣带角度的台阶
G01Z－8.5F80	分层铣削
D2M98P300F90(D2＝4.06)	
S1100M3	调高转速
G01Z－4.0F80	
D3M98P400F130(D3＝3.992)	精铣十字台阶
D3M98P400F130(D3＝3.992)	重复铣削一次,减小刀具弹性变形的影响
G01Z－8.5F80	
D3M98P300F130(D3＝3.992)	精铣带角度的台阶
D3M98P300F130(D3＝3.992)	重复铣削一次,减小刀具弹性变形的影响
G01Z－13.0F80	
D4M98P200F130(D4＝4)	精铣 4－38 的八方
D4M98P200F130(D4＝4)	重复铣削一次,减小刀具弹性变形的影响
G01Z－16.0F80	
D4M98P100F130(D4＝4)	精铣 43×43 的四方
G01Z－20.0F80	分层铣削
D4M98P100F130(D4＝4)	
D4M98P100F130(D4＝4)	重复铣削一次,减小刀具弹性变形的影响
G0Z100.0M9	
M05	
M30	程序结束
%	传输程序时的结束符号

子程序内容	注释内容
%	
O100	O100 子程序（铣削 43×43 的四方）
X41.5Y0	起始点
G1G41Y20.0	刀具半径补偿有效，补偿值由主程序传入
G03X21.5Y0R20.0	圆弧切入
G01Y-19.5	加工轨迹的描述
G02X19.5Y-21.5R2.0	
G01X-19.5	
G02X-21.5Y-19.5R2.0	
G01Y19.5	
G02X-19.5Y21.5R2.0	
G01X19.5	
G02X21.5Y19.5R2.0	
G01Y0	
G03X41.5Y-20.0R20.0	圆弧切出
G01G40Y0	刀具半径补偿取消
M99	返回主程序
%	
%	
O200	O200 子程序（铣削 4-38 的八方）
X41.5Y0	起始点
G1G41Y22.5	刀具半径补偿有效，补偿值由主程序传入
G03X19.Y0.R22.5	圆弧切入
G01Y-7.87	加工轨迹的描述
X7.87Y-19.	
X-7.87	
X-19.Y-7.87	
Y7.87	
X-7.87Y19.	
X7.87	
X19.Y7.87	
Y0.	
G03X41.5Y-22.5R22.5	圆弧切出
G01G40Y0	刀具半径补偿取消
M99	返回主程序
%	
%	
O300	O300 子程序（铣带角度的台阶）
X41.5Y0	起始点
G1G41Y-6.	刀具半径补偿有效，补偿值由主程序传入，直线切入
X19.0	加工轨迹的描述
X11.226Y-5.183	
G3X4.622Y-12.518I-.638J-6.067	

子程序内容	注释内容
G1X6. Y－19. X－6. X－4. 622Y－12. 518 G3X－11. 226Y－5. 183I－5. 967J1. 268 G1X－19. Y－6. Y6. X－11. 226Y5. 183 G3X－4. 622Y12. 518I1. 638J6. 067 G1X－6. Y19. X6. X4. 622Y12. 518 G3X11. 226Y5. 183I5. 967J－1. 268 G1X19. Y6. X41. 5 G01G40Y0 M99 %	 直线切出,刀具半径补偿取消 返回主程序
% O400 X41. 5Y0 G1G41Y－4. 1 X8. 2 G3X4. 1Y－8. 2I0. J－4. 1 G1Y－19. X－4. 1 Y－8. 2 G3X－8. 2Y－4. 1I－4. 1J0. G1X－19. Y4. 1 X－8. 2 G3X－4. 1Y8. 2I0. J4. 1 G1Y19. X4. 1 Y8. 2 G3X8. 2Y4. 1I4. 1J0. G1X41. 5 G01G40Y0 M99 %	O400 子程序(铣削十字台阶) 起始点 刀具半径补偿有效,补偿值由主程序传入,直线切入 加工轨迹的描述 直线切出,刀具半径补偿取消 返回主程序

（2）第二面的工艺安排:用虎钳装夹 4－38 的八方,然后粗铣零件上表面,测量零件的厚度,根据零件厚度,精铣零件上表面。

139

%	铣工件上表面的程序,单独使用
G91G28Z0	
T1M6	
G90G54G0X0Y0S600M3	
G43H1Z100. 0	
X45. 0Y0	起始点(X45.0,Y0,Z100)
Z5. 0 M08	
G01Z0. F80	铣削深度,可根据实际情况,调整Z值
G01X35. 0F130	
G02I – 35. 0J0	
G01X25. 0	
G02I – 25. 0J0	
G01X15. 0	
G02I – 15. 0J0	
G01X5. 0	
G02I – 5. 0J0	
G0Z100. M09	
M05	
M30	程序结束
%	传输程序时的结束符号

五、加工中心训练零件六

图 4 – 44 所示为训练零件六。

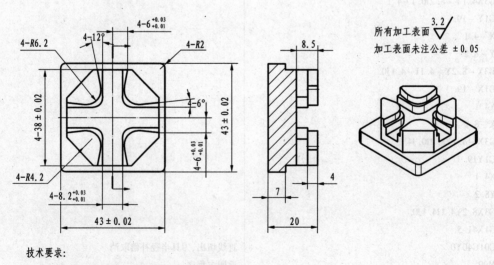

技术要求:

1. 零件毛坯为φ60 的棒料,长度为30,材料为铝材。

2. 刀具参数见表 4-2。

图 4 – 44 加工中心训练零件六

零件的工艺安排如下。

（1）第一面的工艺安排：

① 用虎钳和 V 型铁装夹零件，用百分表找正 $\phi60$ 的圆，铣平零件上表面后，将零件中心和零件上表面设为 G54 的原点。

② 加工路线：粗铣 4 - 38 的八方→粗铣 43 × 43 的四方→粗铣十字凹槽→粗铣带角度的凹槽→精铣带角度的凹槽→精铣十字凹槽→精铣 4 - 38 的八方→精铣 43 × 43 的四方。

手工编程参考答案第一面

主程序内容	程序注释（加工时不需要输入）
%	传输程序时的起始符号
G91G28Z0	主轴直接回到换刀参考点
T1M6	换 1 号刀，$\phi12$mm 平铣刀
G90G54G0X0Y0S700M3	刀具初始化
G43H1Z100.0	1 号刀的长度补偿
X41.5Y0	加工起始点（$X41.5, Y0, Z100$）
Z5.0M8	
G1Z - 6.5F50	
D1M98P200F90（D1 = 6.2）	粗铣 4 - 38 的八方
G1Z - 13.0F50	分层铣削
D1M98P200F90（D1 = 6.2）	
G1Z - 20.5F50	
D1M98P100F90（D1 = 6.2）	粗铣 43 × 43 的四方
G0Z100.0M9	
M05	
G91G28Z0	
T2M6	换 2 号刀，$\phi8$mm 端铣刀
G90G54G0X0Y0S800M3	
G43H2Z100.0	
X30.Y0	加工起始点（$X30, Y0, Z100$）
Z5.0M8	
G01Z - 4.5F80	
X - 30.0	铣十字槽
G01Z - 8.5F80	分层铣削
X30.0	
G0Z100.0	
X0Y30.0	
Z5.0	
G01Z - 4.5F80	
Y - 30.0	
G01Z - 8.5F80	
Y30.0	
G0Z100.0	
X41.5Y0	回到加工起始点（$X41.5, Y0, Z100$）
Z5.0	

主程序内容	程序注释(加工时不需要输入)
S1100M3	调高转速
G01Z - 4.0F80	
D2M98P400F130(D2 = 3.99)	精铣十字槽
D2M98P400F130(D2 = 3.99)	重复铣削一次,减小刀具弹性变形的影响
G01Z - 8.5F80	
D2M98P300F130(D2 = 3.99)	精铣带角度的凹槽
D2M98P300F130(D2 = 3.99)	重复铣削一次,减小刀具弹性变形的影响
G01Z - 6.5F80	
D3M98P200F130(D3 = 4)	精铣 4 - 38 的八方
G01Z - 13.0F80	分层铣削
D3M98P200F130(D3 = 4)	
D3M98P200F130(D3 = 4)	重复铣削一次,减小刀具弹性变形的影响
G01Z - 17.0F80	
D3M98P100F130(D3 = 4)	精铣 43 × 43 的四方
G01Z - 20.5F80	分层铣削
D3M98P100F130(D3 = 4)	
D3M98P100F130(D3 = 4)	重复铣削一次,减小刀具弹性变形的影响
G0Z100.0	
M05	
M30	程序结束
%	传输程序时的结束符号

子程序内容	注释内容
%	
O100	O100 子程序(铣削 43 × 43 的四方)
X41.5Y0	起始点
G1G41Y20.0	刀具半径补偿有效,补偿值由主程序传入
G03X21.5Y0R20.0	圆弧切入
G01Y - 19.5	加工轨迹的描述
G02X19.5Y - 21.5R2.0	
G01X - 19.5	
G02X - 21.5Y - 19.5R2.0	
G01Y19.5	
G02X - 19.5Y21.5R2.0	
G01X19.5	
G02X21.5Y19.5R2.0	
G01Y0	
G03X41.5Y - 20.0R20.0	圆弧切出
G01G40Y0	刀具半径补偿取消
M99	返回主程序
%	

142

子程序内容	注释内容
% O200 X41.5Y0 G1G41Y22.5 G03X19.Y0.R22.5 G01Y - 7.87 X7.87Y - 19. X - 7.87 X - 19.Y - 7.87 Y7.87 X - 7.87Y19. X7.87 X19.Y7.87 Y0. G03X41.5Y - 22.5R22.5 G01G40Y0 M99 %	O200 子程序(铣削 4 - 38 的八方) 起始点 刀具半径补偿有效,补偿值由主程序传入 圆弧切入 加工轨迹的描述 圆弧切出 刀具半径补偿取消 返回主程序
、% O300 X41.5Y0 G1G41Y4.1 X8.3 G2X4.1Y8.3R4.2 G1Y19. X - 4.1 Y8.3 G2X - 8.3Y4.1R4.2 G1X - 19. Y - 4.1 X - 8.3 G2X - 4.1Y - 8.3R4.2 G1Y - 19. X4.1 Y - 8.3 G2X8.3Y - 4.1R4.2 G1X41.5 G01G40Y0 M99 %	O300 子程序(铣十字槽) 起始点 刀具半径补偿有效,补偿值由主程序传入,直线切入 加工轨迹的描述 直线切出,刀具半径补偿取消 返回主程序

子程序内容	注释内容
%	
O400	O400 子程序(铣带斜度的槽)
X41.5Y0	起始点
G1G41Y6.	刀具半径补偿有效,补偿值由主程序传入,直线切入
X19.	加工轨迹的描述
X11.363Y5.197	
G2X4.651Y12.652R6.2	
G1X6.Y19.	
Y24.0	
X-6.	
Y19.	
X-4.651Y12.652	
G2X-11.363Y5.197R6.2	
G1X-19.Y6.	
X-24.	
Y-6.	
X-19.	
X-11.363Y-5.197	
G2X-4.651Y-12.652R6.2	
G1X-6.Y-19.	
Y-24.	
X6.	
Y-19.	
X4.651Y-12.652	
G2X11.363Y-5.197R6.2	
G1X19.Y-6.	
X41.5	
G01G40Y0	直线切出,刀具半径补偿取消
M99	返回主程序
%	

（2）第二面的工艺安排:用虎钳装夹 4-38 的八方,然后粗铣零件上表面,测量零件的厚度,根据零件厚度,精铣零件上表面。

手工编程参考答案第二面

%	铣工件上表面的程序(练习走方形轨迹)
G91G28Z0	
T1M6	
G90G54G0X0Y0S600M3	
G43H1Z100.0	
X40.0Y-40.0	起始点($X40,Y-40,Z100$)
Z5.0 M08	
G01Z0.F80	铣削深度,可根据实际情况,调整 Z 值
G01X-35.0F130	走方形轨迹

144

Y－30.0	刀具横向移动距离,刀具直径的 0.7 倍～0.9 倍
X35.0	
Y－20.0	
X－35.0	
Y－10.0	
X35.0	
Y0	
X－35.0	
Y10.0	
X35.0	
Y20.0	
X－35.0	
Y30.0	
X35.0	
Y40.0	
X－40.0	
G0Z100. M09	
M05	
M30	程序结束
％	传输程序时的结束符号

练 习 四

一、手工编程练习题

二维配合零件一如图 4－45 所示。

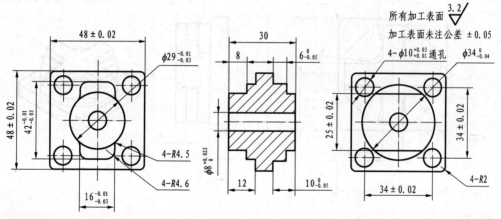

技术要求:

1. 零件毛坯为 55×55×35 的方料,材料为铝材。

2. 未注倒角 0.3×45°。

3. 刀具参数表见表 4-1。

图 4－45 二维配合零件一

145

二、手工编程练习题

二维配合零件二如图 4 - 46 所示。

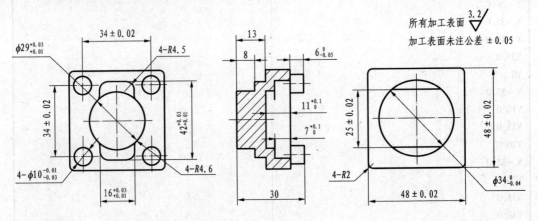

技术要求：
1. 零件毛坯为 55 × 55 × 35 的方料，材料为铝材。
2. 未注倒角 0.3 × 45°。
3. 刀具参数见表 4-1。

图 4 - 46 二维配合零件二

注意:二维配合零件一和二维配合零件二为相互配合件。

三、手工编程练习题

二维配合零件三如图 4 - 47 所示。

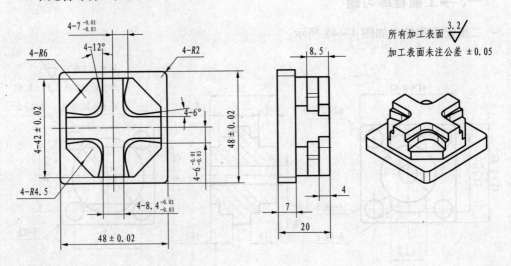

技术要求：
1. 零件毛坯为 55 × 55 × 35 的方料，材料为铝材。
2. 未注倒角 0.3 × 45°。
3. 刀具参数见表 4-2。

图 4 - 47 二维配合零件三

四、手工编程练习题

二维配合零件四如图 4-48 所示。

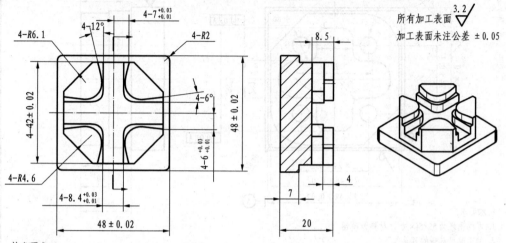

技术要求:
1. 零件毛坯为 55×55×35 的方料,材料为铝材。
2. 未注倒角 0.3×45°。
3. 刀具参数见表 4-2。

图 4-48 二维配合零件四

注意:二维配合零件三和二维配合零件四为相互配合件。

五、其他练习图纸

其他练习图纸如图 4-49 ~ 图 4-54 所示。

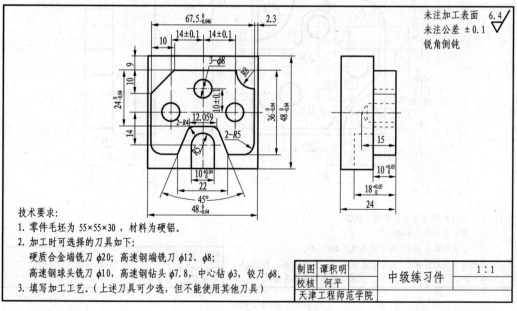

技术要求:
1. 零件毛坯为 55×55×30 ,材料为硬铝。
2. 加工时可选择的刀具如下:
   硬质合金端铣刀 $\phi20$;高速钢端铣刀 $\phi12$、$\phi8$;
   高速钢球头铣刀 $\phi10$,高速钢钻头 $\phi7.8$,中心钻 $\phi3$,铰刀 $\phi8$。
3. 填写加工工艺。(上述刀具可少选,但不能使用其他刀具)

制图	谭积明	中级练习件	1:1
校核	何平		
天津工程师范学院			

图 4-49

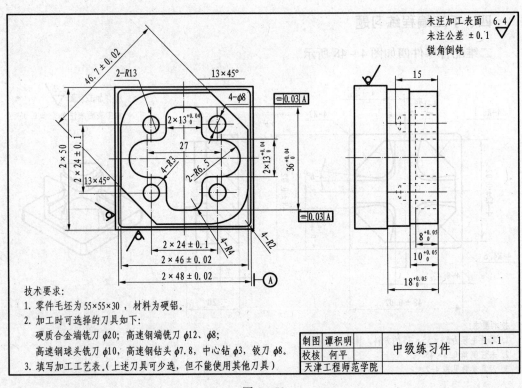

技术要求：

1. 零件毛坯为 55×55×30 ，材料为硬铝。
2. 加工时可选择的刀具如下：

    硬质合金端铣刀 φ20；高速钢端铣刀 φ12、φ8；

    高速钢球头铣刀 φ10，高速钢钻头 φ7.8，中心钻 φ3，铰刀 φ8。
3. 填写加工工艺表。(上述刀具可少选，但不能使用其他刀具)

制图	谭积明	中级练习件	1：1
校核	何平		
天津工程师范学院			

图 4-50

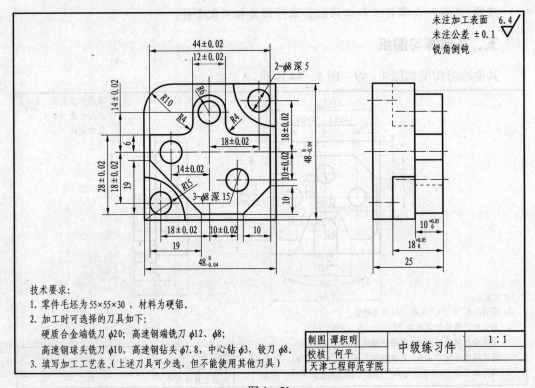

技术要求：

1. 零件毛坯为 55×55×30 ，材料为硬铝。
2. 加工时可选择的刀具如下：

    硬质合金端铣刀 φ20；高速钢端铣刀 φ12、φ8；

    高速钢球头铣刀 φ10，高速钢钻头 φ7.8，中心钻 φ3，铰刀 φ8。
3. 填写加工工艺表。(上述刀具可少选，但不能使用其他刀具)

制图	谭积明	中级练习件	1：1
校核	何平		
天津工程师范学院			

图 4-51

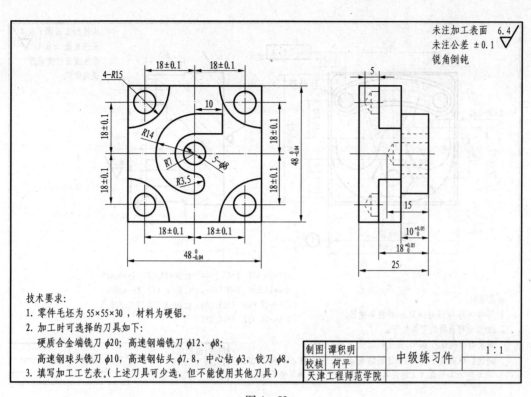

技术要求:
1. 零件毛坯为 55×55×30 ,材料为硬铝。
2. 加工时可选择的刀具如下:
   硬质合金端铣刀 $\phi20$; 高速钢端铣刀 $\phi12$、$\phi8$;
   高速钢球头铣刀 $\phi10$, 高速钢钻头 $\phi7.8$, 中心钻 $\phi3$, 铰刀 $\phi8$。
3. 填写加工工艺表。(上述刀具可少选,但不能使用其他刀具)

制图	谭积明	中级练习件	1:1
校核	何平		
天津工程师范学院			

图 4－52

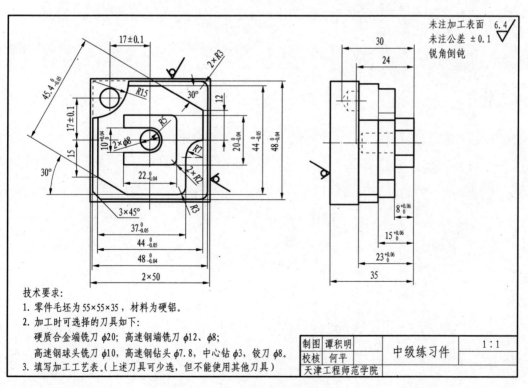

技术要求:
1. 零件毛坯为 55×55×35 ,材料为硬铝。
2. 加工时可选择的刀具如下:
   硬质合金端铣刀 $\phi20$; 高速钢端铣刀 $\phi12$、$\phi8$;
   高速钢球头铣刀 $\phi10$, 高速钢钻头 $\phi7.8$, 中心钻 $\phi3$, 铰刀 $\phi8$。
3. 填写加工工艺表。(上述刀具可少选,但不能使用其他刀具)

制图	谭积明	中级练习件	1:1
校核	何平		
天津工程师范学院			

图 4－53

149

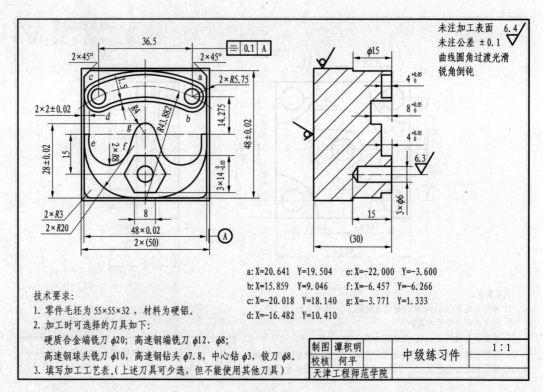

制图	谭积明	中级练习件	1:1
校核	何平		
天津工程师范学院			

未注加工表面　6.4
未注公差　±0.1
曲线圆角过渡光滑
锐角倒钝

36.5
2×45°
2×45°
≡ 0.1 A
2×R5.75
2×2±0.02
14.275
48±0.02
28±0.02
15
3×14 $_{-0.05}^{0}$
2×R8
2×R3
2×R20
8
48×0.02
2×(50)
R4
R43.882
c
a
d
b
g
e
f
A
A

φ15
4 $_{0}^{+0.05}$
8 $_{0}^{+0.05}$
4 $_{0}^{+0.05}$
6.3
3×φ6
15
(30)

a: X=20.641　Y=19.504　　e: X=-22.000　Y=-3.600
b: X=15.859　Y=9.046　　f: X=-6.457　Y=-6.266
c: X=-20.018　Y=18.140　　g: X=-3.771　Y=1.333
d: X=-16.482　Y=10.410

技术要求:
1. 零件毛坯为 55×55×32，材料为硬铝。
2. 加工时可选择的刀具如下:
   硬质合金端铣刀 φ20；高速钢端铣刀 φ12、φ8;
   高速钢球头铣刀 φ10，高速钢钻头 φ7.8，中心钻 φ3，铰刀 φ8。
3. 填写加工工艺表。(上述刀具可少选，但不能使用其他刀具)

图 4-54

第五章　宏程序编程

实训要点
- 熟悉 FANUC 系统宏程序编程的基本指令;
- 掌握常用的几个宏程序应用范例。

第一节　宏程序编程概述

一、宏程序编程即利用变量编程的方法

在本书第二章中介绍的数控指令,其指令代码的功能是固定的,使用者只需(只能)按照指令规定的参数编程。但有时候这些指令满足不了用户的需求,数控系统因此提供了宏程序编程功能,利用数控系统提供的变量、数学运算功能、逻辑判断功能、程序循环功能等功能来实现一些特殊的用法。宏程序编程实际上是数控系统对用户的开放,在数控系统的平台上进行二次开发。当然,这里的开放和开发都是有条件和有限制的。

宏程序与普通程序存在一定的区别,认识和了解这些区别有助于宏程序的学习理解和掌握运用。表 5-1 为宏程序和普通程序的简要对比。

表 5-1　宏程序和普通程序的简单对比

普通程序	宏程序
只能使用常量	可以使用变量,并给变量赋值
常量之间不可以运算	变量之间可以运算
程序只能顺序执行,不能跳转	程序运行可以跳转

二、宏程序编程的技术特点和应用领域

手工编程是数控编程的基础。在手工编程中,使用宏程序编程的最大特点就是将有规律的形状或尺寸用最短的程序段表示出来,编写出的程序非常简洁,逻辑严密,通用性强。

任何数控加工只要能够用宏程序完整地表达,即使再复杂,其程序篇幅都比较精炼,任何一个合理、优化的宏程序,极少会超过 60 行,换算成字节数,至多不过 2KB。即使是最廉价的机床数控系统,其内部程序存储空间也完全容纳得下任何复杂的宏程序。

为了对复杂的加工运动进行描述,宏程序必然会最大限度地使用数控系统内部的各种指令代码,如直线插补 G01 指令和圆弧插补 G02/G03 指令等。因此,机床在执行宏程序时,数控系统的计算机可以直接进行插补运算,且运算速度快,再加上伺服电动机和机床的迅速响应,使得加工效率极高。

宏程序的上述技术特点,使其特别适宜机械零件的批量加工。

机械零件的形状主要是由各种凸台、凹槽、圆孔、斜平面、回转面等组成,很少包含不规则的复杂曲面,构成其的几何因素无外乎点、直线、圆弧,最多加上各种二次圆锥曲线(椭圆、抛物线、双曲线)以及一些渐开线(常应用于齿轮及凸轮等)。所有这些都是基于三角函数、解析几何的应用,而数学上都可以用三角函数表达式及参数方程加以表述。因此,宏程序在此有广泛的应用空间,可以发挥其强大的作用。

机械零件绝大多数都是批量生产,在保证质量的前提下要求最大限度地提高加工效率以降低生产成本,一个零件哪怕仅仅节省 1s,成百上千同样零件合计起来节省的时间就非常可观了。此外,批量零件在加工的几何尺寸精度和形状位置精度方面都要求保证高度的一致性,而加工工艺的优化主要就是程序的优化,这是一个反复调整、尝试的过程,要求操作者能够非常方便地调整程序中的各项加工参数,如刀具尺寸、刀具补偿值、每层切削量、步距、计算精度、进给速度等。

宏程序在这方面有很大的优越性,只要能用宏程序来表述,操作者就可以不改动加工程序的主体,只需将各项加工参数所对应的自变量赋值做个别调整,就能迅速将程序调整到最优化的状态。

如果使用 CAD/CAM 软件编制机械零件的批量加工程序,前面提到的加工参数,只要其中一项或几项发生变化,再智能的 CAD/CAM 软件也要根据变化后的加工参数重新计算刀具轨迹,再经后处理生成程序,这个过程烦琐且耗时很多。

当然,宏程序也不是无所不能。对于主要由大量不规则复杂曲面构成的模具成型零件,特别是各种注塑模、压铸模等型腔类模具的型芯、型腔和电极,以及汽车覆盖件模具的凸模、凹模等,由于从设计、分析到制造的整个产业链在技术层面及生产管理上都是通过以各种 CAD/CAM 软件为核心(还包括 PDM、CAE 等)的纽带紧密相联的,从而形成一种高度的一体化和关联性。无论从哪个角度来看,此类零件的数控加工程序几乎百分之百地依赖各种 CAD/CAM 软件来编制,宏程序在这里的发挥空间是非常有限的。

第二节　宏程序基础(FANUC Oi 系统)

FANUC Oi 系统提供两种用户宏程序,即用户宏程序功能 A 和用户宏程序功能 B。

由于用户宏程序功能 A 的宏程序需要使用 G65Hm 格式的宏指令来表达各种数学运算和逻辑关系,极不直观,且可读性非常差,因而导致在实际工作中很少人使用它。由于绝大部分的 FANUC 系统都支持用户宏程序功能 B,因而本节只介绍用户宏程序功能 B 的相关知识。

一、变量

普通加工程序直接用数值指定 G 代码和移动距离,如 G01 和 X100.0。

使用用户宏程序时,数值可以直接指定或用变量指定。当用变量时,变量值可用程序或由 MDI 设定或修改。例如:

#1 = #2 + 100;

G01X#1 F80;

1. 变量的表示

宏程序的变量是用变量符号#和后面的变量号指定,如#2。

表达式可以用于指定变量号,这时表达式必须封闭在括号中,如#1[#2 + #41 - 15]。

2. 变量的类型

变量根据变量号可以分成四种类型,如表 5 - 2 所列。

表 5 - 2 变量类型

变量号	变量类型	功　能
#0	空变量	该变量总是空,没有值能赋给该变量
#1 ~ #33	局部变量	局部变量只能用在宏程序中存储数据,如运算结果。当断电时,局部变量被初始化为空。调用宏程序时,自变量对局部变量赋值
#100 ~ #199 #500 ~ #999	公共变量	公共变量在不同的宏程序中的意义相同。当断电时,变量#10 ~ #199 初始化为空。变量#500 ~ #999 的数据保存,即使断电也不丢失
#1000 以上	系统变量	系统变量用于读和写 CNC 的各种数据,如刀具的当前位置和补偿值

变量从功能上主要可归纳为两种:

(1) 系统变量(系统占用部分),用于系统内部运算时各种数据的存储。

(2) 用户变量,如局部变量和公共变量,用户可以单独使用,系统作为处理资料的一部分。

3. 变量值的范围

局部变量和公共变量可以为 0 值或下面范围中的值:

-10^{47} 到 10^{-29} 或 10^{-29} 到 10^{47}

如果计算结果超出有效范围,则触发程序错误 P/S 报警 No. 111。

4. 小数点的省略

当在程序中定义变量值时,小数点可以省略。例如,当定义#1 = 123,变量#1 的实际值是 123. 000。

5. 变量的引用

在地址后指定变量号即可引用其变量值。当用表达式指定变量时,要把表达式放在括号中。例如:G01 X[#1 + #2]F#3;

被引用变量的值根据地址的最小设定单位自动地舍入。例如:当系统的最小输入增量为 0.001mm 单位,指令 G00X #1,并将 12.3456 赋值给变量 #1,实际指令值为 G00X12.346;

改变引用变量的值的符号,要把负号(-)放在#的前面。例如 G00X - #1;

当引用未定义的变量时,变量及地址字都被忽略。例如:当变量#1 的值是 0,并且变量#2 的值是空时,G00 X#1 Y#2;的执行结果为 G00X0;

注意:从这个例子可以看出,所谓“变量的值是 0”与“变量的值是空”是两个完全不同的概念,可以这样理解:“变量的值是 0”相当于“变量的数值等于 0”,而“变量的值是空”则意味着“该变量所对应的地址根本就不存在,不生效”。

不能用变量代表的地址符有:程序号 O、顺序号 N、任选程序段跳转号/。例如,以下情况不能使用变量:O#11;N#33 Y200.0;

另外,使用 ISO 代码编程时,可用#代码表示变量,若用 EIA 代码,则应用 & 代码代替#代码,因为 EIA 代码中没有#代码。

二、系统变量

系统变量用于读和写 NC 内部数据,如刀具偏置值和当前位置数据,但某些系统变量只能读。系统变量是自动控制和通用加工程序开发的基础,在这里仅介绍与编程及操作相关性较大的系统变量部分,如表 5 - 3 所列。

表 5 - 3　FANUC Oi 系统变量一览表

变 量 号	含 义
#1000 ~ #l015,#1032	接口输入变量
#1100 ~ #1115,#1132,#1133	接口输出变量
#10001 ~ #10400,#l1001 ~ #11400	刀具长度补偿值
#12001 ~ #12400,#13001 ~ #13400	刀具半径补偿值
#2001 ~ #2400	刀具长度与半径补偿值(偏置组数≤200 时)
#3000	报警
#3001,#3002	时钟
#3003,#3004	循环运行控制
#3005	设定数据(SETTING 值)
#3006	停止和信息显示
#3007	镜像
#3011,#3012	日期和时间
#3901,#3902	零件数
#4001 ~ #4120,#4130	模态信息
#5001 ~ #5104	位置信息
#5201 ~ #5324	工件坐标系补偿值(工件零点偏移值)
#7001 ~ #7944	扩展工件坐标系补偿值(工件零点偏移值)

1. 刀具补偿值

用系统变量可读和写刀具补偿值。通过对系统变量赋值,可以修改刀具补偿值,如表 5 - 4 所列。

表 5 - 4　FANUC Oi 刀具补偿存储器 C 的系统变量

| 补偿号 | 刀具长度补偿(H) | | 刀具半径补偿(D) | |
	几何补偿	磨损补偿	几何补偿	磨损补偿
1	#11001(#2201)	#10001(#2001)	#13001	#12001
2	#11002(#2202)	#10002(#2002)	#13002	#12002
……	……	……	……	……
24	#11024(#2224)	#10024(#2024)	#13024	#12024
……	……	……	……	……
400	#11400	#10400	#13400	#12400

154

在 FANUC Oi 系统中,刀具补偿分为几何补偿和磨损补偿,而且长度补偿和半径补偿也是分开的。刀具补偿号可达 400 个,理论上数控系统支持控制达 400 把刀的刀库。

当刀具补偿号≤200 时(一般情况也的确如此),刀具长度补偿(H)也可使用#2001 ~ #2400。

刀具补偿值的系统变量,在宏程序编程中,可以这样使用:

假设有一把 φ10mm 的立铣刀,在机床上刀号为 10 号刀,刀具半径补偿(D)为 5.0,即 #13010 = 5.0;刀具半径补偿中的磨损补偿为 0.02,即#12010 = 0.02。那么在应用宏程序编写加工程序时,就可以有以下形式的描述:

#2 = #13010:把 10 号刀的半径补偿值赋值给变量#2,即#2 = 5.0。

#3 = #12010:把 10 号刀的半径补偿值中的磨损补偿值赋值给变量#3,即#3 = 0.02。

在程序中,调用#2 就可以理解为对刀具的识别,设置和调整磨损补偿值(#3)则可以控制 10 号刀铣削零件的尺寸了。

2. 模态信息

正在处理的当前程序段之前的模态信息可以从系统变量中读出,如表 5 - 5 所列。

表 5 - 5　FANUC Oi 模态信息的系统变量

变量号	功　能	组号	变量号	功　能	组号
#4001	G00,G01,G02,G03,G33	(组 01)	#4022	待定	(组 22)
#4002	G17,Gl8,Gl9	(组 02)	#4102	B 代码	
#4003	G90,G91	(组 03)	#4107	D 代码	
#4004		(组 04)	#4109	F 代码	
#4005	G94,G95	(组 05)	#4111	H 代码	
#4006	G20,G21	(组 06)	#4113	M 代码	
#4007	G40,G41,G42	(组 07)	#4114	顺序号	
#4008	G43,G44,G49	(组 08)	#4115	程序号	
#4009	G73,G74,G76,G80 ~ G89	(组 09)	#4119	S 代码	
#4010	G98,G99	(组 10)	#4120	T 代码	
#4011	G50,G51	(组 11)	#4130	P 代码(现在选择的附	
#4012	G65,G66,G67	(组 12)		加工件坐标系)	
#4013	G96,G97	(组 13)			
#4014	G54 ~ G59	(组 14)			
#4015	G61 ~ G64	(组 15)			
#4016	G68,G69	(组 16)			
……	……				

注:1. P 代码为当前选择的附加工件坐标系。
　2. 当执行#1 = #4002 时,在#1 中得到的值是 17,18 或 19。
　3. 系统变量#4001 ~ #4120 不能用于运算指令左边的项。
　4. 模态信息不能写,只能读。如果阅读模态信息指定的系统变量为不能用的 G 代码时,系统则发出程序错误 P/S 报警

3. 当前位置信息

FANUC Oi 系统中当前位置信息的系统变量如表 5 - 6 所列。

表 5-6 FANUC Oi 当前位置信息的系统变量

变量号	位置信息	相关坐标系	移动时的读操作	刀具补偿值 (长度、半径补偿)
#5001 #5002 #5003 #5004	X 轴程序段终点位置(ABSIO) Y 轴程序段终点位置(ABSIO) Z 轴程序段终点位置(ABSIO) 第 4 轴程序段终点位置(ABSIO)	工件坐标系	可以	不考虑刀尖位置 (程序指令位置)
#5021 #5022 #5023 #5024	X 轴当前位置(ABSMT) Y 轴当前位置(ABSMT) Z 轴当前位置(ABSMT) 第 4 轴当前位置(ABSMT)	机床坐标系	不可以	考虑刀具基准点位置 (机床坐标)
#5041 #5042 #5043 #5044	X 轴当前位置(ABSOT) Y 轴当前位置(ABSOT) Z 轴当前位置(ABSOT) 第 4 轴当前位置(ABSOT)	工件坐标系	不可以	考虑刀具基准点位置 (与位置的绝对坐标显示相同)
#5061 #5062 #5063 #5064	X 轴跳跃信号位置(ABSKP) Y 轴跳跃信号位置(ABSKP) Z 轴跳跃信号位置(ABSKP) 第 4 轴跳跃信号位置(ABSKP)	工件坐标系	可以	已考虑刀具基准点位置
#5081 #5082 #5083 #5084	X 轴刀具长度补偿值 Y 轴刀具长度补偿值 Z 轴刀具长度补偿值 第 4 轴刀具长度补偿值		不可以	已考虑
#5101 #5102 #5103 #5104	X 轴伺服位置补偿 Y 轴伺服位置补偿 Z 轴伺服位置补偿 第 4 轴伺服位置补偿		不可以	已考虑

注:1. ABSIO:工件坐标系中,前一程序段终点坐标值。

ABSMT:机床坐标系中,当前机床坐标位置。

ABSOT:工件坐标系中,当前坐标位置。

ABSKP:工件坐标系中,G31 程序段中跳跃信号有效的位置。

2. 在 G31(触发功能)程序段中,当触发信号接通时的刀具位置存储在变量#5061 ~ #5064 中。当 G31 程序段中的触发信号不接通时,这些变量存储指定程序段的终点值。

3. 变量#5081 ~ #5084 所存储的刀具长度补偿值是当前的执行值(即当前正在执行中的程序段的量),不是后面的程序段的处理值。

4. 移动期间不能读取是由于缓冲(预读)功能的原因,不能读取目标指令值

4. 工件坐标系补偿值(工件零点偏移值)

用系统变量可以读和写工件零点偏移值,如表 5-7 所列。

表 5 - 7 FANUC 0i 工件零点偏移值的系统变量

变量号	功　能	变量号	功　能
#5201	第 1 轴外部工件零点偏移值	#5301	第 1 轴 G58 工件零点偏移值
……	……	……	……
#5204	第 4 轴外部工件零点偏移值	#5304	第 4 轴 G58 工件零点偏移值
#5221	第 1 轴 G54 工件零点偏移值	#5321	第 1 轴 G59 工件零点偏移值
……	……	……	……
#5224	第 4 轴 G54 工件零点偏移值	#5324	第 4 轴 G59 工件零点偏移值
#5241	第 1 轴 G55 工件零点偏移值	#7001	第 1 轴工件零点偏移值（G54.1 P1）
……	……	……	……
#5244	第 4 轴 G55 工件零点偏移值	#7004	第 4 轴工件零点偏移值（G54.1 P1）
#5261	第 1 轴 G56 工件零点偏移值	#7021	第 1 轴工件零点偏移值（G54.1 P2）
……	……	……	……
#5264	第 4 轴 G56 工件零点偏移值	#7024	第 4 轴工件零点偏移值（G54.1 P2）
#5281	第 1 轴 G57 工件零点偏移值	#7941	第 1 轴工件零点偏移值（G54.1 P48）
……	……	……	……
#5284	第 4 轴 G57 工件零点偏移值	#7944	第 4 轴工件零点偏移值（G54.1 P48）

三、算术和逻辑运算

在表 5 - 8 中,列出的运算可以在变量中运行:等式右边的表达式可包含常量或由函数或运算符组成的变量;表达式右边的变量#j 和#k 可以用常量赋值;等式左边的变量也可以用表达式赋值。其中,算术运算主要是指加、减、乘、除函数等,逻辑运算可以理解为比较运算。

表 5 - 8 FANUC 0i 算术和逻辑运算一览表

功　能		格　式	备　注
定义、置换		#i = #j	
算术运算	加法	#i = #j + #k	
	减法	#i = #j - #k	
	乘法	#i = #j * #k	
	除法	#i = #j/#k	
	正弦	#i = SIN[#j]	三角函数及反三角函数的数值均以度为单位来指定,如 90°30′应表示为 90.5°
	反正弦	#i = ASIN[#j]	
	余弦	#i = COS[#j]	
	反余弦	#i = ACOS[#j]	
	正切	#i = TAN[#j]	
	反正切	#i = ATAN[#j]/[#k]	
	平方根	#i = SQRT[#j]	
	绝对值	#i = ABS[#j]	

157

功　能		格　式	备　注
定义、置换		#i = #j	
算术运算	舍入	#i = ROUND[#j]	
	指数函数	#i = EXP[#j]	
	（自然）对数	#i = LN[#j]	
	上取整	#i = FIX[#j]	
	下取整	#i = FUP[#j]	
逻辑运算	与	#i AND #j	逻辑运算一位一位地按二进制数执行
	或	#i OR #j	
	异或	#i XOR #j	
从 BCD 转为 BIN		#i = BIN[#j]	用于与 PMC 的信号交换
从 BIN 转为 BCD		#i = BCD[#j]	

以下是算术和逻辑运算指令的详细说明。

1. 反正弦运算#i = ASIN[#j]

（1）取值范围如下：

当参数（NO. 6004#0）NAT 位设置为 0 时，在 270°~90°范围内取值。

当参数（NO. 6004#0）NAT 位设置为 1 时，在 -90°~90°范围内取值。

（2）当#j 超出 -1 到 1 的范围时，触发程序错误 P/S 报警 NO. 111。

（3）常数可替代变量#j。

2. 反余弦运算#i = ACOS[#j]

（1）取值范围：180°~0°。

（2）当#j 超出 -1~1 的范围时，触发程序错误 P/S 报警 NO. 111。

（3）常数可替代变量#j

3. 反正切运算#i = ATAN[#j]/[#K]

（1）采用比值的书写方式（可理解为对边/邻边）。

（2）取值范围如下：

当参数（NO. 6004#0）NAT 位设置为 0 时，取值范围为 0°~360°。例如，当指定#1 = ATAN[-1]/[-1]时，#1 = 225°。

当参数（NO. 6004#0）NAT 位设置为 1 时，取值范围为 -180°~180°。例如，当指定 #1 = ATAN[-1]/[-1]时，#1 = -135°。

（3）常数可替代变量#j。

4. 自然对数运算#i = LN[#j]

（1）相对误差可能大于 10^{-8}。

（2）当反对数（#j）为 0 或小于 0 时，触发程序错误 P/S 报警 NO. 111。

（3）常数可替代变量#j。

5. 指数函数#i = EXP[#j]

（1）相对误差可能大于 10^{-8}。

158

（2）当运算结果超过 3.65×10^{47}（j 大约是 110）时，出现溢出并触发程序错误 P/S 报警 NO. 111。

（3）常数可替代变量#j。

6. 上取整#i = FIX[#j] 和下取整#i = FUP[#j]

CNC 处理数值运算时，无条件地舍去小数部分称为上取整；小数部分进位到整数称为下取整（注意与数学上的四舍五入对照）。对于负数的处理要特别小心。

例如：假设#1 = 1.2，#2 = −1.2。

（1）当执行#3 = FUP[#1]时，2.0 赋予#3。

（2）当执行#3 = FIX[#1]时，1.0 赋予#3。

（3）当执行#3 = FUP[#2]时，−2.0 赋予#3。

（4）当执行#3 = FIX[#2]时，−1.0 赋予#3。

7. 算术与逻辑运算指令的缩写

程序中指令函数时，函数名的前两个字符可以用于指定该函数。

例如：ROUND→RO，FIX→FI。

8. 混合运算时的运算顺序

上述运算和函数可以混合运算，即涉及到运算的优先级，其运算顺序与一般数学上的定义基本一致，优先级顺序从高到低依次为

```
┌─────────────────────────────┐
│  函数运算                     │
│    ↓                          │
│  乘法和除法运算( * 、／、AND)    │
│    ↓                          │
│  加法和减法运算( + 、− 、OR、XOR)│
└─────────────────────────────┘
```

9. 括号嵌套

用[ ]，可以改变运算顺序，最里层的[ ]优先运算。括号[ ]最多可以嵌套 5 级（包括函数内部使用的括号）。当超出 5 级时，触发程序错误 P/S 报警 NO. 118。

10. 逻辑运算说明

逻辑运算相对于算术运算来说，比较特殊和费解，详细说明如表 5 − 9 所列。

表 5 − 9　FANUC Oi 逻辑运算说明

运算符	功　能	逻辑名	运算特点	运算实例
AND	与	逻辑乘	（相当于串联）有 0 得 0	$1 \times 1 = 1, 1 \times 0 = 0, 0 \times 0 = 0$
OR	或	逻辑加	（相当于并联）有 1 得 1	$1 + 1 = 1, 1 + 0 = 1, 0 + 0 = 0$
XOR	异或	逻辑减	相同得 0，不同得 1	$1 − 1 = 0, 1 − 0 = 1, 0 − 0 = 0, 0 − 1 = 1$

11. 运算精度

同任何数学计算一样，运算的误差是不可避免的，用宏程序运算时必须考虑用户宏程序的精度。用户宏程序处理数据的浮点格式为 $M \times 2^E$。

每执行一次运算，便产生一次误差，在重复计算的过程中，这些误差将累加。FANUC Oi 运算中的误差精度如表 5 − 10 所列。

表 5 – 10　FANUC Oi 运算中的误差

运　算	平均误差	最大误差	误差类型
$a = b * c$	1.55×10^{-10}	4.66×10^{-10}	相对误差
$a = b/c$	4.66×10^{-10}	1.88×10^{-9}	$\dfrac{\varepsilon}{\alpha}$(绝对值)
$a = \sqrt{b}$	1.24×10^{-9}	3.73×10^{-9}	
$a = b + c$ $a = b - c$	2.33×10^{-10}	5.32×10^{-10}	最小 $\dfrac{\varepsilon}{b}$, $\dfrac{\varepsilon}{c}$(绝对值)
$a = SIN[b]$ $a = COS[b]$	5.0×10^{-9}	1.0×10^{-8}	绝对误差
$a = ATAN[b]/[c]$	1.8×10^{-6}	3.6×10^{-6}	ε(绝对值)度

注:如果 SIN、COS 或 TAN 函数的运算结果小于 10^{-8} 或由于运算精度的限制不为 0 的话,设定参数 NO.6004#1 为 1,则运算结果可视为 0。

① 相对误差取决于运算结果。

② 使用两类误差的较小者。

③ 绝对误差是常数,而不管运算结果。

④ 函数 TAN 执行 SIN/COS

说明:

(1)加减运算。由于用户宏程序变量值的精度仅有 8 位十进制数,当在加减运算中处理非常大的数时,将得不到期望的结果。

例如,当试图把下面的值赋给变量#1 和#2 时:

#1 = 687644327777.777

#2 = 687644321012.456

变量值实际上已经变成

#1 = 6876443300000.000

#2 = 6876443200000.000

此时,当编程计算#3 = #1 – #2 时,其结果#3 并不是期望值 6765.321,而是#3 = 100000.000(该计算的实际结果稍有误差,因为是以二进制执行的。)

(2)逻辑运算,即使用条件表达式 EQ,NE,GT,GE,LT,LE 时,也可能造成误差,其情形与加减运算基本相同。

例如:IF[#1EQ#2]的运算会受到#1 和#2 的误差的影响,并不总是能估算正确,要求两个值完全相同,有时不可能,由此会造成错误的判断,因此应该改用误差来限制比较稳妥,即用 IF[ABS[#1 – #2]LT 0.001]代替上述语句,以避免两个变量的误差。此时,当两个变量差值的绝对值未超过允许极限(此处为 0.001),就认为两个变量的值是相等的。

(3)三角函数运算在三角函数运算中会发生绝对误差,它不在 10^{-8} 之内,所以注意使用三角函数后的积累误差。由于三角函数在宏程序的应用非常广泛,特别是在极具数学代表性的参数方程表达上,因此必须对此保持应有的重视。

四、赋值与变量

赋值是指将一个数据赋予一个变量,如#1 = 0,则表示#1 的值是 0。其中,#1 代表变量,#是变量符号(注意:根据数控系统的不同,它的表示方法可能有差别),0 就是给变量 #1 赋的值。这里的 = 是赋值符号,起语句定义作用。

赋值的规律:

(1)赋值号 = 两边内容不能随意互换,左边只能是变量,右边可以是表达式、数值或变量。

(2)一个赋值语句只能给一个变量赋值。

(3)可以多次给一个变量赋值,新变量值将取代原变量值(即最后赋的值生效)。

(4)赋值语句具有运算功能,它的一般形式:变量 = 表达式。

在赋值运算中,表达式可以是变量自身与其他数据的运算结果,如#1 = #1 + 1,则表示 #1 的值为#1 + 1,这一点与数学运算是有所不同的。

需要强调的是,#1 = #1 + 1 形式的表达式可以说是宏程序运行的"原动力",任何宏程序几乎都离不开这种类型的赋值运算,而它偏偏与人们头脑中根深蒂固的数学上的等式概念严重偏离,因此对于初学者往往造成很大的困扰,但如果对计算机编程语言(如 C 语言)有一定了解的话,对此应该更易理解。

(5)赋值表达式的运算顺序与数学运算顺序相同。

(6)辅助功能(M 代码)的变量有最大值限制,如将 M30 赋值为 300,显然是不合理的。

五、转移和循环

在程序中,使用 GOTO 语句和 IF 语句可以改变程序的流向。有三种转移和循环操作可供使用:

GOTO 语句→无条件转移

IF 语句→条件转移,格式:IF...THEN...

WHILE 语句→当……时循环

1. 无条件转移(GOTO 语句)

转移(跳转)到标有顺序号 n(即俗称的行号)的程序段。当指定 1～9999 以外的顺序号时,会触发 P/S 报警 NO. 128。其格式为

GOTO n;n 为顺序号(1～9999),如 GOTO 99,即转移至第 99 行。

2. 条件转移(IF 语句)

IF 之后指定条件表达式。

1) IF[<条件表达式>]GOTO n

表示如果指定的条件表达式满足时,则转移(跳转)到标有顺序号 n(即俗称的行号)的程序段。如果不满足指定的条件表达式,则顺序执行下个程序段。

例如,如果变量#1 的值大于 100,则转移(跳转)到顺序号为 N99 的程序段。

2) IF[<条件表达式 >]THEN

如果指定的条件表达式满足时,则执行预先指定的宏程序语句,而且只执行一个宏程序语句,即

IF[#1 EQ #2] THEN #3 = 10 如果#1 和#2 的值相同,10 赋值给#3

说明:

(1) 条件表达式:条件表达式必须包括运算符。运算符插在两个变量中间或变量和常量中间,并且用[ ]封闭。表达式可以替代变量。

(2) 运算符:运算符由两个字母组成(见表 5 – 11),用于两个值的比较,以决定它们是相等还是一个值小于或大于另一个值。注意:不能使用不等号。

表 5 – 11　运算符

运算符	含　义	英文注释	运算符	含　义	英文注释
EQ	等于(=)	EQual	GE	大于或等于(≥)	Great than or Equal
NE	不等于(≠)	Not Equal	LT	小于(<)	Less Than
GT	大于(>)	Great Than	LE	小于或等于(≤)	Less than or Equal

典型程序示例:下面的程序为计算数值 1 ~ 10 的累加总和。

程　序　内　容	程　序　解　释
O8000 ;	
#1 = 0 ;	存储和数变量的初值
#2 = 1 ;	被加数变量的初值
N5 IF [#2 GT 10] GOTO 99 ;	当被加数大于 10 时转移到 N99
#1 = #1 + #2 ;	计算和数
#2 = #2 + #1 ;	下一个被加数
GOTO 5 ;	转到 N5
N99 M30 ;	程序结束

3. 循环(WHILE 语句)

在 WHILE 后指定一个条件表达式。当指定条件满足时,则执行从 DO 到 END 之间的程序。否则,转到 END 后的程序段。

DO 后面的号是指定程序执行范围的标号,标号值为 1,2,3。如果使用了 1,2,3 以外的值,会触发 P/S 报警 No. 126。

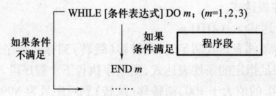

1) 嵌套

在 DO ~ END 循环中,标号(1 ~3)可根据需要多次使用。但需要注意:无论怎样多次使用,标号永远限制在1,2,3。此外,当程序有交叉重复循环(DO 范围的重叠)时,会触发 P/S 报警 No. 124。以下为关于嵌套的详细说明。

(1) 标号(1 ~3)可以根据需要多次使用:

162

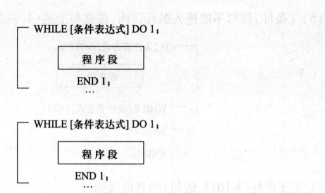

（2）DO 的范围不能交叉：

（3）DO 循环可以 3 重嵌套：

（4）（条件）转移可以跳出循环的外面：

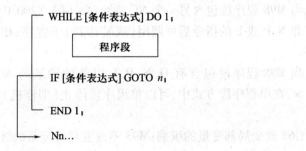

163

（5）（条件）转移不能进入循环区内,注意与上述(4)对照:

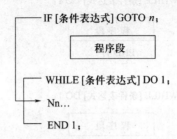

2）关于循环(WHILE 语句)的其他说明

（1）DO m 和 END m 必须成对使用,而且 DO m 一定要在 END m 指令之前。用识别号 m 来识别。

（2）当指定 DO 而没有指定 WHILE 语句时,将产生从 DO 到 END 之间的无限循环。

（3）在使用 EQ 或 NE 的条件表达式中,值为空和值为零将会有不同的效果。而在其他形式的条件表达式中,空即被当作零。

（4）处理时间:当在 GOTO 语句(无论是无条件转移的 GOTO 语句,还是"IF...GO-TO"形式的条件转移 GOTO 语句)中有标号转移的语句时,系统将进行顺序号检索。一般来说,数控系统执行反向检索的时间要比正向检索长,因为系统通常先正向搜索到程序结束,再返回程序开头进行搜索,所以花费的时间要多。因此,用 WHILE 语句实现循环可减少处理时间。

第三节　宏程序的调用

用户可以用以下 6 种方法来调用宏程序:

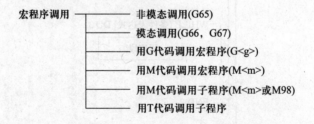

首先,说明用户宏程序调用(G65)与子程序调用(M98)之间的差别:

（1）G65 可以进行自变量赋值,即指定自变量(数据传送到宏程序);M98 则不能。

（2）当 M98 程序段包含另一个 NC 指令(如 G01 X200.0 M98 P ＜ p ＞)时,在执行完这种含有非 N、P 或 L 的指令后可调用(或转移到)子程序;相反,G65 则只能无条件地调用宏程序。

（3）当 M98 程序段包含有 O、N、P、L 以外的地址的 NC 指令时,(如 G01 X200.0 M98P ＜ p ＞,在单程序段方式中,可以单程序段停止(即停机);相反,G65 则不会(即不停机)。

（4）G65 改变局部变量的级别;M98 不改变局部变量的级别。

一、宏程序非模态调用(G65)

当指定 G65 时,调用以地址 P 指定的用户宏程序,数据(自变量)能传递到用户宏程序中,指令格式如下所示:

G65 P<p>L<I> <自变量赋值>;

<p>:要调用的程序号。

<I>:重复次数(默认值为1)。

<自变量赋值>:传递到宏程序的数据。

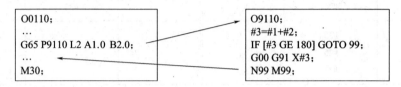

1. 调用说明

(1)在 G65 之后,用地址 P 指定用户宏程序的程序号。

(2)任何自变量前必须指定 G65。

(3)当要求重复时,在地址 L 后指定从 1~9999 的重复次数,省略 L 值时,默认 L 值等于1。

(4)使用自变量指定(赋值),其值被赋值给宏程序中相应的局部变量。

2. 自变量赋值

若要向用户宏程序本体传递数据时,须由自变量赋值来指定,其值可以有符号和小数点,且与地址无关。

宏程序本体使用的是局部变量(#1 ~ #33,共有 33 个),与其对应的自变量赋值共有两种类型:自变量指定 I 使用除了 G,L,O,N 和 P 以外的字母,每个字母指定一次;自变量指定 II 使用 A,B,C 和 I_i,J_i 和 K_i(i 为 1~10)。根据使用的字母,自动决定自变量指定的类型。

这两种自变量赋值与用户宏程序本体中局部变量的对应关系如表 5-12 所列。

表 5-12 自变量赋值与局部变量的对应关系

自变量赋值 I 地址	用户宏程序本体中的变量	自变量赋值 II 地址	自变量赋值 I 地址	用户宏程序本体中的变量	自变量赋值 II 地址
A	#1	A	—	#10	I_3
B	#2	B	H	#11	J_3
C	#3	C	—	#12	K_3
I	#4	I_1	M	#13	I_4
J	#5	J_1	—	#14	J_4
K	#6	K_1	—	#15	K_4
D	#7	I_2	—	#16	I_5
E	#8	J_2	Q	#17	J_5
F	#9	K_2	R	#18	K_5

自变量赋值Ⅰ地址	用户宏程序本体中的变量	自变量赋值Ⅱ地址	自变量赋值Ⅰ地址	用户宏程序本体中的变量	自变量赋值Ⅱ地址
S	#19	I_6		#28	I_9
T	#20	J_6		#29	J_9
U	#21	K_6		#30	K_9
V	#22	I_7		#31	I_{10}
W	#23	J_7		#32	J_{10}
X	#24	K_7		#33	K_{10}
Y	#25	I_8			
Z	#26	J_8			
	#27	K_8			

注:对于自变量赋值Ⅱ,上表中I、J、K的下标用于确定自变量赋值的顺序,在实际编程中不写(也无法写,语法上无法表达)

3. 自变量赋值的其他说明

（1）自变量赋值Ⅰ、Ⅱ的混合使用。如果自变量赋值Ⅰ和Ⅱ混合赋值,较后赋值的自变量类型有效(以从左到右书写的顺序为准,左为先,右为后)。例:

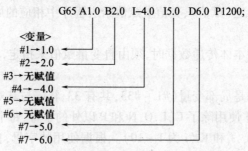

I5.0和D6.0都给变量#7赋值,但后者D6.0有效

由此可以看出,自变量赋值Ⅱ用10组I、J、K来对自变量进行赋值。在表5-12中,似乎可以通过I、J、K的下标很容易识别地址和变量的关系,但实际上在实际编程中无法输入下标,尽管自变量赋值Ⅱ"充分利用资源",可以对#1～#33全部33个局部变量进行赋值,但在实际编程时要分清是哪一组I、J、K,又是第几个I或J或K,是一件非常麻烦的事。如果再让自变量赋值Ⅰ和自变量赋值Ⅱ混合使用,那就更容易引起混淆。

如果只用自变量赋值Ⅰ进行赋值,由于地址和变量是一一对应的关系,混淆和出错的机会相当小,尽管只有21个英文字母可以给自变量赋值,但毫不夸张地说,绝大多数编程工作再复杂也不会出现超过21个变量的情况。因此,建议在实际编程时,使用自变量赋值Ⅰ进行赋值。

（2）小数点的问题。没有小数点的自变量数据的单位为各地址的最小设定单位。传递的没有小数点自变量的值将根据机床实际的系统配置而定。因此,建议在宏程序调用中一律使用小数点,既可避免无谓的差错,也可使程序对机床及系统的兼容性好。

（3）调用嵌套调用可以四级嵌套。包括非模态调用（G65）和模态调用（G66），但不包括子程序调用（M98）。

（4）局部变量的级别局部变量嵌套从0到4级，主程序是0级。用G65或G66调用宏程序，每调用一次（2、3、4级），局部变量级别加1，而前一级的局部变量值保存在CNC中，即每级局部变量（1、2、3级）被保存，下一级的局部变量（2、3、4级）被准备，可以进行自变量赋值。

当宏程序中执行M99时，控制返回到调用的程序，此时局部变量级别减1，并恢复宏程序调用时保存的局部变量值，即上一级被储存的局部变量被恢复。如同它被储存一样，而下一级的局部变量被清除。

二、宏程序模态调用与取消（G66、G67）

当指定G66时，则指定宏程序模态调用，即指定沿移动轴移动的程序段后调用宏程序，G67取消宏程序模态调用。指令格式与非模态调用（G65）相似。

G66 P＜p＞L＜I＞＜自变量赋值＞：

＜p＞：要调用的程序号。

＜I＞：重复次数（默认值为1）。

＜自变量赋值＞：传递到宏程序的数据。

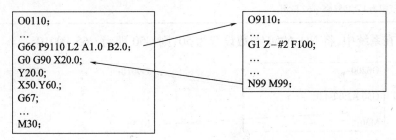

```
O0110;
…
G66 P9110 L2 A1.0  B2.0;
G0 G90 X20.0;
Y20.0;
X50.Y60.;
G67;
…
M30;
```

```
O9110;
…
G1 Z-#2 F100;
…
…
N99 M99;
```

说明：

（1）在G66之后，用地址P指定用户宏程序的程序号。

（2）任何自变量前必须指定G66。

（3）当要求重复时，在地址L后指定从1～9999的重复次数，省略L值时，默认L值等于1。

（4）与非模态调用（G65）相同，使用自变量指定（赋值），其值被赋值给宏程序中相应的局部变量。

（5）指定G67时，取消G66，即其后面的程序段不再执行宏程序模态调用。G66和G67应该成对使用。

（6）可以调用四级嵌套，包括非模态调用（G65）和模态调用（G66），但不包括子程序调用（M98）。

（7）在模态调用期间，指定另一个G66代码，可以嵌套模态调用。

（8）限制：

① 在G66程序段中，不能调用多个宏程序。

② 在只有如辅助功能（M 代码），但无移动指令的程序段中不能调用宏程序。

③ 局部变量（自变量）只能在 G66 程序段中指定。注意：每次执行模态调用时，不再设定局部变量。

三、用 G 代码调用宏程序（G <g>）

可用 G <g> 代码代替 G65 P <p>，即 G <g> <自变量赋值> = G65P <p> <自变量赋值>。

在参数 NO.6050 ~ NO.6059 中设定调用宏程序的 G 代码 <g>，与非模态调用（G65）同样的方法用该代码调用宏程序。对应关系如表 5 – 13 所列。

表 5 – 13 FANUC Oi 参数、G 代码与宏程序号之间的对应关系

参数号	G 代码 <g>	被调用的用户宏程序号 <p>	参数号	G 代码 <g>	被调用的用户宏程序号 <p>
6050	g1	O9010	6055	g6	O9015
6051	g2	O9011	6056	g7	O9016
6052	g3	O9012	6057	g8	O9017
6053	g4	O9013	6058	g9	O9018
6054	g5	O9014	6059	g10	O9019

注：<g> 值范围为 1~255（65~67 除外）

例如：在系统中，将 NO.6050 参数设置为 50，则 G50 即为 G65 P9010。

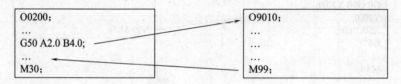

```
O0200;                          O9010;
...                             ...
G50 A2.0 B4.0;                  ...
...                             ...
M30;                            M99;
```

说明：

（1）重复：与非模态调用（G65）完全一样，地址 L 可以指定 1 ~ 9999 的重复次数。

（2）自变量赋值：与非模态调用（G65）完全一样。

（3）限制：

① 在用 G 代码调用的程序中，不能用一个 G 代码调用多个宏程序。这种程序中的 G 代码被处理为普通的 G 代码。

② 在用 M 或 T 代码作为子程序调用的程序中，不能用一个 G 代码调用多个宏程序。这种程序中的 G 代码也被处理为普通的 G 代码。

四、用 M 代码调用宏程序（M <m>）

可用 M <m> 代码代替 G65 P <p>，即 M <m> <自变量赋值> = G65P <p> <自变量赋值>。

在参数 NO.6080 ~ NO.6089 中设定调用宏程序的 M 代码 <m>，与非模态调用（G65）同样的方法用该代码调用宏程序。对应关系如表 5 – 14 所列。

168

表 5-14 FANUC Oi 参数、M 代码与宏程序号之间的对应关系

参数号	M 代码 <m>	被调用的用户宏程序号 <p>	参数号	M 代码 <m>	被调用的用户宏程序号 <p>
6080	m1	O9020	6085	m6	O9025
6081	m2	O9021	6086	m7	O9026
6082	m3	O9022	6087	m8	O9027
6083	m4	O9023	6088	m9	O9028
6084	m5	O9024	6089	m10	O9029
注:<m> 值范围为 6~255					

例如:在系统中,将 NO. 6080 参数设置为 50,则 M50 即为 G65 P9020。

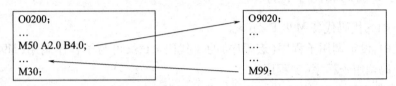

说明:

(1) 重复:与非模态调用(G65)完全一样,地址 L 可以指定 1~9999 的重复次数。

(2) 自变量赋值:与非模态调用(G65)完全一样。

(3) 限制:

① 调用宏程序的 M 代码必须在程序段的开头指定。

② 在用 G 代码调用的宏程序或用 M、T 代码作为子程序调用的程序中,不能用一个 M 代码调用多个宏程序。这种宏程序中的 M 代码被处理为普通的 M 代码。

五、用 M 代码调用子程序

可用 M<m> 代码代替 M98 P<p>。

在参数 NO. 6071~NO. 6079 中,设定调用子程序的 M 代码 <m>,可与子程序调用(M98)相同的方法用该代码调用子程序。对应关系如表 5-15 所列。

表 5-15 FANUC Oi 参数、M 代码与宏程序号之间的对应关系

参数号	M 代码 <m>	被调用的用户宏程序号 <p>	参数号	M 代码 <m>	被调用的用户宏程序号 <p>
6071	m1	O9001	6076	m6	O9006
6072	m2	O9002	6077	m7	O9007
6073	m3	O9003	6078	m8	O9008
6074	m4	O9004	6079	m9	O9009
6075	m5	O9005			
注:<m> 值范围为 0~97,但 30 和其他不能进入缓冲区寄存器的 M 代码除外					

例如:在系统中将 NO. 6071 参数设置为 71,则 M71 即为 M98 P9001。

说明:

(1) 重复:与非模态调用(G65)完全一样,地址 L 可以指定 1~9999 的重复次数。

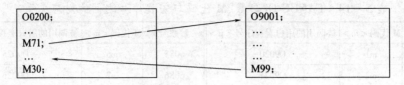

（2）自变量赋值：不允许自变量赋值。

（3）限制：

在用 G 代码调用的宏程序或用 M、T 代码作为子程序调用的程序中，不能用一个 M 代码调用多个子程序。这种宏程序中的 M 代码被处理为普通的 M 代码。

六、用 T 代码调用子程序

可用 T < t > 代码代替 M98 P < p >。

在参数中，设定调用子程序（宏程序）的 T 代码 < t >，可与子程序调用（M98）相同的方法用该代码调用子程序（宏程序）。

例如：参数 NO. 6001 的#5 位 TCS = 1，公共变量#149 = 22。

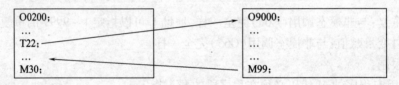

说明：

（1）调用：设置参数 NO. 6001 的#5 位 TCS = 1 时，可用 T < t > 代码代替 M98 P9000。在加工程序中指定的 T 代码 < t > 赋值到（存储）公共变量#149 中。

（2）限制：在用 G 代码调用的宏程序或用 M、T 代码作为子程序调用的程序中，不能用一个 T 代码调用多个子程序。这种宏程序或程序中的 T 代码被处理为普通的 T 代码。

七、宏程序语句和 NC 语句

1. 宏程序语句和 NC 语句的定义

在宏程序中，可以把程序段分为两种语句：一种为宏程序语句；一种为 NC 语句。

以下类型的程序段均属宏程序语句：

（1）包含算术或逻辑运算（=）的程序段。

（2）包含控制语句（如 GOTO，DO ~ END）的程序段。

（3）包含宏程序调用指令（如用 G65、G66、G67 或其他 G、M 代码调用宏程序）的程序段。

除了宏程序语句以外的任何程序段都是 NC 语句。

2. 宏程序语句与 NC 语句的区别

宏程序语句即使置于单程序段运行方式，机床也不停止运行。但是，当参数 NO. 6000 #5SBM 设定为 1 时，在单程序段方式中也执行单程序段停止（这只在调试时才使用）。在刀具半径补偿方式 C 中，宏程序语句段不作为不移动程序段处理。

3. 与宏程序语句有相同功能的 NC 语句

NC 语句含有子程序调用程序段,包括 M98、M 和 T 代码调用子程序的指令,但只包括子程序调用指令和地址 O、N、P、L。

NC 语句含 M99 的程序段,但只包括地址 O、N、P、L。

4. 宏程序语句的处理

为了平滑加工,CNC 会预读下一个要执行的 NC 语句,这种运行称为缓冲。

在刀具半径补偿方式(G41,G42)中,CNC 为了找到交点会提前预读两三个程序段的 NC 语句。

算术表达式和条件转移的宏程序语句在它们被读进缓冲寄存器后立即被处理。

CNC 不预读以下三种类型的程序段:①包含 M00,M01,M02 或 M30 的程序段;②包含由参数 NO. 3411 ~ NO. 3420 设置的禁止缓冲的 M 代码的程序段;③包含 G31 的程序段。

八、用户宏程序的使用限制

1. MDI 运行

在 MDI 方式中,不可以指定宏程序,但可进行下列操作:调用子程序;调用一个宏程序。但该宏程序在自动运行状态下不能调用另一个宏程序。

2. 顺序号检索

用户宏程序不能检索顺序号。

3. 单程序段

(1)除了包含宏程序调用指令、运算指令和控制指令的程序段之外,可以执行一个程序段作为一个单程序的停止(在宏程序中)。换言之,即使宏程序在单程序段方式下正在执行,程序段也能停止。

(2)包含宏程序调用指令(G65/G66)的程序段中,即使在单程序段方式时也不能停止。

(3)当设定参数 SBM(参数 NO. 6000 的#5位)为 1 时,包含算术运算指令和控制指令的程序段可以停止(即单程序段停止)。该功能主要用于检查和调试用户宏程序本体。

注意:在刀具半径补偿 C 方式中,当宏程序语句中出现单程序段停止时,该语句被认为不包含移动的程序段。并且在某些情况下,不能执行正确的补偿(严格地说,该程序段被当作指定移动距离为 0 的移动)。

4. 使用任选程序段跳过(跳跃功能)

在 <表达式> 中间出现的/符号(即在算术表达式的右边,封闭在[ ]中)被认为是除法运算符,而不作为任选程序段跳过代码。

5. 在 EDIT 方式下的运行

(1)设定参数 NE8(参数 NO. 3202 的#0 位)和 NE9(参数 NO. 3202 的#4 位)为 1 时,可对程序号为 8000 ~ 8999 和 9000 ~ 9999 的用户宏程序和子程序进行保护。

(2)当存储器全清时,存储器的全部内容,包括宏程序(子程序)将被清除。

6. 复位

(1)复位后,所有局部变量和#100 ~ #149 的公共变量被清除为空值。

（2）设定参数 CLV（参数 NO. 6001 的#7 位）和 CCV（参数 NO. 6001 的#6 位）为 1 时，它们可以不被清除（这取决于机床制造厂的设定）。

（3）复位不清除系统变量#1000 ~ #1133。

（4）复位可清除任何用户宏程序和子程序的调用状态，并返回到主程序。

7. 程序再启动的显示

与 M98 一样，子程序调用中使用的 M、T 代码不显示。

8. 进给暂停

在宏程序执行期间，且进给暂停有效时，在宏程序执行完成后机床停止。但复位或出现报警时，机床立即停止。

9. ＜表达式＞中可以使用的常数值

在表达式中，可以使用的常数值在 + 0.0000001 ~ + 99999999 以及 − 99999999 ~ − 0.0000001 范围内的 8 位十进制数，如果超过这个范围，会触发 P/S 报警 NO. 003。

第四节　常用的宏程序实例

一、铣平面的宏程序

按照加工工艺的要求，一般是先面后孔。平面加工是最基本、最简单的加工方式，常见的平面加工是矩形平面的加工，如图 5 - 1 所示（零件 X、Y 对称中心为 G54 原点，加工刀具为高速钢 ϕ12 圆柱立铣刀）。

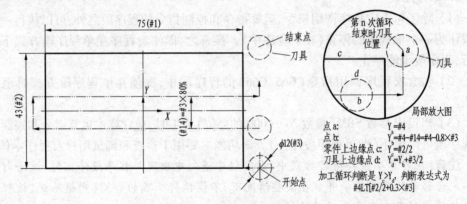

图 5 - 1　平面加工示意图

程　序　正　文	注　释　说　明
%	
#1 = 75.0;	矩形 X 方向边长
#2 = 43.0;	Y 方向边长
#3 = 12.0;	（平底立铣刀）刀具直径
#4 = − #2/2;	Y 坐标设为自变量，赋初始值为 − #2/2
#14 = 0.8 * #3;	变量#14，即步距（0.8 倍刀具直径）
#5 = [#1 + #3]/2 + 2.0;	开始点的 X 坐标
T01;	调用 ϕ12 圆柱立铣刀
G54G90G00X#5Y#4S1200M3;	程序开始，定位于 G54 X#5Y#4 上方

172

程　序　正　文	注　释　说　明
G43Z50.0H01;	
Z5.M08;	
G01Z0F200;	下切至 Z0 平面(假设此为加工平面)
WHILE[#4LT[#2/2+0.3*#3]]DO1;	如果刀具还没有加工到上边缘,继续以下循环
G01X − #5;	开始铣削,G01 移动至左边
#4 = #4 + #14;	Y 坐标即变量#4 递增#14
Y#4;	Y 坐标向正方向 G01 移动#4
X#5;	G01 移动至右边
#4 = #4 + #14;	Y 坐标即变量#4 递增#14
Y#4;	Y 坐标向正方向 G01 移动#14(完成一个循环)
END 1;	循环 1 结束
G0Z50.0;	循环结束,提刀至安全高度
M30;	程序结束
%	

二、单孔的铣削加工宏程序(圆孔直径 *D* 与刀具直径比值 *D*/φ >1.5)

单个孔的铣削加工宏程序主要是利用了数控系统的螺旋插补功能 G02 和 G03,可应用于圆孔的各种加工,例如:开粗(无论有无预先钻底孔)、扩孔、精铣(实现以铣代铰、以铣代镗)等。

如图 5-2 所示,设零件孔心为 G54 任意点,顶面为 Z0,采用顺铣方式。加工刀具为高速钢 φ12 圆柱立铣刀。

考虑宏程序的适应性,假设为不通孔加工,即需准确控制加工深度,如果加工零件为通孔,只需把加工深度设置得比通孔深度略大即可。

如果要逆铣,只需把下面程序中两处的 G03 改为 G02 即可,其余部分完全不变。

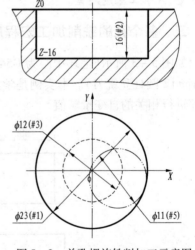

图 5-2　单孔螺旋铣削加工示意图

程　序　正　文	注　释　说　明
%	
#1 = 23.0;	圆孔直径
#2 = 16.0;	圆孔深度
#3 = 6.2;	(平底立铣刀)刀具半径 + 加工余量
#4 = 0;	Z 坐标(绝对值)设为自变量,赋初始值为 0
#17 = 2.0;	Z 坐标(绝对值)每次递增量(每层切深 q)
#24 = 0;	定义圆心点 X 坐标
#25 = 0;	定义圆心点 Y 坐标
#5 = #1/2 − #3;	螺旋加工时刀具中心的回转半径
T01;	调用 φ12 圆柱立铣刀

程 序 正 文	注 释 说 明
G54G90G00X#24Y#25S1500M3；	程序开始,定位于圆心点上方安全高度
G43Z50.0H01；	快速移动到起始点上方
Z5.M08；	下降至 Z 以上 5.mm 处
G910G00X#5；	
G90G01Z-#4F100；	Z 方向 G01 下降至当前开始加工深度(Z-#4)
WHILE[#4LT#2]DO1；	如果加工深度#4 < 圆孔深度#2,循环 1 继续
#4 = #4 + #17；	Z 坐标(绝对值)依次递增#17(即层间距 q)
G03I-#5Z-#4F300；	G03 逆时针螺旋加工至下一层
END1；	循环 1 结束
G03I-#5；	到达圆孔深度(此时#4 =#2)逆时针走一整圆
G91G01X-1.0；	G01 向中心回退 1
G90G0Z50.0；	G00 快速提刀至安全高度
M30；	程序结束
%	

注意:加工不通孔时,应对#17 的赋值有所要求,即#2 必须能被#17 整除,否则孔底会有余量,或加工深度超差。

三、多个孔的铣削加工宏程序

如图 5-3 所示(毛坯中心为 G54 原点,顶面为 Z0 面,全部采用顺铣。加工刀具为高速钢 ϕ12 圆柱立铣刀)。本实例是学习宏程序调用的指令,以及在主程序中对调用的宏程序进行相关的自变量赋值。

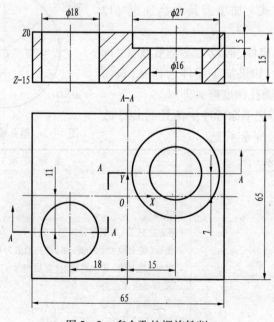

图 5-3 多个孔的螺旋铣削

174

主程序	注释说明
% T01 G54G90G00X0Y0Z50.0S700M03 G43Z50.0H01; Z5.M08; G65P2003A18.0B16.0C12.0I0Q4.0F80X-18.Y-11. G65P2003A27.0B5.0C12.0I0Q2.5F80X15.Y7. G65P2003A16.0Bl5.0C12.0I5.0Q2.5F80X15.Y7. M30 %	 调用刀具 程序定位于原点安全高度 调用宏程序O2003,精加工φ18的通孔 调用宏程序O2003,精加工φ27的台阶孔 调用宏程序O2003,精加工φ16的通孔 程序结束
主程序中自变量赋值的说明	
#1 = (A); #2 = (B); #3 = (C); #4 = (I); #9 = (F); #17 = (Q); #24 = 0; #25 = 0	 圆孔直径 圆孔深度 (平底立铣刀)刀具半径 + 加工余量 Z 坐标(绝对值)设为自变量 进给速度 Z 坐标(绝对值)每次递增量(切深即层间距 q) 定义圆心点 X 坐标 定义圆心点 Y 坐标
子程序 O2003	注释说明
% #5 = #1/2 - #3; X#24Y#25; G91G00X#5; G90G01Z - #4 F[#9 * 0.2]; WHILE[#4LT#2] DO1; #4 = #4 + #17; G03I - #5Z - #4F#9; END1; G03I - #5; G91G01X - 1.0; G90G00Z50.0; M99; %	 螺旋加工时刀具中心的回转半径 G00 移动到起始点上方 G00 下降至 Z - #4 面以上 1.0 处 Z 方向 G01 下切至当前开始加工深度(Z - #4) 如果加工深度#4 < 圆孔深度#2,循环1继续 Z 坐标(绝对值)依次递增#17(即层间距 q) G03 逆时针螺旋加工至下一层 循环1结束 到达圆孔深度(此时#4 = #2)逆时针走一整圆 G01 向中心回退 1 G00 快速提刀至安全高度 宏程序结束返回

注意:

(1) 在主程序中对自变量进行赋值时,需特别注意 B、I、Q。

● B:即#2,内腔深度(绝对值)。上述的宏程序中均以 Z0 面为基准,即指从 Z0 面到预定平面的深度。对于 φ18 通孔来说,应该取 B16.0;对于 φ27 台阶孔来说,取 B5.0;对于 φ16 通孔来说,则应是 B15.0。

● I:即#4,Z 坐标(绝对值)设为自变量,与上相仿也都是以 Z0 面为基准。对于 φ18 通孔来说,是从 Z0 面开始第一层加工,应是 I0;对于 φ27 台阶孔来说,也是从 Z0 面开始第一层加工,显然也应是 I0;对于 φ16 通孔来说,是从 Z − 5.0 面开始第一层加工,则应是 I5.0。

● Q:即#17,应确保内腔实际加工深度能被#17整除。

(2)如果需要精确控制圆孔直径尺寸,在合理选用和确定其他加工参数后,只需调整 #1 即 A 的值即可。

四、圆孔型腔的铣削加工宏程序

对于大直径的圆孔类型腔(圆孔直径 D 与刀具直径比值 D/φ≥3),使用宏程序可以方便完成其加工。

如图 5 − 4 所示,圆孔中心为 G54 原点,顶面为 Z0 面,圆孔内腔尺寸:直径×深度 = #1 × #2。加工刀具为高速钢 φ12 圆柱立铣刀,加工方式:平底立铣刀每次从中心下刀,向 X 正方向走第一段距离,逆时针走整圆,采用顺铣,走完最外圈后提刀返回中心,进给至下一层继续,直至到达预定深度。如果特殊情况下要逆铣,只需把下面程序中的"G03I − #9"改为"G02I − #9"即可,其余部分完全不变。

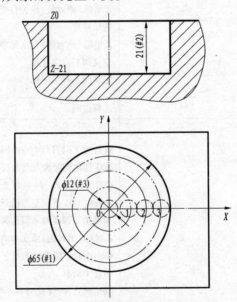

图 5 − 4 圆孔型腔铣削加工示意图

程 序 正 文	注 释 说 明
%	
#1 = 65.0;	圆孔直径
#2 = 21.0;	圆孔深度
#3 = 12.0;	(平底立铣刀)刀具直径
#4 = 0;	Z 坐标(绝对值)设为自变量,赋初始值为0
#17 = 3.0;	Z 坐标(绝对值)每次递增量(每层切深即层间距 q)
#5 = 0.8 * #3;	步距设为刀具直径的80%(经验值)
#6 = #1 − #3;	刀具(中心)在型腔加工时的最大回转直径
G54G90G00X0Y0Z50.0S700M3;	程序开始定位于 G54 原点上方安全高度

176

程 序 正 文	注 释 说 明
WHILE[#4LT#2]DO1;	如果加工深度#4<内腔深度#2,循环1继续
Z[-#4+1.0];	快速下降至当前加工平面Z-#4以上1.0处
G01Z-[#4+#17]F50;	Z方向G01下降至当前加工深度(Z-#4处下降#17)
#7=FIX[#6/#5];	刀具在内腔最大回转直径除以步距并上取整
#8=FIX[#7/2];	#7是奇数或偶数都可上取整,重置#8为初始值
WHILE[#8GE0]DO2;	如果#8≥0(即还没有走到最外一圈),循环2继续
#9=#6/2-#8*#5;	每圈在X方向上移动的距离目标值(绝对值)
G01X#9F100;	以G01移动至图中1点
G03I-#9;	逆时针走整圆
#8=#8-1.0;	#8依次递减至0
END2;	循环2结束(最外一圈已走完)
G00Z50.0;	G00提刀至安全高度
X0Y0;	G00快速回到G54原点,准备下一层加工
#4=#4+#17;	Z坐标(绝对值)依次递增#17(层间距q)
END1;	循环1结束(此时#4=#2)
M30;	程序结束
%	

五、矩形型腔的铣削加工宏程序

在实际加工中,加工矩形型腔要比加工圆形型腔的情况多。

如图5-5所示,矩形型腔中心为G54原点,顶面为Z0面,加工刀具为高速钢φ12立铣刀。

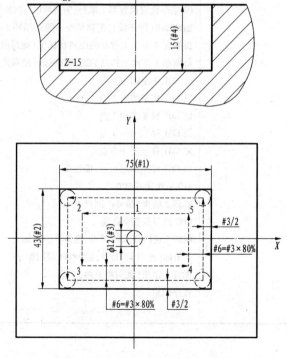

图5-5　矩形型腔铣削加工示意图

矩形内腔尺寸:长×宽×深 = #1 × #2 × #4。加工方式:使用平底立铣刀,每次从中心垂直下刀,以回字形走刀,先 Y 后 X,全部采用顺铣,走完最外圈后提刀返回中心,进给至下一层继续,直至到达预定深度。

程 序 正 文	注 释 说 明
%	
#1 = 75. 0;	矩形内腔 X 方向边长
#2 = 43. 0;	矩形内腔 Y 方向边长
#3 = 12. 0;	(平底立铣刀)刀具直径
#4 = 15. 0;	矩形内腔深度 Depth(绝对值)
#5 = 0;	Z 坐标(绝对值)设为自变量,赋初始值为 0
#17 = 3. 0;	Z 坐标(绝对值)每次递增量(每层切深即层间距 q)
#6 = 0. 8 * #3;	步距设为刀具直径的 80%(经验值)
#7 = #1 - #3;	刀具(中心)在内腔中 X 方向上最大移动距离
#8 = #2 - #3;	刀具(中心)在内腔中 Y 方向上最大移动距离
G54G90G00X0Y0Z50. 0S700M03;	程序开始,定位于 G54 原点上方安全高度
WHILE[#5LT#4]DO1;	如果加工深度#5 < 内腔深度#4,循环 1 继续
Z[- #5 + 1. 0];	快速下降至当前加工平面 Z - #5 以上 1. 0 处
G01Z - [#5 + #17]F50;	Z 向 G01 下降至当前加工深度(Z - #5 处下降#17)
IF[#1 GE#2]GOTO1;	如果#1 ≥#2,跳转至 N1 行
N1#9 = FIX[#8/#6];	Y 方向上最大移动距离除以步距,并上取整
IF[#1 GE#2]GOTO3;	如果#1 ≥#2,跳转至 N3 行(此时已执行完 N1 行)
IF[#1 LT#2]GOTO2;	如果#1 <#2,跳转至 N2 行
N2#9 = FIX[#7/#6];	X 方向上最大移动距离除以步距,并上取整
IF[#1LT#2]GOTO3;	如果#1 <#2,跳转至 N3 行(此时已执行完 N2 行)
N3#10 = FIX[#9/2];	#9 是奇数或偶数都上取整,重置#10 为初始值
WHILE[#10GE0]DO2;	如#10≥0(即还没有走到最外一圈),循环 2 继续
#11 = #7/2 - #10 * #6;	每圈在 X 方向上移动的距离目标值(绝对值)
#12 = #8/2 - #10 * #6;	每圈在 Y 方向上移动的距离目标值(绝对值)
Y#12 F100;	以 G01 移至图中 1 点
X - #11;	以 G01 移至图中 2 点
Y - #12;	以 G01 移至图中 3 点
X#11;	以 G01 移至图中 4 点
Y#12;	以 G01 移至图中 5 点
X0;	以 G01 移至中心点,一圈结束
#10 = #10 - 1. 0;	#10 依次递减至 0
END2;	循环 2 结束(最外一圈已走完)
G00Z50. 0;	G00 提刀至安全高度
X0Y0;	G00 快速回到 G54 原点,准备下一层加工
#5 = #5 + #17;	Z 坐标(绝对值)依次递增#17(层间距 q)
END1;	循环 1 结束(此时#5 = #4)
M30;	程序结束
%	

注意:

(1) 如果特殊情况下要逆铣,只需把#12 前面加上负号即可。

178

（2）如果上述#1、#2 值为最终尺寸,则粗加工时只需把程序中的#1、#2 值适当减小。例如内腔轮廓单边拟预留 0.3mm 余量,可设置为(#1 − 0.6)及(#2 − 0.6)。

（3）#17 的设置需特别小心,需确保内腔深度#4 能被#17 整除。

（4）如果内腔深度拟预留 0.3mm 余量,可按理论值编程,实际加工时把 G54 的 Z 原点提高 0.3mm。

（5）例中#1 ≥ #2,如果#1 < #2,由于程序中有相应语句进行自动判断,程序也完全通用。

（6）由于每层都在中心垂直下刀,加工前可以考虑先行在内腔中心加工一个尺寸与刀具直径相近的圆孔以利于更顺利地下刀,否则一定要使用刀刃过中心的刀具,而且 Z 方向下刀速度一定要足够慢。

（7）在 4 个角上有残留余量,如果要去除,可在加工型腔前,在 4 个角上提前钻孔去除;或采用电加工方法去除残留的余量。

六、曲线类零件的铣削加工宏程序

曲线类零件的编程,通常是用 CAD/CAM 软件来编程比较方便,能够用手工编程的曲线零件,其曲线是平面曲线,这些零件的曲线可以是二次曲线(椭圆、双曲线、抛物线),也可以是其他平面曲线(摆线、渐开线、螺线等)。这类零件的共同特征是曲线能用直角坐标(或极坐标)参数方程来表达零件轮廓,这为使用宏程序编程提供了非常有利的数学基础和必要条件。

下面以一个阿基米德螺线形凸轮的凹槽部分加工为例,介绍相关的宏程序编程方法。为了突出重点,这里尽量淡化其他各种加工因素,主要说明非圆曲线(阿基米德螺线)加工的宏程序表述。

如图 5 − 6 所示,凸轮曲线由两段阿基米德螺线和半径分别为 20mm 和 40mm 的两段圆弧组成。

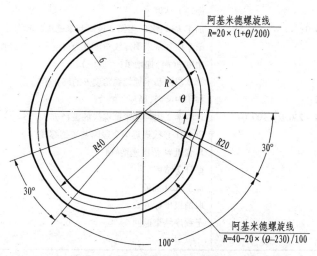

图 5 − 6　阿基米德螺线形凸轮

加工时,圆弧中心为 XY 的原点,凹槽上表面为 Z0。刀具中心按曲线轮廓走刀,槽宽由刀具尺寸来保证。采用子程序(宏程序)O2000 来描述凸轮曲线轮廓。在 +X(即 θ = 0)

处开始加工,当刀具下到槽底时(假设此为精加工,如果需要考虑粗加工,可以先用直径略小的刀具等高逐层加工),调用子程序进行加工。

第 1 段阿基米德螺线,以角度 θ 为自变量,$\theta = 0 \sim 200°$(定义域),极坐标参数方程式为 $R = 20 \times (1 + \theta/200)$,$R = 20mm \sim 40mm$(值域)。

第 2 段阿基米德螺线,以角度 θ 为自变量,$\theta = 230° \sim 330°$(定义域),极坐标参数方程式为 $R = 40 - 20 \times (\theta - 230)/100$,$R = 40mm \sim 20mm$(值域)。

其余两段均为 30° 的圆弧(半径分别为 20mm、40mm)。

主 程 序 O0006	注 释 说 明
%	程序开始,定位于 G54 原点上方安全高度
G54G90G00X0Y0Z50.0S700M03;	快速下降至加工平面 Z5.0 处
Z5.0;	Z 向 G01 下降至加工深度
M98P2006F120;	调用子程序加工凹槽
G0Z50.0;	G00 提刀至安全高度
M30;	程序结束
%	

子 程 序 O2006	注 释 说 明
%	
G16;	极坐标方式生效
#1 = 0;	第 1 段阿基米德螺线角度 θ 为自变量,赋初始值 0
#11 = 0.5;	角度 θ(#1)递增量(经验值)
#2 = 200.0;	第 1 段阿基米德螺线角度 θ 的终止值
WHILE[#1 LT#2] DO1;	如果#1≤#2,循环 1 继续
#3 = 20.0 * [1.0 + #1/#2];	计算第 1 段阿基米德螺线的极径 R
G90 G01 X#3 Y#1 F100;	以 G01 直线逼近第 1 段阿基米德螺线
Z-2.0 F50;	Z 方向 G01 下切至加工深度 Z-2.0(根据需要修改)
#1 = #1 + #11;	自变量#1 依次递增#11
END1;	循环 1 结束
G03 X40.0Y230.0R40.0;	加工 R40 圆弧,至第 2 段阿基米德螺线起点
#4 = 230.0;	第 2 段阿基米德螺线角度 θ 为自变量赋初始值 230.0
#14 = 0.5;	角度 θ(#4)递增量(经验值)
#5 = 330.0;	第 2 段阿基米德螺线角度 θ 的终止值
WHILE[#4LT#5] DO2;	如果#4 < #5,循环 2 继续
#6 = 40.0 - 20.0 * [#4 - 230.0]/100.0;	计算第 2 段阿基米德螺线的极径 R
G90 G01 X#6 Y#4;	以 G01 直线逼近第 2 段阿基米德螺线
#4 = #4 + #14;	自变量#4 依次递增#14
END2;	循环 2 结束
G03X20.0Y0R20.0;	加工 R20 圆弧
G15;	取消极坐标方式
M99;	子程序结束返回
%	

注意:

(1) 对于螺线的宏程序编程,如条件允许,尽可能采用极坐标方式编程,使程序及其表达简单、明了。

180

（2）在极坐标方式下，应特别注意角度值的正确用法以及 G02/G03 圆弧插补的使用限制（极坐标方式中对圆弧插补或螺旋线切削 G02/G03 须用 R 指定半径）。

七、平底立铣刀加工 45° 外倒角

机械零件因为装配的原因，一般会有倒角或倒圆角的要求，$0.5 \times 45°$ 这类小的倒角，钳工可以锉配完成，大的倒角则无法保证尺寸，只能机械加工来完成。在铣削加工中，为了提高效率，应尽量使用成型铣刀，完成倒角加工。但如果是单件或无成型铣刀，也可使用宏程序编程来完成倒角加工。

如图 5-7 所示，零件轮廓周边与顶部平面形成倒角，使用平底立铣刀加工该斜面。利用宏程序编程加工，可以实现相关的倒角加工，这里假设顶面为 Z0 面，零件中心为 G54 原点，加工刀具为 $\phi 12$ 的平底立铣刀。

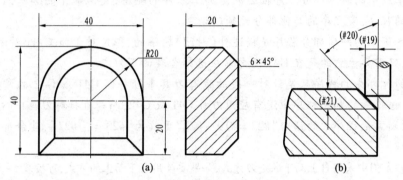

图 5-7　平底立铣刀加工 45° 外倒角

(a) 零件图纸；(b) 加工示意图。

程 序 O3006	注 释 说 明
%	
#19 = 6.0；	（平底立铣刀）刀具半径 radius
#20 = 45.0；	倒角斜面与垂直方向夹角
#21 = 6.0；	倒角斜面的高度 Height
#11 = 0；	dZ（绝对值）设为自变量，赋初始值 0
#7 = 1.	深度增量
T01	调用刀具
G54G90G0X30. Y0S1000M3；	程序开始，刀具初始化，定位于（$X30.0$，$Y0$）上方
G43Z50. H01	Z 向快速降低至 Z50.0 处
Z5. M08	Z 向快速降低至 Z5.0 处
WHILE[#11LE#21] DO1；	加工高度 #11 $\leqslant$ #21，加工循环开始
#22 = [#21 - #11] * TAN[#20]；	每次爬高 dZ 所对应的刀补的变化值
#23 = #19 - #22；	每层对应的刀具半径补偿值
G10L12P01R#23；	变量 #23 赋给刀具半径补偿值 DO1
G01Z - #11F200；	以 G01 速度进给至当前加工深度
G41D01 *X20.0Y0* F600；	以 G01 速度进给至轮廓上的起点
Y - 20.0；	斜体部分的程序是描述零件轮廓（大端轮廓）
X - 20.0；	

程序 O3006	注 释 说 明
Y0； *G02X20. 0R20. 0*； *G01G40X30. Y0*；	取消刀补
#11 = #11 + #7； *END1*； *G0Z50. 0*； *M30*； *%*	#11(dZ)依次递增 1.0(层间距) 循环 1 结束(此时#11 > #21) 快速提刀至安全高度 程序结束

注意：

（1）本例中的斜体部分程序描述的是加工零件的轮廓，类似零件的加工只需要替换斜体部分的程序，宏程序的其他部分无须改动。

（2）本例中的斜体部分程序是描述外（封闭）轮廓的，但是对于加工内（封闭）轮廓也完全适用，只需要注意的是在 G41 语句前应选择合理的下刀点。

（3）斜体部分的程序只是针对一般的带有刀具半径补偿 G41 或 G42 的常规编程方法，如果在该轮廓的加工程序中没有应用刀补 G41 或 G42，而是直接对刀具中心运动轨迹进行编程，则需把程序中的语句"#23 = #19 - #22"更改为"#23 = - #22"，其余部分不需再作其他处理。

（4）在本例中采用自上而下的走刀方式，如果要改用自下而上的方式，可按表 5 - 16 修改。

（5）G10 指令的说明：G10 是 FANUC 系统提供的在程序中对刀具补偿数据进行修改的指令。

表 5 - 16 两种走刀方式程序比较

自上而下	自下而上
#11 = 0	#11 = #21
WHILE[#11LE#2] DO1	WHILE[#11GT0] DO1
#11 = #11 + #7	#11 = #11 - #7

表 5 - 17   G10 指令的使用

刀具补偿存储器的种类	指令格式
H 代码（长度补偿）的几何补偿值	G10 L10 P xx R xx
H 代码（长度补偿）的磨损补偿值	G10 L11 P xx R xx
D 代码（半径补偿）的几何补偿值	G10 L12 P xx R xx
D 代码（半径补偿）的磨损补偿值	G10 L13 P xx R xx

表 5 - 17 中，P 表示刀具补偿号。R 表示绝对值指令（G90）方式下的刀具补偿值；如果在增量值指令（G91）方式下的刀补值，该值与指定的刀具补偿号的值相加和为刀具补偿值。显然，一般情况下使用比较多的当属表中第三种，即 D 代码（半径补偿）的几何补偿值→L12。

在以上 4 种指令格式中，R 后面的刀具补偿值同样可以是变量，如：G10 L12 P18 R#5，表示变量#5 代表的值等于 D18 所代表的刀具半径补偿值，即在程序中输入了刀具的半径补偿值。这种使用方式决定了它的主要使用场合就是在宏程序，使用了 G10 指令的宏程序可以解决各种斜面和倒 R 面的加工。

八、球头铣刀加工 45°外倒角

用平底刀来完成倒角加工，如果加工步距小，则加工耗时，如果步距大，虽然角度准确,但表面粗糙度不好,主要是在粗加工时用。精加工一般是用球头铣刀来加工,如图 5-8所示,是用球头铣刀加工 45°外倒角的例子。这里假设顶面为 Z0 面,零件中心为 G54 原点,加工刀具为 φ8 的球头铣刀。

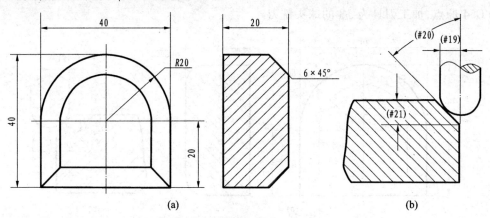

图 5-8 球头铣刀加工 45°外倒角
(a) 零件图纸;(b) 加工示意图。

程 序 O3007	注 释 说 明
%	
#19 = 4.0;	球头铣刀半径 radius
#20 = 45.0;	倒角斜面与垂直方向夹角
#21 = 6.0;	倒角斜面的高度 Height
#11 = 0;	dZ(绝对值)设为自变量,赋初始值 0
#7 = 0.5;	深度增量
T01	调用刀具
G54G90G0X30. Y0S1500M3;	程序开始,刀具初始化,定位于(X30.0,Y0)上方
G43Z50. H01	Z 向快速降低至 Z50.0 处
Z5. M08	Z 向快速降低至 Z5.0 处
WHILE[#11LE#21] DO1;	如加工高度#11≤#21,加工循环开始
#22 = #11 + #19 * [1 − SIN[#20]];	每次爬高 dZ 值
#23 = #19 * COS[#20] − [#21 − #11] * TAN[#20];	每次爬高 dZ 所对应的刀补的变化值
G10L12P01R#23;	变量#23 赋给刀具半径补偿值 D01
G01Z − #22F200;	以 G01 速度进给至当前加工深度
G41D01 *X20. 0Y0* F800;	以 G01 速度进给至轮廓上的起点
Y − 20. 0;	斜体部分的程序是描述零件轮廓(大端轮廓)
X − 20. 0;	
Y0;	
G02X20. 0R20. 0;	
G01G40X30. Y0;	取消刀补
#11 = #11 + #7;	#11(dZ)依次递增 1.0(层间距)
END1;	循环 1 结束(此时#11 > #21)
G0Z50. 0;	快速提刀至安全高度
M30;	程序结束
%	

九、球头铣刀加工 R 倒圆角

如图 5 - 9 所示,是用球头铣刀加工倒圆角的例子。这里假设顶面为 Z0 面,零件中心为 G54 原点,加工刀具为 ϕ8 的球头铣刀。

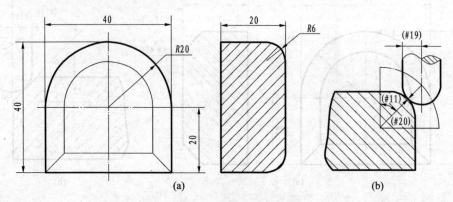

图 5 - 9   球头铣刀加工 R 倒圆角

(a)零件图纸;(b)加工示意图。

程 序 O4000	注 释 说 明
%	
#19 = 4. 0;	(球头铣刀)刀具半径 radius
#20 = 6. 0;	周边倒 R 面圆角半径 Radius
#11 = 0;	角度设为自变量,赋初始值为 0
#7 = 1.	角度增量
#21 = #19 + #20	倒 R 面圆心与刀心连线距离(常量)
T01	调用刀具
G54G90G0X30. Y0S2000M3;	程序开始,定位于(X30.0,Y0)上方
G43Z50. H01	Z 向快速降低至 Z50.0 处
Z5. M08	Z 向快速降低至 Z5.0 处
WHILE[#11LE90.0] DO1;	如果加工角度#11≤90,加工循环开始
#22 = #21 * [COS[#11] -1];	任意角度时刀尖的 Z 坐标值(非绝对值)
#23 = #21 * SIN[#11] - #20;	任意角度时对应的刀具半径补偿值
G01 Z#22 F300;	以 G01 速度进给至当前加工深度
G10 L12 P01 R#23;	变量#23 赋给刀具半径补偿值 DO1
G41 D01*X20. 0* Y0 F800;	以 G01 速度进给至轮廓上的起点
Y - 20. 0;	斜体部分的程序是描述零件轮廓(大端轮廓)
X - 20. 0;	
Y0;	
G02X20. 0R20. 0;	
G01G40X30. Y0;	取消刀补 (非常重要)
#11 = #11 + #7;	角度#11 每次以 1. 0 递增
END1;	循环 1 结束(此时#11 > 90.)
G00Z50. 0;	快速提刀至安全高度
M30;	程序结束
%	

184

注意:

(1) 本例中的斜体部分程序描述的是加工零件的轮廓,类似零件的加工只需要替换斜体部分的程序,宏程序的其他部分无须改动。

(2) 本例中的斜体部分程序是描述外(封闭)轮廓的,但是对于加工内(封闭)轮廓也完全适用,只需要注意的是在 G41 语句前应选择合理的下刀点。

(3) 程序中角度变量#11 的递增可以根据粗、精加工等不同工艺要求而定。

(4) 在本例中采用自上而下的走刀方式,如果要改用自下而上的方式,可按表 5-18 修改。

表 5-18　两种走刀方式程序比较

自上而下	自下而上
#11 = 0	#11 = 90
WHILE[#11LE90]DO1	WHILE[#11GT0]DO1
#11 = #11 + #7	#11 = #11 - #7

十、球头铣刀加工凹槽底部的倒 *R* 圆角

有些凹槽零件的底部,设计有内凹的倒圆角,这类的倒圆角可以下面的宏程序来完成其加工。如图 5-10 所示,是用球头铣刀加工凹槽底部的倒 *R* 圆角的例子。这里假设顶面为 Z0 面,零件中心为 G54 原点,加工刀具为 $\phi 8$ 的球头铣刀。

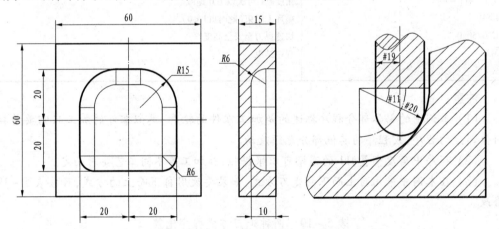

图 5-10　球头铣刀加工凹槽底部的倒 R 圆角

程　序 O5000	注 释 说 明
%	
#4 = 10.0	凹槽深度
#19 = 4.0	(球头铣刀)刀具半径 radius
#20 = 6.0	周边倒 *R* 面圆角半径 Radius
#11 = 90.0	角度设为自变量,赋初值为 90.
#7 = 1.	角度增量
#21 = #20 - #19	倒 *R* 面圆心与刀心连线距离(常量)
T01	调用刀具

程 序 O5000	注 释 说 明
G54G90G0X0Y0S2000M3；	程序开始,定位于原点上方
G43Z50. H01	Z 向快速降低至 Z50.0 处
Z5. M08	Z 向快速降低至 Z5.0 处
WHILE[#11GE0] DO1	如果加工角度#11≥0,加工循环开始
#22 = #4 − #21 ∗ [SIN[#11] − 1]	任意角度时刀尖的 Z 坐标值(绝对值)
#23 = #20 − #21 ∗ COS[#11]	任意角度时对应的刀具半径补偿值
G10 L12 P01 R#23	变量#23 赋给刀具半径补偿值 D01
G01 Z − #22 F100	以 G01 速度进给至当前加工深度
G41 D01 *X20. 0 Y0* F300	以 G01 速度进给至轮廓上的起点
Y5. 0	斜体部分的程序是描述零件轮廓(大端轮廓)
G03X5. 0Y20. 0R15. 0	
G01X − 5. 0	
G03X − 20. 0Y5. 0R15. 0	
G01Y − 14. 0	
G03X − 14. 0Y − 20. 0R6. 0	
G01X14. 0	
G03X20. 0Y − 14. 0R6. 0	
G01Y0	
G40G01X0Y0	取消刀补 (非常重要)
#11 = #11 − #7	角度#11 每次以 1.0 递减
END1	循环 1 结束(此时#11 < 0)
G00Z50. 0	快速提刀至安全高度
M30	程序结束
%	

注意:

(1) 本例中的斜体部分程序描述的是加工零件的轮廓,类似零件的加工只需要替换斜体部分的程序,宏程序的其他部分无须改动。

(2) 程序中角度变量#11 的递增可以根据粗、精加工等不同工艺要求而定。

(3) 在本例中采用自上而下的走刀方式,如果要改用自下而上的方式,可按表 5 − 19 修改。

表 5 − 19　两种走刀方式程序比较

自上而下	自下而上
#11 = 0	#11 = 90
WHILE[#11LE90] DO1	WHILE[#11GE0] DO1
#11 = #11 + #7	#11 = #11 − #7

十一、大直径内螺纹的铣削加工宏程序

小直径的内螺纹一般采用丝锥攻丝完成,大直径的内螺纹在数控机床上可通过螺纹铣刀铣削完成。螺纹铣刀的寿命是丝锥的十多倍,不仅寿命长,而且对螺纹直径尺寸的控制十分方便,螺纹铣削加工已逐渐成为螺纹加工的主流方式。

大直径的内螺纹铣刀一般为机夹式,以单刃结构居多,与车床上使用的内螺纹车刀相似。内螺纹铣刀在加工内螺纹时,编程一般不采用半径补偿指令,而是直接对螺纹铣刀刀心进行编程,如果没有特殊需求,应尽量采用顺铣方式。

表5-20为内螺纹铣刀铣削内螺纹的工艺分析。

表5-20　内螺纹铣刀铣削螺纹的工艺分析

主轴转向	Z轴移动方向	螺纹类别			
		右旋螺纹		左旋螺纹	
		插补指令	铣削方式	插补指令	铣削方式
正转(M03)	自上而下	G02	逆铣	G03	顺铣
	自下而上	G03	顺铣	G02	逆铣

注:1. 单向切削螺纹铣刀只允许单方向切削(主轴M03);
　　2. 机夹式螺纹铣刀适用于较大直径(如 $D>25mm$)的螺纹加工

表5-21是编程过程中涉及到的切削参数及其参数的计算公式。

表5-21　切削参数符号及计算公式

切削参数	计算公式	单位
切削速度(Cutting Speed)V_c	$V_c = d \times 3.14 \times n/1000$	m/min
主轴转速(Spindle Speed)n	$n = V_c \times 1000/(d \times 3.14)$	r/min
每刃进给(Feed per Tooth)f_z	$f_z = F/(z \times n)$	mm/z
每分钟进给(Table Feed)V_f	$V_f = F = f_z \times z \times n$	mm/min

注:1. 表中 d 为工件外圆的直径,单位为 mm;
　　2. 表中的 f_z 在教科书中通常称为"每齿进给量",在此为了避免与齿形的表达相混淆,特改称为"每刃进给量"

下面实例为常见的右旋内螺纹的铣削加工,加工轨迹的投影见图5-11,使用机夹式单齿内螺纹铣刀,只能承受单向切削(M03),以下宏程序的 Z 轴走刀方式为自下而上,Z0面为螺纹顶面,采用G03逆时针螺旋插补,铣削方式为顺铣。

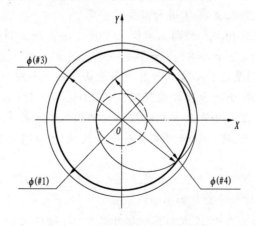

图5-11　内螺纹的铣削加工轨迹

程序正文	注释说明（右旋螺纹，G03 自下而上 M03 顺铣）
%	
#1 = 40.0	螺纹公称直径 D_0
#2 = 2.5	螺纹螺距 P（必须与刀具标称的螺距范围相符）
#3 = #1 − 1.1 ∗ #2	螺纹底孔直径 D_1（式中 1.1 为经验值，与被加工材料等因素有关）
#4 = 19.0	螺纹铣刀直径 D_2
#5 = 36.0	螺纹深度 H（绝对值）
#6 = ROUND[1000 ∗ 150/[#4 ∗ 3.14]]	从理论切削速度 V_c（此为 150m/min）计算出主轴转速 n，并四舍五入
#7 = 0.1 ∗ 1.0 ∗ #6	由铣刀刃数（$z = 1$）与每刃进给量（$f_z = 0.1$mm/z）计算出铣刀边缘切削刃处的进给速度 F_1
#8 = ROUND[#7 ∗ [#1 − #4]/#1]	由铣刀边缘切削刃处的进给速度 F_1 计算出铣刀中心的进给速度 F_2，并四舍五入圆整
#9 = [#1 − #4]/2	铣刀中心的回转半径
T01	调用刀具
G54G90G0X0Y0 S#6 M03;	程序开始，定位于原点
G43Z50. H01	Z 向快速降低至 Z50.0 处
Z5. M08	Z 向快速降低至 Z5.0 处
G01Z − #5F200	G01 降至孔底部
G01 X#9 Y0 F#8	G01 直线切入到起始点
#20 = − #5	Z 坐标设为自变量，赋初始值为 − #5
WHILE[#20LE0] DO1	如果#20 ≤ 0，循环 1 继续
#20 = #20 + #2	Z 坐标每圈递增#2（即螺距 p）
G03 I − #9 Z#20 F#8	G03 逆时针螺旋加工至上一层
END1	循环 1 结束
	（经过 15 圈向上螺旋插补后 Z 坐标值为#20 = − 36. + 2.5 ∗ 15 = 1.5）
G00Z30.0	G00 提刀至安全高度
G01 X0 Y0	回到孔心
M30	程序结束
%	

注意：

（1）如果螺纹底孔直径 D_1 为已知，则直接将其赋值给#3，程序中"#3 = #1 − 1.1 ∗ #2"可作为计算公式对螺纹底孔直径 D_1 进行必要的验算。

（2）一般情况下螺纹加工在径向上不能一刀就直接精加工到位，而应分若干次切削（通常分 3 次较为适合）。总的（单边）余量是一定的（[#1 − #3]/2），至于每次切削的余量分配，如果要求很高则要进行必要的计算使余量从大到小合理分配，主要保证最后一刀精加工时的余量控制在较小的合理数值范围（如 0.1mm ~ 0.15mm 之间），一般情况下操作者可以凭经验酌情给出。具体做法是对程序中的#1（螺纹标称直径 D_0）或#4（螺纹铣刀直径 D_2）进行分次赋值，建议最好固定针对一个变量（如#1）进行赋值，以利于思路清晰，避免犯错。

（3）这里假定螺纹铣刀的刀尖就是螺纹铣刀的最低点，如果刀尖高过螺纹铣刀的中央刀身部分，则在 Z 向对刀时需更加小心。

（4）由于是自下而上爬升，Z 方向总的爬升高度（与循环圈数直接相关）不需要精确控制，因此程序中相应的判断条件比较简单，螺旋插补结束时刀具应该高于螺纹孔的顶面

188

（Z0 面），此时刀具已完全脱离工件，因此退刀动作也可以相应简化，直接提刀至安全高度即可。

（5）这里假定螺纹对深度有要求，即不允许有进刀行程，只能以法向进刀，在理论上进刀处会产生接刀痕，但仅仅集中在一个点上，对螺纹表面质量实际影响不大。

十二、综合实例

如图 5 - 12 所示为椭圆凸台的加工示意图。

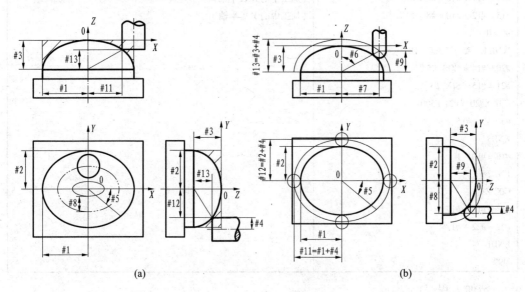

(a)　　　　　　　　　　　(b)

图 5 - 12　椭圆凸台
（a）平底刀粗加工；（b）球头铣刀精加工。

粗加工程序：

主程序 O0001（平刀粗加工）	注 释 说 明
G90 G54 G0 X0 Y0 S2000 M03	#1 A　椭球面 X 向的半轴长 a
G43 Z20. H01	#2 B　椭球面 Y 向的半轴长 b
G65 P100 A20. B15. C10. I6. Q1. R2.	#3 C　椭球面 Z 向的半轴长 c
M30	#4 I　刀具半径
	#17 Q　Z 轴每层切削量
	#18 R　水平面内角度增量
子程序 O100	注 释 说 明
#8 = 1.6 * #4	
#13 = #3 - #17	
#22 = #17	
WHILE［#13 GE 0］DO1	
X［#1 + #4 + 1.］Y0	
Z3.	
G01 Z - #22 F150	
#6 = 1 - ［#13 * #13］/［#3 * #3］	（#6 = 1 - Z2/c2）

主程序 O100	注 释 说 明
#11 = SQRT[#6 * #1 * #1]	(求 X 值,开方)
#12 = SQRT[#6 * #2 * #2]	(求 Y 值)
#9 = #1 − #11	(X 向加工余量)
#10 = FIX[#9/#8]	(X 向分刀次数,上取整)
WHLIE [#10 GE0] DO2	
#14 = #11 + #10 * #8 + #4	(加工中的 X 长半轴)
#15 = #12 + #10 * #8 + #4	(加工中的 Y 短半轴)
#5 = 0	
WHILE [#5 LE 360] DO3	
#20 = #14 * COS[#5]	
#21 = #15 * SIN[#5]	
G01 X#20 Y#21 F500	
#5 = #5 + #18	
END3	
#10 = #10 − 1	
END2	
G00 Z3.	
#13 = #13 − #17	
#22 = #22 + #17	
END1	
M99	

精加工程序:

主程序 O0002 (球刀精加工,球心对刀)	注 释 说 明
G90 G54 G0 X0 Y0 S3000 M03 G43 Z50. H01 G65 P200 A20. B15. C10. I4. Q1. R1. M30	#1 A　椭球面 X 向的半轴长 a #2 B　椭球面 Y 向的半轴长 b #3 C　椭球面 Z 向的半轴长 c #4 I　球刀半径 #17 Q　ZX 平面内角度增量 #18 R　水平面内角度增量
子程序 O200	注 释 说 明
G0 Z[#4 + 3.] #11 = #1 + #4 #12 = #2 + #4 #13 = #3 + #4 #6 = 0 WHILE [#6 LE 90] DO1 #7 = #11 * SIN[#6] #9 = #13 * COS[#6] #10 = 1 − [#9 * #9] / * [#13 * #13] #8 = SQRT[#10 * #12 * #12]	 (ZX 平面内角度初始赋值) (加工中的 X 半轴) (加工中的 Z 半轴) (#10 = Y2/b2) (加工中的 Y 半轴)

子程序 O200	注 释 说 明
G01 X[#7 + #4] Y0 F200	
Z[#9 − #3]	
#5 = 0	
WHILE [#5 LE 360] DO2	
#15 = #7 * COS[#5]	(#6 角度 Z 层高度 X 值)
#16 = #8 * SIN[#5]	(#6 角度 Z 层高度 Y 值)
G01 X#15 Y − #16 F800	
#5 = #5 + #18	
END2	
#6 = #6 + #17	
END1	
G00 Z50.	
M99	

练 习 五

1. 用宏程序指令编写的加工程序与普通程序相比有什么区别?
2. 哪类零件适宜使用宏程序指令来编写加工程序?

第六章　Mastercam 软件编程

实训要点

- 了解 CAD/CAM 软件的发展情况;
- 掌握 CAD/CAM 软件的编程步骤;
- 能熟练应用 Mastercam 软件编制二维零件数控程序;
- 能利用 Mastercam 软件编制三维零件的数控程序。

第一节　数控自动编程简介

数控自动编程是利用计算机和相应的编程软件编制数控加工程序的过程。

随着现代加工业的发展,实际生产过程中,比较复杂的二维零件、具有曲线轮廓的零件和三维复杂零件越来越多,手工编程已满足不了实际生产的要求。如何在较短的时间内编制出高效、快速、合格的加工程序成为一种迫切需求。在这种需求的推动下,数控自动编程得到了很大的发展。

数控自动编程的初期是利用通用微机或专用的编程器,在专用编程软件(例如 APT 系统)的支持下,以人机对话的方式来确定加工对象和加工条件,然后编程器自动进行运算和生成加工指令,这种自动编程方式,对于形状简单(轮廓由直线和圆弧组成)的零件,可以快速完成编程工作。目前在安装有高版本数控系统的机床上,这种自动编程方式,已经完全集成在机床的内部(例如西门子 810 系统、海德汉 430 系统)。但是如果零件的轮廓由曲线样条或三维曲面组成,这种自动编程是无法生成加工程序的。

随着微电子技术和 CAD 技术的发展,自动编程系统已逐渐过渡到以图形交互为基础,与 CAD 相集成的 CAD/CAM 一体化的编程方法。与以前的 APT 等语言型的自动编程系统相比,CAD/CAM 集成系统可以提供单一准确的产品几何模型,几何模型的产生和处理手段灵活、多样、方便,可以实现设计、制造一体化。采用 CAD/CAM 系统进行自动编程已经成为数控编程的主要方式。

CAD/CAM 系统,其工作流程如图 6 – 1 所示。

为适应复杂形状零件的加工、多轴加工、高速加工、高精度和高效率加工的要求,数控编程技术向集成化、智能化、自动化、易用化和面向车间编程等方向发展。在开发 CAD/CAM 系统时面临的关

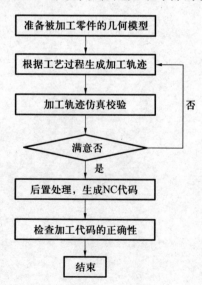

图 6 – 1　CAM 系统工作流程

192

键技术主要有：

（1）复杂形状零件的几何建模。

对于基于图纸以及曲面特征点测量数据的复杂形状零件数控编程，其首要环节是建立被加工零件的几何模型。复杂形状零件几何建模的主要技术内容包括曲线曲面生成、编辑、裁剪、拼接、过渡、偏置等。

（2）加工方案与加工参数的合理选择。

数控加工的效率与质量有赖于加工方案与加工参数的合理选择，其中刀具、刀轴控制方式、走刀路线和进给速度的自动优化选择与自适应控制是近年来重点研究的问题。其目标是在满足加工要求、机床正常运行和一定的刀具寿命的前提下具有尽可能高的加工效率。

（3）刀具轨迹生成。

刀具轨迹生成是复杂形状零件数控加工中最重要同时也是研究最为广泛深入的内容，能否生成有效的刀具轨迹直接决定了加工的可能性、质量与效率。刀具轨迹生成的首要目标是使所生成的刀具轨迹能满足无干涉、无碰撞、轨迹光滑、切削负荷光滑并满足要求、代码质量高。同时，刀具轨迹生成还应满足通用性好、稳定性好、编程效率高、代码量小等条件。

（4）数控加工仿真。

尽管目前在工艺规划和刀具轨迹生成等技术方面已取得很大进展，但由于零件形状的复杂多变以及加工环境的复杂性，要确保所生成的加工程序不存在任何问题仍十分困难，其中最主要的有加工过程中的过切与欠切、机床各部件之间的干涉碰撞等。对于高速加工，这些问题常常是致命的。因此，实际加工前采取一定的措施对加工程序进行检验并修正是十分必要的。数控加工仿真通过软件模拟加工环境、刀具路径与材料切除过程来检验并优化加工程序，具有柔性好、成本低、效率高且安全可靠等特点，是提高编程效率与质量的重要措施。

（5）后置处理。

后置处理是数控加工编程技术的一个重要内容，它将通用前置处理生成的刀位数据转换成适合于具体机床数据的数控加工程序。其技术内容包括机床运动学建模与求解、机床结构误差补偿、机床运动非线性误差校核修正、机床运动的平稳性校核修正、进给速度校核修正及代码转换等。因此，有效的后置处理对于保证加工质量、效率与机床可靠运行具有重要作用。

目前，商品化的 CAD/CAM 软件比较多，应用情况也各有不同，表 6-1 列出了国内应用比较广泛的 CAM 软件的基本情况。

表 6-1　CAM 软件的基本情况

软件名称	基　本　情　况
CATIA	IBM 下属的法国 Dassault 公司出品的 CAD/CAM/CAE 一体化的大型软件，功能强大，支持三轴到五轴的加工，支持高速加工，由于相关模块比较多，学习掌握的时间也较长。欲了解更多情况请访问其网站。网址：http://www.3ds.com/cn
Unigraphics （UG）	美国 UGS 公司出品的 CAD/CAM/CAE 一体化的大型软件，功能强大，在大型软件中，加工能力最强，支持三轴到五轴的加工，由于相关模块比较多，需要较多的时间来学习掌握。欲了解更多情况请访问其网站。网址：http://www.eds.com/products/plm/unigraphics_nx/

软件名称	基 本 情 况
Pro/Engineer	美国 PTC 公司出品的 CAD/CAM/CAE 一体化的大型软件,功能强大,支持三轴到五轴的加工,同样由于相关模块比较多,学习掌握,需要较多的时间。欲了解更多情况请访问其网站。 网址:http://www.ptc.com
Cimatron	以色列的 CIMATRON 公司出品的 CAD/CAM 集成软件,相对于前面的大型软件来说,是一个中端的专业加工软件,支持三轴到五轴的加工,支持高速加工,在模具行业应用广泛。欲了解更多情况请访问其网站。网址:http://www.cimatron.com/
PowerMILL	英国的 Delcam Plc 出品的专业 CAM 软件,是目前唯一一个与 CAD 系统相分离的 CAM 软件,其功能强大,是加工策略非常丰富的数控加工编程软件,目前支持三轴到五轴的铣削加工,支持高速加工。欲了解更多情况请访问其网站。网址:http://www.delcam.com.cn
MasterCAM	美国 CNCSoftware,INC 开发的 CAD/CAM 系统,是最早在微机上开发应用的 CAD/CAM 软件,用户数量最多,许多学校都广泛使用此软件来作为机械制造及 NC 程序编制的范例软件。 网址:http://www.mastercam.com.cn,更多情况见 6.2 节
EdgeCAM	英国 Pathtrace 公司开发的一个中端的 CAD/CAM 系统,更多情况请访问其网站。网址:http://www.edgecam.com
CAXA	中国北航海尔软件有限公司出品的数控加工软件。更多情况请访问其网站。网址:http://www.caxa.com.cn

当然,还有一些 CAM 软件,因为目前国内用户数量比较少,所以,没有在上面的表中列出,例如 Cam-tool、WorkNC 等。

上述的 CAM 软件在功能、价格、服务等方面各有侧重,功能越强大,价格也越贵,对于使用者来说,应根据自己的实际情况,在充分调研的基础上,来选择购买合适的 CAD/CAM 软件。

掌握并充分利用 CAD/CAM 软件,可以将微型计算机与 CNC 机床组成面向加工的系统,大大提高设计和加工的效率和质量,减少编程时间,充分发挥数控机床的优越性,提高整体生产制造水平。

由于目前 CAM 系统在 CAD/CAM 中仍处于相对独立状态,因此无论表 6-1 中的哪一个 CAM 软件都需要在引入零件 CAD 模型中几何信息的基础上,由人工交互方式,添加被加工的具体对象、约束条件、刀具与切削用量、工艺参数等信息,因而这些 CAM 软件的编程过程基本相同。

其操作步骤可归纳如下。

第一步,理解零件图纸或其他的模型数据,确定加工内容。

第二步,确定加工工艺(装卡、刀具、毛坯情况等),根据工艺确定刀具原点位置(即用户坐标系)。

第三步,利用 CAD 功能建立加工模型或通过数据接口读入已有的 CAD 模型数据文件,并根据编程需要,进行适当的删减与增补。

第四步,选择合适的加工策略,CAM 软件根据前面提到的信息,自动生成刀具轨迹。

第五步,进行加工仿真或刀具路径模拟,以确认加工结果和刀具路径与设想的一致。

第六步,通过与加工机床相对应的后置处理文件,CAM 软件将刀具路径转换成加工代码。

第七步,将加工代码(G 代码)传输到加工机床上,完成零件加工。

由于零件的难易程度各不相同,上述的操作步骤将会依据零件实际情况有所删减和增补。

后面将用加工实例来分别予以说明。

第二节   Mastercam V9.1 的铣削实例

相对于车削和线切割加工来说,进行数控铣削加工的零件,通常都比较复杂。因此,Mastercam 的铣削模块(Mill)与其他模块(车削 Lathe)相比,使用更为广泛,是学习和掌握的重点内容。

目前 Mastercam 软件使用广泛的版本有两个,Mastercam V9.1 和 MastercamX^2。二者在使用界面上有较大的区别,Mastercam V9.1 的界面为老版本界面,与 V9.1 之前的版本界面是一样的;MastercamX^{2}的界面为新版本界面,改动很大。考虑到教材的通用性,下面的两个典型实例分别用两个版本来完成,以适应不同学员的需求。通过实例的练习,以掌握零件的设计与数控自动编程的基本方法。如图 6-2 所示。

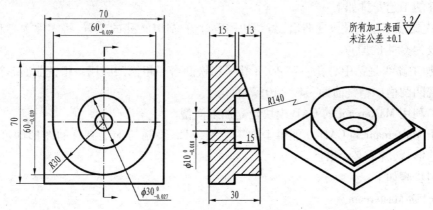

图 6-2   铣削实例(电极模型)

毛坯为已加工过的 70×70 的方料,厚度为 30.2mm,零件材料为铝材。

加工采用的刀具参数如表 6-2 所列。

表 6-2   加工中心铣削实例所用刀具参数表

刀具号码	刀具名称	刀具材料	刀具直径/mm	零件材料为铝材			备注
				转速/(r/min)	径向进给量/(mm/min)	轴向进给量/(mm/min)	
T1	端铣刀	高速钢	φ16	600	120	50	粗铣凸台和凹槽
T2	端铣刀	高速钢	φ10	1100	130	80	精铣凸台和凹槽
T3	中心钻	高速钢	φ3	1500		80	钻中心孔
T4	钻头	高速钢	φ9.8	600		60	钻孔

刀具号码	刀具名称	刀具材料	刀具直径/mm	零件材料为铝材			备注
				转速/(r/min)	径向进给量/(mm/min)	轴向进给量/(mm/min)	
T5	铰刀	高速钢	$\phi10$	200		50	精铰 $\phi10$ 的孔
T6	圆角刀	高速钢	$\phi16(R4)$	1000	250		粗铣、半精铣曲面
T7	球头铣刀	高速钢	$\phi10(R5)$	4000	600		精铣曲面

下面采用 Mastercam V9.1 来编制加工程序,从而掌握软件铣削编程的基本思路和基本步骤。

编程步骤:

(1) 理解零件图纸,确定加工内容。

根据毛坯情况,需要加工的部分:60 带 $R30$ 圆弧的凸台,$\phi30$ 的圆槽,$\phi10H7$ 的孔,$R140$ 的曲面。

(2) 确定加工工艺(装夹、刀具、毛坯情况等),确定刀具原点位置(即用户坐标系)。

夹具选择为通用精密虎钳。考虑到零件左右对称,选择零件中心为 XY 方向的编程原点,考虑到零件上表面为曲面,选择不需要加工的底面为 $Z0$。

零件的工艺安排如下:

① 虎钳加窄垫块装夹零件,注意垫块需要让开 $\phi10H7$ 孔的位置,将零件中心和零件下表面设为 G54 的原点。

② 加工路线是钻中心孔→钻 $\phi9.8$ 孔→粗铣凸台→粗铣凹圆槽→粗铣曲面→精铣凸台→精铣凹圆槽→精铣曲面→铰 $\phi10H7$ 的孔。

(3) 利用 Mastercam 的 CAD 模块建立加工模型。

由于 Mastercam 的 CAD 功能属于加工造型,只需绘制与加工有关的图形即可,与加工无关的形状,就不必绘出。

绘制步骤如下:

① 启动 Mastercam。

② 使用 Mastercam 默认的子菜单设置选项,如图 6-3 所示。

如果读者的 Mastercam 的默认子菜单设置选项与下面的不相同,请改正。

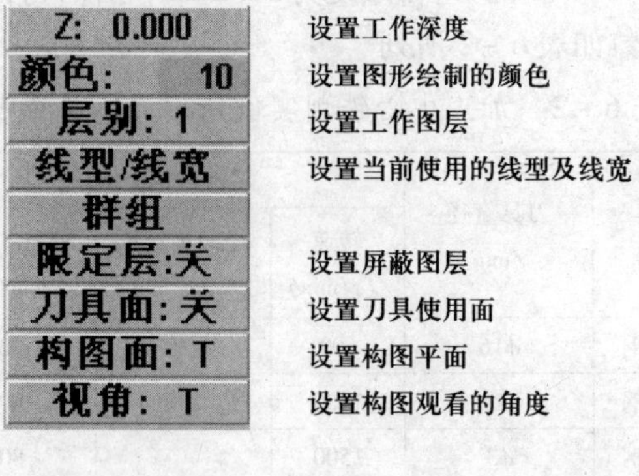

Z: 0.000	设置工作深度
颜色: 10	设置图形绘制的颜色
层别:1	设置工作图层
线型/线宽	设置当前使用的线型及线宽
群组	
限定层:关	设置屏蔽图层
刀具面:关	设置刀具使用面
构图面:T	设置构图平面
视角:T	设置构图观看的角度

图 6-3 Mastercam 默认的子菜单设置选项

③ 绘制 φ10 的孔。

在主菜单中,使用鼠标选择【绘图】→【圆弧】→【点直径圆】命令(见图 6 - 4,P1)。出现输入直径对话框,输入直径"10"后,按下回车键或鼠标左键(见图 6 - 4,P2),然后,出现抓点方式,鼠标在抓点方式中,选择原点(见图 6 - 4,P3)。

绘图区出现一个圆,如果图形显示比例不适当,可选择快捷图标【适度化】命令(见图 6 - 4,P4)。

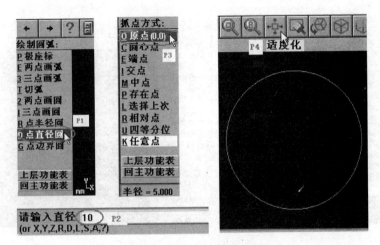

图 6 - 4　绘制 φ10 的圆

注意:在抓点方式时,如果不用鼠标选择圆心位置,可直接输入圆心坐标"0,0"。尽管此时屏幕上没有提示输入数据的对话框,但只要你用键盘输入数据,就会立即弹出输入对话框。

在 Mastercam 的所有输入对话框中,下列几种输入方式是有效的,以输入 X 轴坐标为零,Y 轴坐标为零,即$(0,0)$为例。

- 0,0　注释:Mastercam 默认第一个输入的数字为 X 轴的数据,第二个数字为 Y 轴的数据。

- X0,Y0　注释:直接制定 X 轴和 Y 轴的数据。

- $20 - 5 * 4$,Y30 $- (20 + 10)$　注释:键盘输入支持四则混合运算,可以以计算式的形式来录入。

④ 绘制 φ30 的凹槽。

首先,指定凹槽 Z 向尺寸,选择子菜单中的【Z:0.000】命令(见图 6 - 5,P1)。出现抓

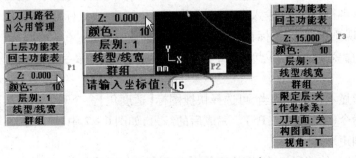

图 6 - 5　设置 φ30 凹槽的 Z 向尺寸

197

点方式,尽管此时屏幕上没有提示输入数据的对话框,但只要你用键盘输入数据,就会立即弹出输入对话框。

出现请输入坐标值对话框,输入坐标值"15"后,按下回车键或鼠标左键(见图6-5,P2)。完成后的结果,如图(见图6-5,P3)。

开始绘制φ30的凹槽。

在主菜单中,使用鼠标选择【绘图】→【圆弧】→【点直径圆】命令(见图6-6,P1)。

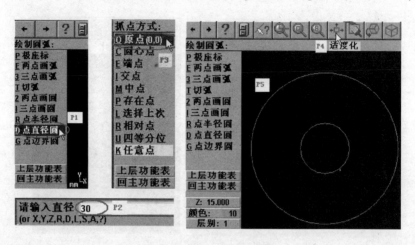

图6-6 绘制φ30的凹槽

出现输入直径对话框,输入直径"30"后,按下回车键或鼠标左键(见图6-6,P2)。

然后,出现抓点方式,鼠标在抓点方式中,选择原点(见图6-6,P3)。

绘图区(见图6-6,P5)如果图形显示比例不适当,可选择快捷图标【适度化】命令(见图6-6,P4)。完成后的结果,如图(见图6-6,P5)。

由于Mastercam默认是连续操作,如果此时,你用鼠标点击绘图区,将会以鼠标点击点为圆心,又绘制一个φ30的圆。为了避免这种情况,你可以在完成命令后,点击【回主功能表】命令,回到命令初始状态。

⑤ 绘制60带R30圆弧的凸台。

由于带R30圆弧的凸台的Z向尺寸与凹槽的相同,所以设置Z向尺寸的步骤,就可以跳过。

凸台由圆弧和矩形相交而成,所以,下面先绘制圆弧。

在主菜单中,使用鼠标选择【绘图】→【圆弧】→【点半径圆】命令(见图6-7,P1)。

出现输入半径对话框,输入半径"30"后,按下回车键或鼠标左键(见图6-7,P2)。

然后,出现抓点方式,鼠标在抓点方式中,选择原点(见图6-7,P3)。绘制的图形出现在绘图区,命令完成后,可点击【回主功能表】命令,回到命令初始状态。(见图6-7,P4)

如果图形显示比例不适当,可选择快捷图标【适度化】命令和显示图形【缩小0.8倍】的快捷图标命令(见图6-7,P5)。完成后的结果,如图6-7中P5所示。

下面绘制矩形。

在主菜单中,使用鼠标选择【绘图】→【矩形】→【一点】命令(见图6-8,P1)。出现一

198

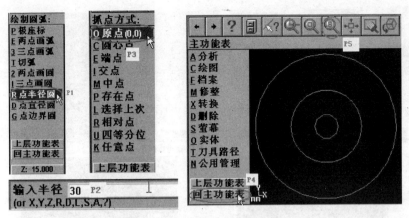

图 6 - 7　绘制凸台的圆弧部分

点定义矩形对话框,在弹出的对话框中,输入矩形的宽度"60. 0"(见图 6 - 8,P3),高度"30"(见图 6 - 8,P4),关键的一点在矩形中的位置(见图 6 - 8,P2),完成后,按下确定按钮(见图 6 - 8,P5)。

　　然后,出现抓点方式,鼠标在抓点方式中,选择原点(见图 6 - 8,P6)。绘制的图形出现在绘图区,命令完成后,可点击【回主功能表】命令,回到命令初始状态。

　　如果图形显示比例不适当,可选择快捷图标【缩小 0. 8 倍】的命令(见图 6 - 8,P7)。

　　完成后的结果,如图 6 - 8 中 P7 所示。

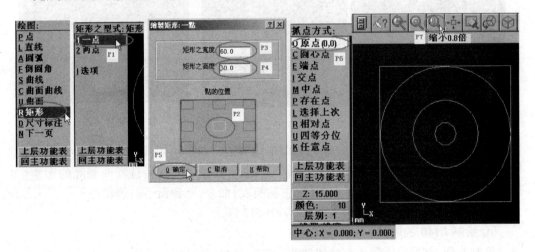

图 6 - 8　绘制凸台的矩形部分

　　下面进行图形的编辑。

　　在主菜单中,使用鼠标选择【修整】→【修剪延伸】→【两个物体】命令(见图 6 - 9,P1、P2、P3)。

　　进入修剪图形命令后,Mastercam 在系统提示区显示请选择要修剪的图素,此时要注意用鼠标选择欲修剪图素的保留部分(见图 6 - 9,P4),鼠标点击后,在系统提示区显示修整到某一图素,注意要用鼠标选择欲修剪的另一图素的保留部分(见图 6 - 9,P5),鼠标点击后,完成左边图形的修剪(见图 6 - 9,P6)。继续使用鼠标点击右边的欲修剪图素的保

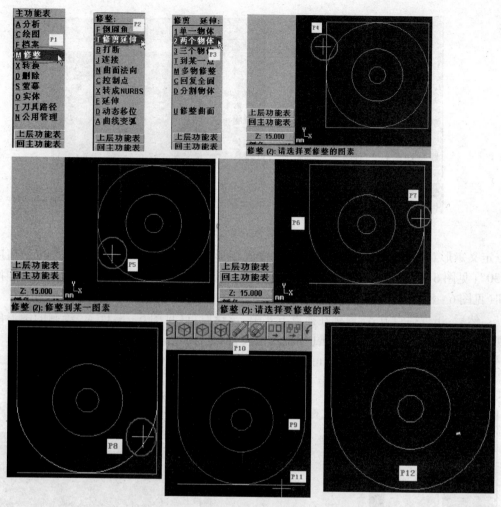

图6-9 完成凸台的图形编辑

留部分(见图6-9,P7和P8),完成右边图形的修剪(见图6-9,P9),多余的图素可使用删除命令删除,点击快捷图标【删除】命令(见图6-9,P10),然后选择要删除的图素(见图6-9,P11)。删除完成后,可点击【回主功能表】命令,回到命令初始状态。

完成凸台后,绘图区的图形如图6-9中P12所示。

⑥ 绘制R140的曲面。

绘制曲面,首先要绘制曲面的线架构,而线架构又是根据线架构上的关键点而绘制出来的。本实例的关键点由左视图可知有两个,其坐标分别为(0,-30,30)和(0,30,17)。

下面将进行关键点的绘制。

在主菜单中,用鼠标选择【绘图】→【点】→【指定位置】命令(见图6-10,P1~P3)。

尽管此时屏幕上没有提示输入数据的对话框,但只要你用键盘输入数据,就会立即弹出请输入坐标值的对话框。输入第一点(0,-30,30)(见图6-10,P4和等角视图P6),然后继续输入第二点(0,30,17)(见图6-10,P5和等角视图P7),关键点的绘制就完成了。

这两个关键点为空间点,为了便于观察,可改变视角为等角视图。点击快捷图标【视

200

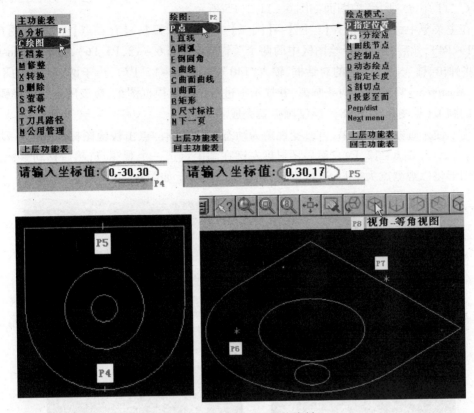

图 6 – 10　曲线关键点的绘制

角..等角视图】命令(见图 6 – 10,P8)。

利用曲线关键点,下面来绘制 $R140$ 的曲线。

首先,指定曲线的 Z 向尺寸,选择子菜单中的【Z:15.000】命令(见图 6 – 11,P1)。出现抓点方式,输入坐标值"0"后,按下回车键或鼠标左键(见图 6 – 11,P2)。将构图面更改为侧视图,点击快捷图标【构图面..侧视图】命令(见图 6 – 11,P3)。完成后,Z 向尺寸

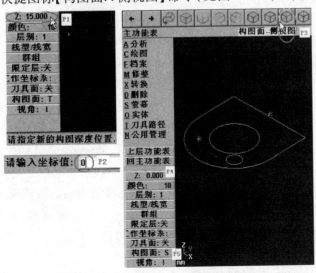

图 6 – 11　绘制 $R140$ 曲线前的设置

如图 6 – 11 中 P4 所示,构图面如图 6 – 11 中 P5 所示。

在主菜单中,用鼠标选择【绘图】→【圆弧】→【两点画弧】→【存在点】命令(见图 6 – 12,P1 ~ P4),然后分别选择绘图区中的两个关键点(见图 6 – 12,P5、P6),完成后 Master-cam 将弹出,输入圆弧半径的对话框,输入"140"(见图 6 – 12,P7),由于两点画弧的不确定性,Mastercam 将绘制出两条圆弧,并提示你进行选择。根据图纸,应该用鼠标选择弧顶向上的圆弧(见图 6 – 12,P8),绘制圆弧就完成了。

为了便于观察绘图结果,可改变视角为动态旋转视图。点击快捷图标【视角 .. 动态旋转】命令(见图 6 – 12,P9),然后用鼠标左键在图中点选一个观测点,然后移动鼠标,绘制的图形将以观测点为中心,进行旋转,观察绘图结果。如图 6 – 12 中 P10 所示。

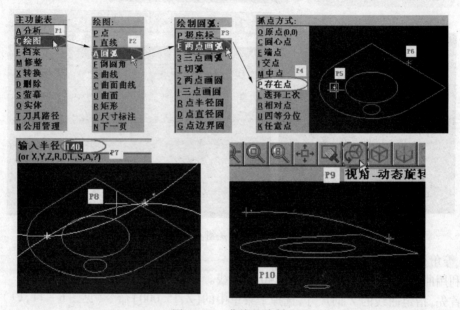

图 6 – 12　曲线的绘制

到此曲面的线架构就完成了,下面绘制加工所需要的曲面。

在主菜单中,用鼠标选择【绘图】→【曲面】→【牵引曲面】→【单体】(见图 6 – 13,P1 ~ P4),选择要牵引的线段,用鼠标选择绘图区中的圆弧曲线(见图 6 – 13,P5),完成后,选择【执行】(见图 6 – 13,P6),Mastercam 进入牵引曲面菜单,观察一下信息反馈区,按照图纸要求,牵引长度应该大于 30,如果不够,可以用鼠标点击【牵引长度】(见图 6 – 13,P7),在输入牵引长度的对话框中,输入"35"(见图 6 – 13,P8),观察一下,绘图区中,曲面牵引方向是否与图纸相符,如果不符,说明你的构图面不正确,请返回图 6 – 11 进行修改,如果没有问题,选择【执行】(见图 6 – 13,P9),Mastercam 自动生成曲面(见图 6 – 13,P10)。

在绘图过程中,为了便于观察绘图结果,可改变视角为动态旋转视图。

注意:在绘图过程中,可以灵活使用键盘上的←↑→↓方向键,进行视图的平移,用 PageUp 键进行图形放大,用 PageDown 键进行图形的缩小。

下面进行曲面的编辑。

在主菜单中,使用鼠标选择【绘图】→【曲面】→【曲面修整】→【修整至曲线】命令(见

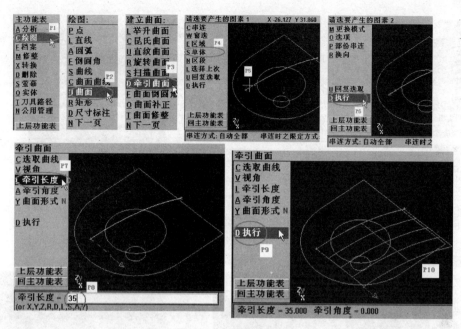

图 6 – 13　曲面的绘制

图 6 – 14，P1 ~ P4），Mastercam 提示选取要修整的曲面，用鼠标选择绘图区中的曲面（见图 6 – 14，P5），选择完成后，选择菜单中的【执行】命令（见图 6 – 14，P6），然后 Mastercam 提示选取曲线，用鼠标选择绘图区中的圆弧线（见图 6 – 14，P7），Mastercam 自动串连整个圆弧线，选择【执行】命令（见图 6 – 14，P8）。将曲面修整至曲面，涉及到曲线在曲面上的投影方向的问题，在这里，需要将曲线按俯视构图面进行正交投影，用鼠标选择快捷图标【构图面—俯视图】（见图 6 – 14，P9），选择【执行】命令（见图 6 – 14，P11），按照 Mastercam 的提示用鼠标选择曲面要保留的部分（见图 6 – 14′，P12），曲面的外部多余的曲面被修剪掉。

　　由于被修剪的曲面和圆弧线的边缘是重合的，有时会出现曲面修剪不掉的情况，解决办法是将曲面删除，用【修整】→【延伸】命令，将图 6 – 12 中完成的牵引曲线，向两端各自延伸 2mm，然后重新生成图 6 – 13 中的牵引曲面后，再进行修剪。

　　从实际加工来看，多余的曲面部分并不影响零件加工后的尺寸，就是不进行曲面修剪也可以进行曲面加工，但修剪掉外部多余的曲面后，可以在曲面加工时，缩小加工面积，从而提高生产效率，但如果曲面被修剪得很碎小，反而会增加曲面加工时间，原因是加工刀具需要通过频繁的提刀来寻找下一个加工面。

　　对于上面这个零件实例，实际情况是曲面的内部多余部分（指 ϕ30 的凹槽），如果被修剪掉，可以在曲面粗加工时，节省加工时间，但在精加工时，由于曲面中间的空洞，加工刀具将会频繁提刀寻找下一个加工面，反而浪费加工时间。如果不修剪，则情况正好相反，粗加工的时间与修剪掉相比，时间增加（原因是加工面积增加）；精加工的时间与修剪掉相比，时间减少（原因是提刀减少）。理想的解决办法是，做两个曲面，粗加工的曲面中间被修剪，而精加工的曲面中间没有被修剪，这样加工时间最短。或者是不修剪内部多余曲面，而修剪粗加工曲面的刀具路径，效果也一样。在这里由于篇幅有限，读者可以自行

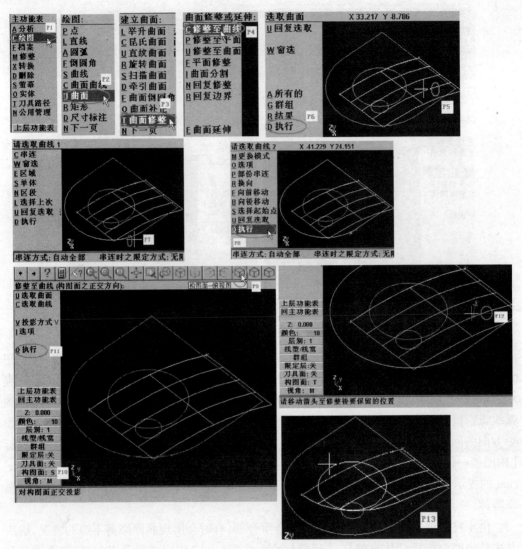

图 6 - 14 曲面的修整

验证。

　　下面讲解如何修整曲面内部的多余部分,使用鼠标选择【选取曲面】命令,按照 Mas-
tercam 的提示用鼠标选择选取要修整的曲面(见图 6 - 15,P1),选择完成后,选择菜单中
的【执行】命令,然后按照 Mastercam 提示的用鼠标选取曲线(见图 6 - 15,P2),选择【执
行】命令,按照 Mastercam 的提示用鼠标选择曲面要保留的部分(见图 6 - 15,P3),曲面的
内部多余的曲面被修剪掉(见图 6 - 15,P4)。

　　为了观察修剪后的曲面,可以将曲面渲染,可使用快捷键【ALT - S】,绘图区的曲面被
渲染(见图 6 - 15,P8)。

　　如果要更改渲染曲面的颜色,可用鼠标选择快捷图标【彩现】(见图 6 - 15,P5),在弹
出的曲面着色设置对话框中,用鼠标将【使用着色】的选项勾上(见图 6 - 15,P6),在颜色
的设定,选取你希望的颜色值,其他选项可使用默认值,按下确定(见图 6 - 15,P7),曲面
被渲染上你所设定的颜色(见图 6 - 15,P8)。

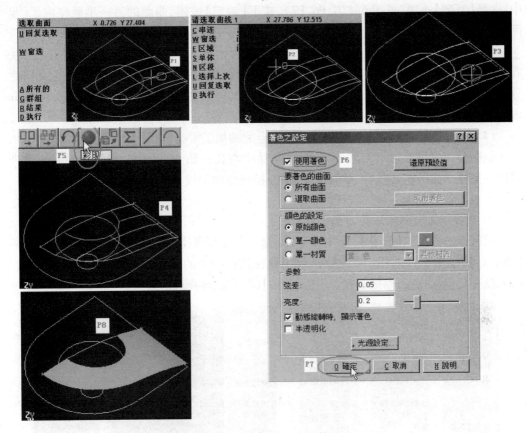

图 6-15 曲面另一边的修整

下面完成曲面的另一半。在主功能表中,使用鼠标选择【转换】→【镜射】命令(见图 6-16,P1、P2),按照 Mastercam 的提示用鼠标选择选取要镜像的曲面(见图 6-16,P3),选择完成后,选择菜单中的【执行】命令(见图 6-16,P4),然后按照 Mastercam 的提示信息用鼠标选取镜像的参考轴,这里选取 Y 轴(见图 6-16,P5),在弹出的镜像处理对话框

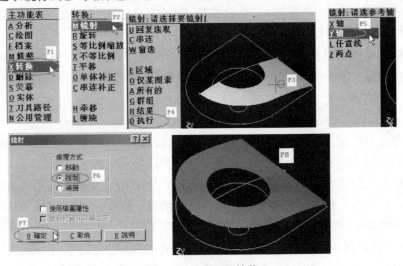

图 6-16 曲面的镜像

中,选择【复制】选项(见图6-16,P6、P7),按下【确定】按钮,曲面的另一半就完成了(见图6-16,P8)。

到这一步,加工模型就建立完成了,需要说明的是,同一零件加工模型的建立方法有很多种,各种方法虽然在步骤上有所不同,但结果是一样的,这些方法没有对错之分,只在绘图的速度上有区别,初学者也许需要30min才能完成,而熟练者可以在5min内完成。

(4)利用Mastercam的CAM模块,选择合适的加工策略,自动生成刀具轨迹。

根据前面安排的加工工艺,加工路线是钻中心孔→钻 $\phi9.8$ 孔→粗铣凸台→粗铣凹圆槽→粗铣曲面→精铣凸台→精铣凹圆槽→精铣曲面→铰 $\phi10H7$ 孔。

下面是钻中心孔的加工步骤:

① 选择加工方式和加工对象。

用鼠标选择【主功能表】,在主菜单中,选择【刀具路径】→【钻孔】→【手动输入】→【圆心点】(见图6-17,P1、P2、P3、P5),用鼠标选择图中的圆(见图6-17,P4),完成后,因为没有其他钻孔点,则按下键盘上的【ESC】键,完成钻孔点的选择。

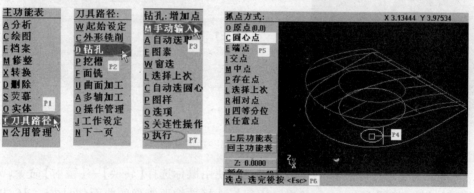

图6-17 钻孔对象的选择

加工孔系类的零件,只需要知道孔的中心点位就可以加工,孔的几何形状由加工孔的刀具的几何形状来决定(如钻孔)。也就是说,如果光是钻孔加工,在CAD造型时,只需要画出孔中心的点就可以了,有多少个点,就代表有多少个孔。

用鼠标选择【执行】(见图6-17,P7)将弹出刀具设置对话框,如图6-18所示。

在所有的加工方式中,都将出现刀具参数设置对话框,下面详细介绍这个对话框的设置。

② 定义刀具的加工参数。

首先定义刀具,在刀具框中(见图6-18,P1),按鼠标右键,在弹出的对话框中,选择【建立新的刀具】(见图6-18,P2),出现的对话框如图6-19所示。

由于加工方式选择的是钻孔,Mastercam自动认为下面是要定义钻头的参数,而要做的是定义中心钻的参数,在这个对话框中,有三个活页(见图6-19),根据前面的加工刀具参数表中的参数,首先选择【刀具型式】(见图6-19,P1),选择刀具类型为中心钻,然后设置【加工参数】(见图6-19,P2),输入刀具转速"1500",进给率"80.0",其他参数默认即可。在【刀具—中心钻】活页夹中(见图6-19,P3),输入刀具号码为3,刀具直径为

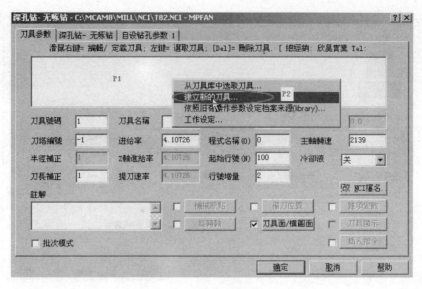

图 6－18 刀具参数设置对话框

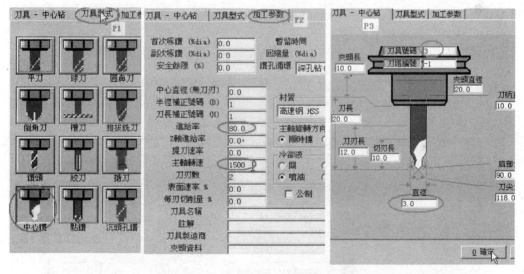

图 6－19 $\phi3$ 中心钻刀具参数的设置

$\phi3$,最后按下确定键,返回到刀具参数对话框(见图 6－20)。

在这个对话框中,可以看到前面定义的中心钻参数(请注意图中画圈部分的内容),已经自动出现在参数对话框中,当然也可以直接在这里定义中心钻的直径、转速、进给率等参数,但这样输入的参数,不能被保存,适合于一次性使用该刀具,如果在后面的工序中,需要多次使用这把刀具,就应该采用(图 6－19,P2)的定义方法,相当于建立了一个临时刀具参数库,以后再使用这把刀具,Mastercam 会自动从临时刀具参数库中,调出该刀具的刀具参数,而不用重新输入了。如果长期使用某些刀具,可以建立一个永久的刀具参数库,这样可以直接从刀具参数库中,选择所需要的刀具和相应的加工参数。

对于中心钻这种钻头类的刀具来说,进给速率的对话框的值实际上是就是指 Z 轴的

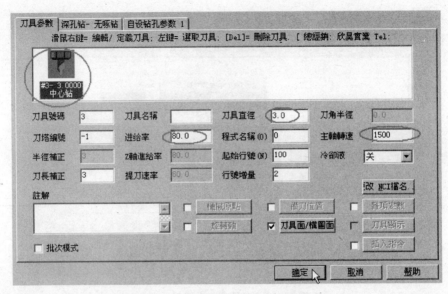

图 6-20　φ3 中心钻刀具参数的设置

进给速度。

③ 定义本工序的加工参数。

选择【深孔钻—无啄钻】的活页夹,对话框如图 6-21 所示(注意图中设置的参数)。

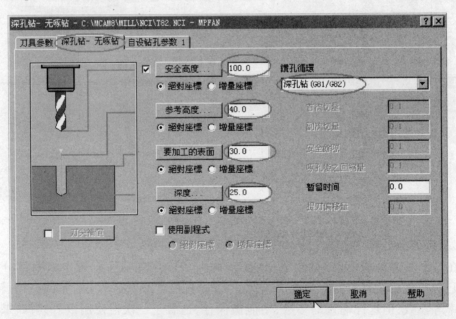

图 6-21　设置钻孔深度的对话框

由于选取的零件下表面为 Z0 位置,所以,在这个对话框中,需要输入的是【安全高度】为"100.0",【参考高度】为"40.0",【要加工的表面】为"30.0",【深度】为"25.0",即中心钻的钻孔深度为 5mm。加工方式采用 G81 指令的加工方式。输入完成后,选择【确定】。Mastercam 自动依据前面设置的参数生成刀具路径,并显示在绘图区中,然后自动返回选择加工方式的菜单,钻中心孔的加工就完成了。

208

根据前面安排的加工工艺,下面是钻 φ9.8 孔的加工步骤:

① 选择加工方式和加工对象。

用鼠标选择【回主功能表】,在主菜单中,选择【加工路径】→【钻孔】→【选择上次】,
如图 6 - 22 所示。

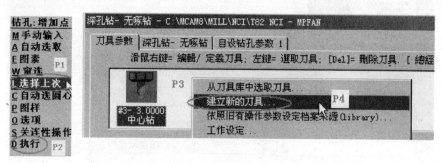

图 6 - 22　钻孔的点位选择,建立新刀具

钻 φ9.8 孔为钻中心孔的后续工序,所以在钻孔的中心点位的选择上,可以直接选择
【选择上次】的菜单选项(图 6 - 22,P1)。这种选择方式,在加工多个孔中的多次工序中,
经常会用到。然后,用鼠标选择【执行】。Mastercam 自动弹出刀具设置对话框。

② 定义钻头的参数。

参考前面中心钻的定义过程,在刀具框中(见图 6 - 22,P3),按鼠标右键,在弹出的对
话框中,选择【建立新的刀具】(见图 6 - 22,P4),出现钻头参数定义对话框如图 6 - 23
所示。

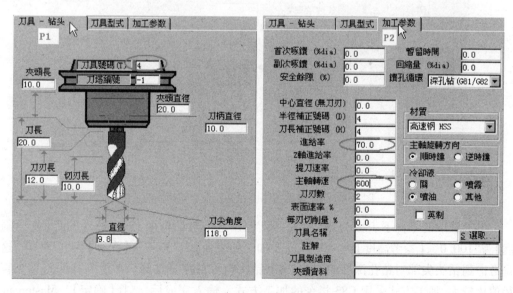

图 6 - 23　定义钻头参数

在【刀具—钻头】活页中(见图 6 - 23,P1),定义了刀具号码为"4",直径为"9.8",其
他的值可取系统默认值。在【加工参数】活页中(见图 6 - 23,P2),定义了主轴转速为
"600",进给率为"70.0",其他的值可取系统默认值,输入完成后,按下【确定】,返回刀具
设置对话框,如图 6 - 24 所示。

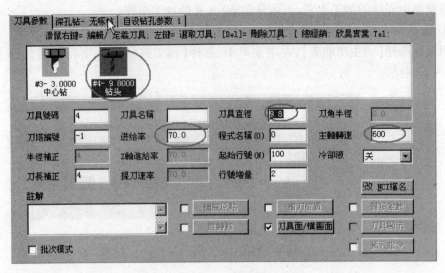

图 6 – 24　刀具参数设置对话框

③ 定义本工序的加工参数。

用鼠标选择【深孔钻—无啄钻】的活页夹,对话框如图 6 – 25 所示。

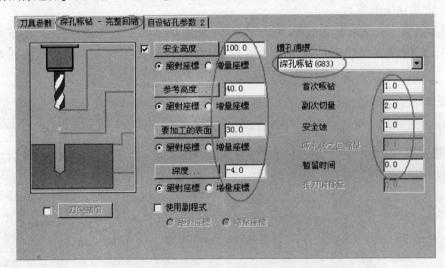

图 6 – 25　设置钻孔深度和钻孔指令的对话框

由于选取的零件下表面为 Z0 位置,所以,在这个对话框中,需要输入的是【安全高度】为"100.0",【参考高度】为"40.0",【要加工的表面】为"30.0",【深度】为" – 4.0",这是考虑到钻头尖部对钻孔深度的影响,这里钻头将零件完全钻穿。考虑到孔深与钻头直径值比较大,加工方式采用 G83 指令的加工方式。输入完成后,选择【确定】。Mastercam自动依据前面设置的参数生成刀具路径,并显示在绘图区中,然后自动返回选择加工方式的菜单,钻孔加工就完成了。

根据前面安排的加工工艺,下面是粗铣凸台的加工步骤:

① 选择加工方式和加工对象。

用鼠标在主菜单中,选择【加工路径】→【外形铣削】(见图 6 – 26,P1)。

此时系统默认为自动串连方式。如图6-26所示,选择加工图素,注意图中鼠标所在的位置(见图6-26,P2)。

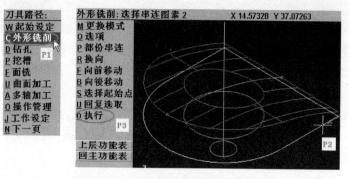

图6-26 外形铣削图素的选择

由于现在的视图为等角视图,从该位置选择铣削图素,则告诉Mastercam,铣削是以该线段的上方点为铣削起始点,即工件的右上方,铣削方向从上到下,由于主轴为顺时针旋转,则铣削方式为顺铣。

由于没有其他的铣削图素,下面选择【执行】(见图6-26,P3)。

② 定义铣刀的参数。

参考前面中心钻的定义过程,在刀具框中(见图6-27,P1),按鼠标右键,在弹出的对话框中,选择【建立新的刀具】(见图6-27,P2)。

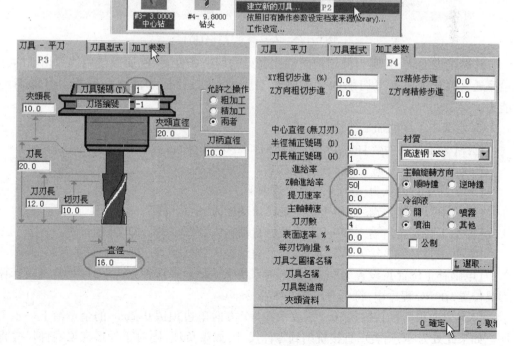

图6-27 定义端铣刀参数

211

由于加工方式选择的是外形铣削，Mastercam 自动认为下面是要定义铣刀的参数，出现端铣刀参数定义对话框（见图 6 – 27，P3）和端铣刀加工参数定义对话框（见图 6 – 27，P4）。

在【刀具—平刀】活页中（见图 6 – 27，P3），定义了刀具号码为"1"，直径为"16.0"，其他的值可取系统默认值。在这个对话框中，需要注意的输入参数是铣刀的直径，由于铣刀的直径将决定 NC 程序的运行轨迹，所以这个参数最好是加工刀具的真实测量直径，如 ϕ15. 92 等。

在【加工参数】活页中（见图 6 – 27，P4），定义了主轴转速为"500"，进给率为"80.0"，Z 轴进给率为"50"，其他的值可取系统默认值，输入完成后，按下【确定】，返回刀具设置对话框，如图 6 – 28 所示。

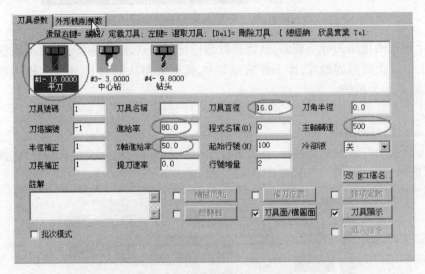

图 6 – 28　刀具参数设置对话框

对端铣刀而言，其侧刃的切削条件比底刃的切削条件要好，所以使用侧刃切削的进给率通常要比使用底刃切削的 Z 轴进给率要大一些，这样才能更好发挥刀具的切削能力。

③ 定义本工序的加工参数。

选择【外形铣削参数】的活页夹，对话框如图 6 – 29 所示。

在这个对话框中，需要输入的值比较多。分别如下：

【安全高度】：默认为"100.0"，勾上该选项。

【进给下刀位置】：输入"40.0"，系统已自动输入，默认即可。

【要加工的表面】：输入"30.0"，系统已自动输入，默认即可，即 Z0 的位置。

【深度…】对话框：输入"15.0"，系统已自动输入，默认即可，即铣削深度为 15mm。

【电脑补正位置】：设置为"左补正"，为系统默认值。在这种方式下，计算机自动计算刀具位置，在 NC 程序中，将不会出现 G41 指令。

【XY 方向预留量】：输入"0.2"，表示在 XY 方向单边预留 0.2mm 的余量给下一步工序。如果此处为零，则表示直接铣削到零件尺寸，如果负值，则对于外形来说零件尺寸将被铣小。

212

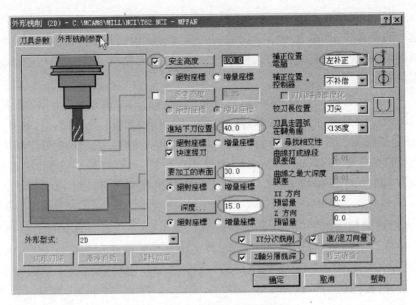

图 6 - 29　外形铣削参数对话框

【XY 分次铣削】:由于在 XY 方向余量较大的缘故,需要两次铣削才能完成。用鼠标将【XY 分次铣削】前面的对话框勾上,然后点击【XY 分次铣削】,在弹出的对话框中,将粗铣次数由默认的 1 次更改为 2 次,其他参数默认即可,如图 6 - 30 所示。

【进/退刀向量】:此选项是设置刀具切入零件时,所采取的过渡方式。如果不选中该选项,则刀具是直接从零件表面上切入,容易在零件表面留下一道切痕。用鼠标将【进/退刀向量】前面的对话框勾上,然后点击【进/退刀向量】,弹出的对话框如图 6 - 30

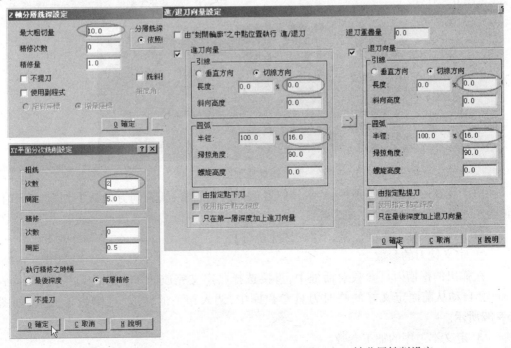

图 6 - 30　XY 分次铣削设定,进/退刀向量的设置和 Z 轴分层铣削设定

213

所示。

在这个对话框中，如果在外形铣削的切入点没有压板或其他干涉物时，可以直接取系统默认值即可，系统默认在刀具切入和切出零件时，同时增加一段直线和圆弧，作为切入和切出零件时的过渡。

这里考虑到同时增加直线和圆弧，将使切入和切出的距离过长，所以，将切入和切出的直线段的长度设为零，而保留圆弧过渡。设置完成后，选择【确定】后返回。

【Z轴分层铣深】：此选项是设置刀具在切削 Z 向尺寸时，是否需要分层切削。

考虑到铣削深度为 15mm，一刀铣削到尺寸有些勉强，最好分层铣削，用鼠标将【Z轴分层铣深】前面的对话框勾上，然后点击【Z轴分层铣深】，弹出的对话框如图 6-30 所示。

【最大粗铣量】：输入"10.0"（系统默认值），表示每层最多铣削 10mm，这样根据铣削深度 15mm，Mastercam 将自动计算出需要 $15 \div 10 = 1.5$，取整后为 2 次切削，才能完成 Z 向铣削，则每次的铣削深度为 $15 \div 2 = 7.5mm$，即在 NC 代码中，每次下切深度为 7.5mm，输入完成后，选择【确定】。返回图 6-30。

如果所有的输入都完成了，选择【确定】。Mastercam 自动依据前面设置的参数生成刀具路径，并显示在绘图区中，然后自动返回选择加工方式的菜单，凸台粗铣加工就完成了。

根据前面安排的加工工艺，下面是粗铣 $\phi30$ 凹槽的加工步骤：

① 选择加工方式和加工对象。

用鼠标在主菜单中，选择【加工路径】→【外形铣削】（见图 6-31，P1）。

此时系统默认为自动串连方式。见图 6-31，选择加工图素，注意图中鼠标所在的位置（见图 6-31，P2）。

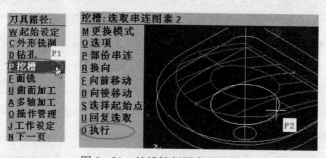

图 6-31 挖槽铣削图素的选择

由于现在的视图为等角视图，从该位置选择铣削图素，则铣削方向从下到上，由于主轴为顺时针旋转，则铣削方式为顺铣。

由于没有其他的铣削图素，下面选择【执行】。

② 定义铣刀的参数。

在弹出的挖槽刀具参数对话框中，直接选择已定义完成的 T1ϕ16 的端铣刀，Mastercam 会自动从前面定义好的临时刀具参数库中，调入相关的转速、进给量等参数，如图 6-32 所示。

③ 定义本工序的加工参数。

选择【挖槽参数】的活页夹，对话框如图 6-33 所示。

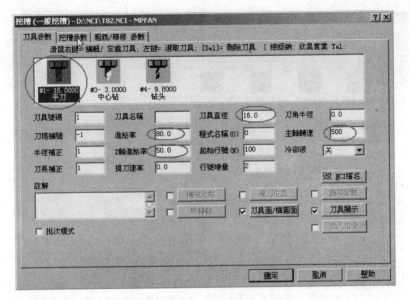

图 6 – 32　刀具参数设置对话框

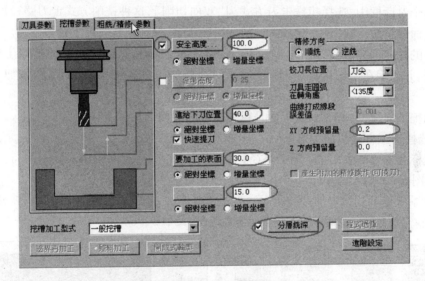

图 6 – 33　挖槽参数对话框

由于在绘制 φ30 圆槽图素时,已经考虑了 Z 向尺寸,在这个对话框中,大多数参数,Mastercam 已经会自动从图素中得到,需要输入数据的并不多。

由于是粗铣,在【XY 方向预留量】输入"0.2",表示在 XY 方向单边预留 0.2mm 的余量给下一步工序。如果此处为零,则表示直接铣削到零件尺寸,如果为负值,对于内孔形状来说零件尺寸将被铣大。

由于铣削深度为 15mm,不能一刀铣削完成,用鼠标将【分层铣深】前面的对话框勾上,然后点击【分层铣深】,在弹出的 Z 轴分层铣深设定对话框中,取其默认值即可。设置完成后,选择【确定】后返回。

用鼠标选择【粗铣/精铣参数】的活页夹,出现的对话框如图 6 – 34 所示。

215

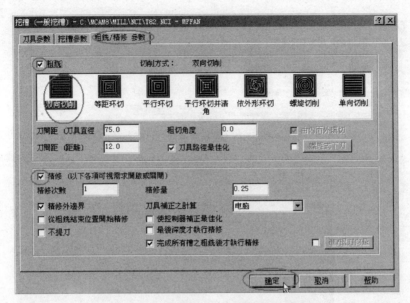

图 6-34 挖槽粗铣/精铣参数设置对话框

在这个对话框中,选择粗铣走刀方式为"双向切削",这种铣削方式走刀路径短,加工时间短。通过精修一次,可去除双向铣削残留的余量,保证精铣时加工余量均匀。

所有的输入都完成后,选择【确定】。Mastercam 自动依据前面设置的参数生成挖槽刀具路径,并显示在绘图区中,然后自动返回选择加工方式的菜单,挖槽粗铣加工就完成了。

根据前面安排的加工工艺,下面是粗铣上表面曲面的加工步骤:

① 选择加工方式和加工对象。

用鼠标在主菜单中,选择【加工路径】→【曲面加工】→【曲面粗加工】→【平行铣削】→【凸】(见图 6-35,P1 ~ P4)。

此时系统提示选择要加工的曲面。为了选择曲面方便,可使用 ALT - S 的快捷键,将曲面渲染着色,然后,选取要加工的曲面(见图 6-35,P5、P6)。

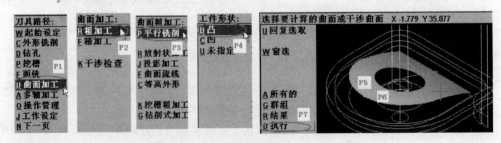

图 6-35 粗铣曲面图素的选择

选取曲面完成后,用鼠标选择【执行】。Mastercam 自动弹出曲面粗加工的刀具定义对话框。

② 定义铣刀的参数。

参考前面刀具的定义过程,在刀具框中(见图 6-36,P1),按鼠标右键,在弹出的对话框中,选择【建立新的刀具】。

216

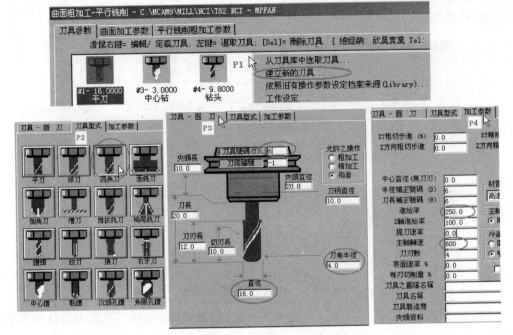

图 6-36　定义圆角铣刀的参数

对于曲面的粗铣,定义了一种国内使用比较少而国外常用的圆角刀,这种刀具与端铣刀铣削曲面相比,加工时刚性好,耐磨损,不易产生过切现象。圆角刀在价格方面要比球刀贵一些,但与球刀粗加工曲面相比,圆角刀可承受较高的转速和进给,由于直径大,去除曲面余量的效率方面要比球刀高很多,从而大大节省加工时间。实际情况说明减少加工成本,需要从全局的角度来看待这个问题。

下面定义圆角刀的加工参数。如图 6-36 所示,圆角刀的参数定义对话框(见图 6-36,P3、P4),请注意该图中画圆圈的位置,定义完成后,Mastercam 自动返回刀具参数的活页,如图 6-37 所示。

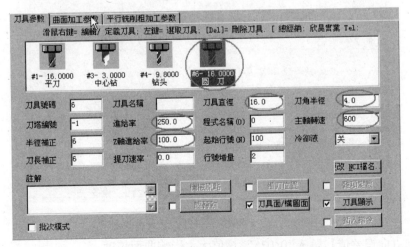

图 6-37　刀具参数设置对话框

③ 定义本工序的加工参数。

选择【曲面加工参数】的活页夹,对话框如图 6-38 所示。

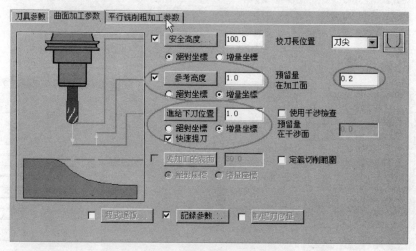

图 6-38   曲面加工参数对话框

【曲面参考高度】:输入"1.0",并选中下方的【增量坐标】选项。该值为刀具提刀时的高度。

【进给下刀位置】:输入"1.0",并选中下方的【增量坐标】选项。该值为刀具进刀时的高度。

由于 Mastercam 已经自动从曲面图素中得到曲面的表面尺寸,无须输入,该项变灰。

【预留量】:输入"0.2",即给曲面精加工留 0.2mm 的余量。

其他选项,取其默认值即可。

用鼠标选择【平行铣削粗加工参数】的活页夹,出现的对话框如图 6-39 所示。

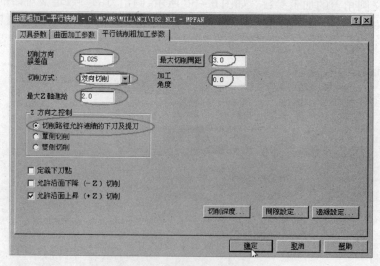

图 6-39   平行铣削/粗加工参数设置对话框

【切削方向误差值】:输入"0.025",该值太大影响曲面精度。

【切削方式】:选择"双向切削",可提高切削效率。

218

【最大Z轴进给】:输入"2.0",该值太大会增加残留余量,太小切削效率低。

【最大切削间距】:输入"3.0",该值太大会增加残留余量,太小切削效率低。

其他选项,取其默认值即可。

所有的输入都完成后,选择【确定】。Mastercam自动依据前面设置的参数生成曲面粗加工的刀具路径,并显示在绘图区中,然后自动返回选择加工方式的菜单,曲面粗加工就完成了。

根据前面安排的加工工艺,下面是精铣凸台的加工步骤:

① 选择加工方式和加工对象。

具体步骤与粗铣凸台相同,请参考前面内容。

② 定义铣刀的参数。

精铣凸台的端铣刀加工参数定义对话框(见图6-40)。

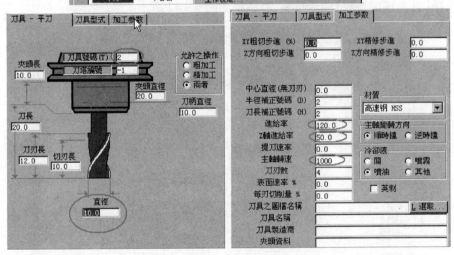

图6-40 定义端铣刀参数

在【刀具—平刀】活页中,定义了刀具号码为"2",直径为"10.0",其他的值可取系统默认值。

由于本工序为精铣,为保证零件精度,直径对话框中的参数应该是加工刀具的真实测量直径,例如:ϕ9.98,如果实际加工的刀具直径与这里设置的直径有误差,那这个误差将直接影响零件的精度,必须要注意。

有些刀具存在刀具弯曲的现象,结果出现实际测量直径为ϕ9.98的刀具,铣削效果相当于ϕ10.02的刀具,如果出现这种情况,可认为刀具的实际直径为ϕ10.02。

在【加工参数】活页中,定义了主轴转速为"1000",进给率为"120.0",Z轴进给率为"50.0",其他的值可取系统默认值,输入完成后,按下【确定】,返回刀具设置对话框,如图6-41所示。

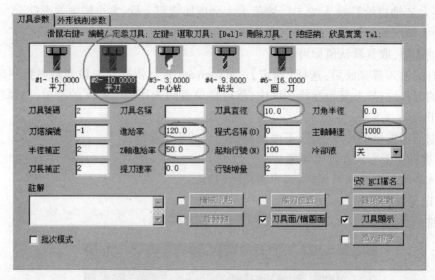

图 6-41 刀具参数设置对话框

③ 定义本工序的加工参数。

选择【外形铣削参数】的活页夹,对话框如图 6-42 所示。

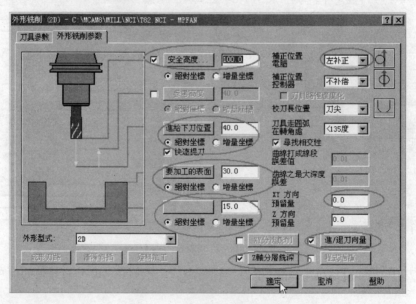

图 6-42 外形铣削参数对话框

本工序为精加工凸台,由于 Mastercam 自动记忆上一次粗加工凸台输入的值,所以在这个对话框中,有许多选项无须输入,需要改动的地方:

【XY 方向预留量】:输入"0.0",表示在 XY 方向精铣削到零件理论尺寸,如果根据测量,发现 XY 方向的尺寸,因为对刀误差、切削力或刀具弯曲等其他原因出现尺寸误差,则该处的值,不一定为零,可能为一个很小的正值或负值,如 0.01 或 -0.02。由于外形尺寸通常为负偏差,型腔尺寸通常为正偏差。所以该处的值,很多时候是一个负值。

【XY 分次铣削】:由于是精加工,可去掉该选项。

220

【进/退刀向量】:将直线加工向量设为零,只保留圆弧进刀向量。

【Z 轴分次铣深】:将最大粗铣量:输入"10"(系统默认值),即 Z 向分两次铣削完成。

如果所有的输入都完成了,选择【确定】。Mastercam 自动依据前面设置的参数生成刀具路径,并显示在绘图区中,然后自动返回选择加工方式的菜单,凸台精铣加工就完成了。

根据前面安排的加工工艺,下面是精铣 ϕ30 凹槽的加工步骤:

(1) 选择加工方式和加工对象。

具体步骤与粗铣 ϕ30 凹槽的步骤相同,请参考前面内容。

(2) 定义铣刀的参数。

在弹出的挖槽刀具参数对话框中,直接选择已定义完成的 T2ϕ10 的端铣刀,Mastercam 会自动从前面定义好的临时刀具参数库中,调入相关的转速、进给量等参数。

(3) 定义本工序的加工参数。

用鼠标选择【挖槽参数】的活页夹,对话框如图 6 - 43 所示。

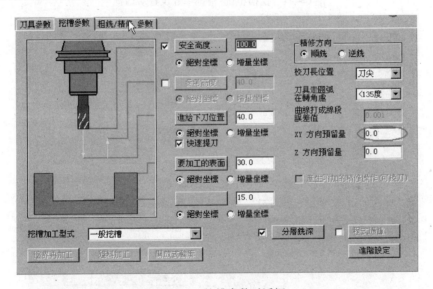

图 6 - 43　挖槽参数对话框

本工序为精加工凸台,由于 Mastercam 自动记忆上一次粗加工凹槽时输入的值,所以在这个对话框中,有许多选项,无须输入,需要改动的地方:

【XY 方向预留量】:输入"0.0"。

【Z 轴分次铣深】:最大粗铣量,输入"10"(系统默认值),即 Z 向余量分两次铣削完成。

其他选项,可使用系统默认值。

用鼠标选择【粗铣/精铣参数】的活页夹,出现的对话框如图 6 - 44 所示。

在这个对话框中,用鼠标去掉【粗铣】选项(见图 6 - 44,P1),然后勾上【进/退刀向量】选项并点击,进入其参数设置对话框,如图 6 - 45 所示。

由于在凹槽内的空间小,将直线的进/退刀向量均设置为零,将圆弧的进/退刀向量均设置为"2.0",其他参数,使用系统默认值。完成后,点击【确定】按钮,返回图 6 - 44。

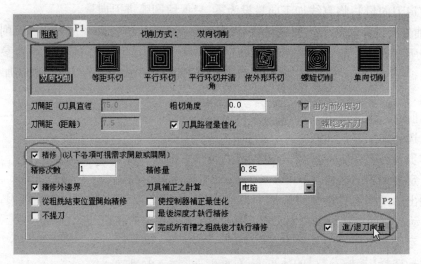

图 6 - 44 挖槽粗铣/精铣参数设置对话框

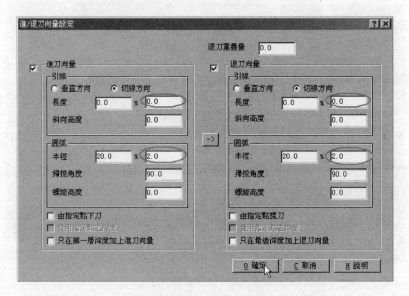

图 6 - 45 精铣凹槽时的进/退刀向量设置对话框

所有的输入完成后,选择【确定】。Mastercam 自动依据前面设置的参数生成刀具路径,并显示在绘图区中,然后自动返回选择加工方式的菜单,凹槽精铣加工就完成了。

根据前面安排的加工工艺,下面是精铣曲面的加工步骤:

① 选择加工方式和加工对象。

用鼠标在主菜单中,选择【刀具路径】→【曲面加工】→【精加工】→【平行铣削】→【凸】(见图 6 - 46,P1 ~ P4)。

此时系统提示选择要加工的曲面。为了选择曲面方便,可使用 ALT - S 的快捷键,将曲面渲染着色,然后,选取要加工的曲面(见图 6 - 46,P5、P6)。

选取曲面完成后,用鼠标选择【执行】。Mastercam 自动弹出曲面精加工的刀具定义对话框。

222

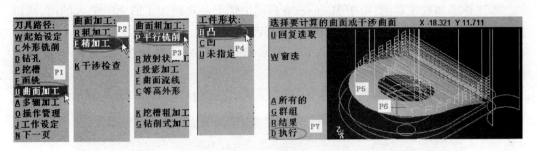

图 6-46 精铣曲面图素的选择

② 定义铣刀的参数。

参考前面刀具的定义过程,在刀具框中按鼠标右键,在弹出的对话框中选择【建立新的刀具】。下面定义的球铣刀参数,如图6-47所示,请注意该图中画圆圈的位置。

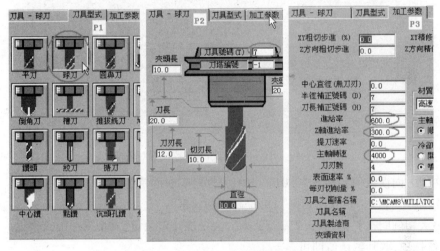

图 6-47 定义球铣刀的参数

③ 定义本工序的加工参数。

用鼠标选择【曲面加工参数】的活页夹,对话框如图6-48所示。

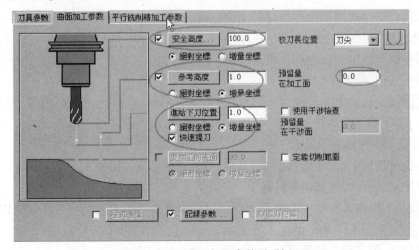

图 6-48 曲面加工参数对话框

223

本工序为精加工曲面,由于 Mastercam 自动记忆上一次粗加工曲面时输入的值,所以在这个对话框中,有许多选项,无须输入,需要改动的地方:

【在加工面的预留量】:输入"0.0",表示精铣到尺寸。其他选项,可使用系统默认值。

用鼠标选择【平行铣削精加工参数】的活页夹,出现的对话框如图 6 - 49 所示。

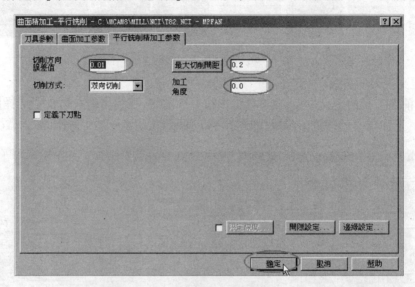

图 6 - 49   平行铣削精加工参数设置对话框

【切削方向误差值】:输入"0.01",该值太大影响曲面精度。

【切削方式】:选择"双向切削",可提高切削效率。

【最大切削间距】:输入"0.2",该值太大会增加残留余量,太小则切削效率低。

其他选项,取其默认值即可。

所有的输入都完成后,选择【确定】。Mastercam 自动依据前面设置的参数生成曲面精加工的刀具路径,并显示在绘图区中,然后自动返回选择加工方式的菜单,曲面精加工就完成了。

根据前面安排的加工工艺,下面是精铰 φ10 孔的加工步骤:

① 选择加工方式和加工对象。

具体步骤与钻中心孔的步骤相同,请参考前面内容。

② 定义加工参数。

参考前面刀具的定义过程,在刀具框中按鼠标右键,在弹出的对话框中,选择【建立新的刀具】。下面定义的铰刀参数,如图 6 - 50 所示,请注意该图中画圆圈的位置。

③ 定义本工序的加工参数。

用鼠标选择【曲面加工参数】的活页夹,对话框如图 6 - 51 所示。

在这个对话框中,需要注意的是:

【深度 ...】:输入" - 5.0",将孔铰穿。这个值要大于铰刀前端导向部分的长度。

加工方式采用 G81 指令的加工方式。

其他选项,取其默认值即可。

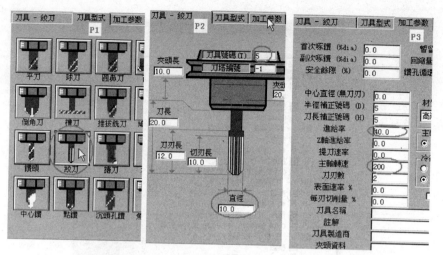

图 6-50　定义铰刀的参数

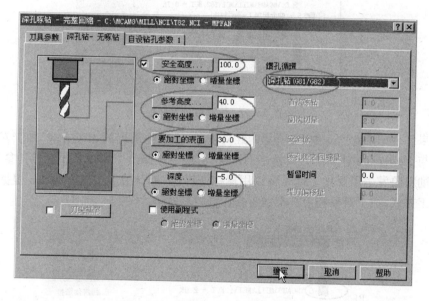

图 6-51　铰孔加工参数设置对话框

所有的输入都完成后,选择【确定】。Mastercam 自动依据前面设置的参数生成曲面精加工的刀具路径,并显示在绘图区中,然后自动返回选择加工方式的菜单,铰孔就完成了。

现在所有的工序都完成了。用鼠标选择【刀具路径】→【操作管理】。在弹出的对话框中,将看到集合前面所有操作工序的刀具路径参数,如图 6-52 所示。

在这个操作管理对话框中,每一个刀具路径就是一个工步。其刀具路径的顺序,应该符合你的工艺安排。如果你认为工序顺序安排不恰当,你可以用鼠标拖动该工序,移到合适的位置,Mastercam 会自动按照你的要求,重新排列工艺顺序。

如果图 6-52 中多一个或少一个刀具路径,都说明你前面的刀具路径设置出现了错误,需要改正。

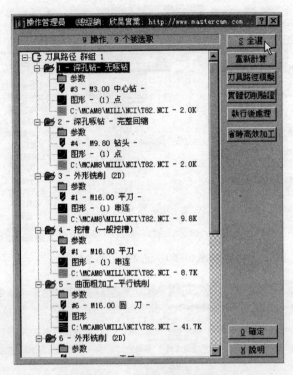

图 6-52　操作管理对话框

如果出现如图 6-53 中 P1 所示的红叉现象,说明你设置的加工方式、加工对象或刀具参数与 Mastercam 计算的刀具轨迹不符合,可能是你修改了加工参数或刀具参数,也可能是铣削对象发生了变化。这时可以用鼠标选择【重新计算】,让 Mastercam 根据你新设置的加工方式、加工对象和刀具参数重新计算刀具轨迹。

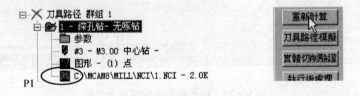

图 6-53　刀具轨迹出现问题

由于加工条件的变化,常常需要反复修改各工序的加工参数,如果同时修改了多个工序的加工参数,红叉将会出现多个,这时可以用鼠标选择【全部】→【重新计算】,让 Mastercam 根据你新设置的加工方式、加工对象和刀具参数全部重新计算刀具轨迹,直到符合图 6-52 为止。

(4) 进行加工仿真或刀具路径模拟,以确认加工结果和刀具路径与设想的一致。

编程完成后,可以了解整个加工所需要的加工时间,用鼠标选择图 6-53 中右边【全部】→【重新计算】→【刀具路径模拟】。弹出的对话框如图 6-54 所示。

用鼠标选择【自动执行】命令(见图 6-54,P1),Mastercam 将显示所选工序的刀路轨迹,完成后,在系统提示区中显示根据你所设置的刀具参数和工件余量所估算出的加工时间,这样你就可以依据这个加工时间来合理安排实际生产了。

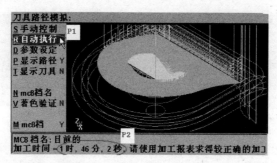

图6-54　预知整个加工时间

需要注意的是:对于曲面加工,如果你给定的进给速度比较大,例如F600以上,那么这里的估算时间肯定偏少,根据曲面加工面积的大小,相差的时间可从10min到几小时不等。其原因是实际加工中的进给速度,常常达不到你所给定的值。因为一般的数控机床进给加速度并不大,在曲面加工中,经常需要频繁地更改进给方向,进给加速度不够大,就使实际加工的进给速度,达不到你所给定的值。当然,某些高端的曲面加工软件利用其独特算法所生成的加工轨迹,可以减少曲面加工轨迹中频繁换向,从而改善这种情况。

作为数控加工的初学者,出现NC编程错误是难免的。为了减少错误,特别是一些比较明显的错误,Mastercam从V7版本以后,就提供了实体切削验证的功能(以前的刀具路径模拟是以线条的方式来显示刀具路径,很不直观),通过这个功能,第一,可以很直观看到加工的真实过程;第二,可以发现刀具轨迹中出现的错误(例如过切);第三,可以告诉机床的操作者,要加工零件的什么部位,刀具是怎样进行加工的,很直观,比口头解释要清楚。如果发现错误,可以通过修改加工参数来改正,最后得到正确的刀具轨迹。

进入实体切削验证模块的操作步骤如下:

① 用鼠标选择【全部】→【重新计算】的按钮,确保刀具路径没有出现错误的红叉。

② 用鼠标选择操作管理对话框右边的【实体切削验证】按钮。

进入实体切削验证模块后,首先需要设置零件的毛坯形状,才能正确进行实体模拟切削,点击【参数设定】按钮,如图6-55所示。

图6-55　实体切削验证的参数设置

图6-56是实体切削验证设置参数的对话框,注意图中画圈的地方。

在这个对话框中,需要设置的参数:

① 设置毛坯的形状:根据毛坯,选择【立方体】。

② 输入立方体的大小和位置,在【第一点】(左下角坐标),输入"X:-35.0""Y:-35.0""Z:0.0",在【第二点】(右上角坐标),输入"X:35.0""Y:35.0""Z:32.2"。

③ 为了清楚地显示换刀情况,勾上【更换刀具/颜色】的选项,这样不同刀具的加工部位,使用不同的颜色来表示。完成输入后,点击【确定】按钮。

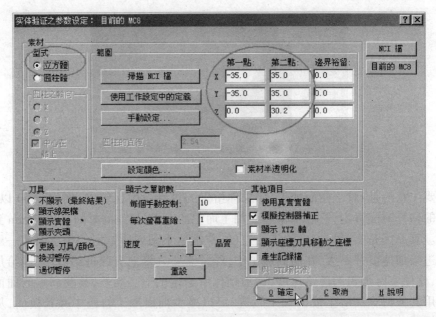

图 6-56 实体切削验证的参数设置对话框

下面就可以进行实体切削验证了。用鼠标点击,如图 6-57 所示。

图 6-57 开始进行实体切削验证

验证的结果如图 6-58 所示。

如果验证的结果与设想的结果不一样,或是在加工结果中,出现大红颜色的部位,说明加工参数的设置有问题,出现了过切现象,需要返回到操作管理对话框,对工艺步骤和工艺参数设置进行局部调整,然后再进行实体验证,直至满意为止。

如果验证的结果与设想的结果一样,说明加工参数的设置,基本上没有大的问题,就可以通过后置处理程序得到所需要的 NC 程序了。

(5) 通过与加工机床相对应的后置处理文件,CAM 软件将刀具路径转换成加工代码。

NC 程序是 Mastercam 软件的最终结果,所有的

图 6-58 实体验证结果

设置参数,通过后置处理程序,都将以机床代码的形式,进入到 NC 程序中。

后置处理操作步骤如下:

① 退出实体验证后,Mastercam 自动返回图 6-53 的操作管理对话框,用鼠标选择【全选】→【执行后处理】,如图 6-59 所示。

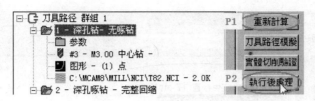

图 6-59 执行后置处理程序

由于 Mastercam 默认是生成所有工序的程序,如果只需要得到,某一步工序的程序,可用鼠标单独选取你所需要的工序,再执行后处理。

选择【执行后处理】,出现的对话框如图 6－60 所示。

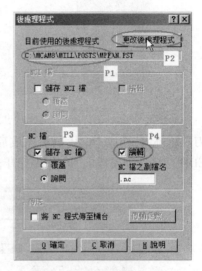

图 6-60 后置处理对话框

在这个对话框中,需要注意的是,【目前使用的后处理程序】下面的内容(见图 6－60,P1),通常 Mastercam 在安装时,会自动安装一些 Mastercam 自带的后置处理程序,默认的是 Mpfan.pst,这是一个针对 Faunc 系统的通用后置处理程序,也就是说,通过这个后置处理程序生成的 NC 程序,只能适用于 Faunc 系统的数控铣或加工中心,而不能适用于西门子系统或其他系统的机床。

一般来说,不同的加工模块(如铣削三轴、铣削四轴、数控车削等)和不同的数控系统(如 Faunc0i 系统,西门子 810 系统等),分别对应着不同的后处理文件。许多数控加工的初学者,由于不了解情况,不知道将当前的后处理文件进行必要的修改和设定,以使其符合加工系统的要求和使用者的编程习惯,导致生成的 NC 程序中某些固定的地方经常出现一些多余的内容,或者总是漏掉某些词句,这样,在将程序传入数控机床之前,就必须对程序进行手工修改,如果没有全部更正,则可能造成事故。

例如,某机床的控制系统通常采用 G90 绝对坐标编程,G54 工件坐标系定位,要求生成的 NC 程序前面必须有 G90G54 设置,如果后处理文件的设置为 G91G55,则每次生成的程序中都含有 G91G55,却不一定有 G90G54,如果在加工时没有进行手工改正,则势必造成加工错误。

最好是针对自己使用的加工中心,设置与机床相对应的后置处理程序。在自动编程时就使用与之相对应的后置处理程序,这样生成的 NC 代码就可以直接用于加工生产。

如果要更改目前所使用的后置处理程序,可用鼠标点击【更改后处理程序】按钮(见图 6－60,P2),出现的对话框如图 6－61 所示。

用鼠标选取与机床相对应的后处理程序后,点击【打开】按钮,Mastercam 自动返回图 6－60,用鼠标将对话框中的【存储 NC 挡】前面的对话框打勾(见图 6－60,P3)和【编辑】前面的对话框打勾后(见图 6－60,P4),点击【确定】按钮,Mastercam 将弹出 NC 文件存储路径的对话框,选择【保存】按钮后,Mastercam 将根据后置处理程序中的语句,自动地将

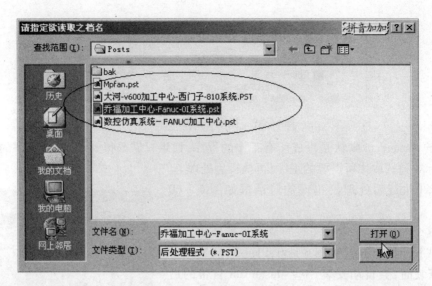

图 6-61　更改后置处理程序

刀具轨迹,转换成 NC 代码。完成后,将调用 Masercam 自带的 NC 程序编辑器(CIMCO EDIT),将处理完成的 NC 程序打开,如图 6-62 所示。

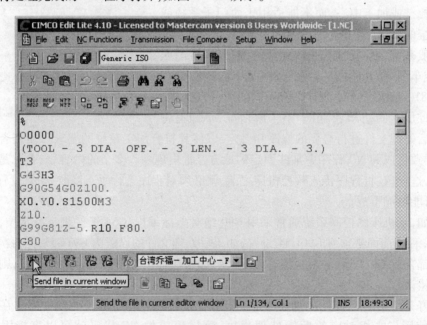

图 6-62　后置处理完成后的 NC 程序

(6) 将加工代码传输到加工机床上,完成零件加工。

如果已经将加工中心和计算机通过专用连接线,连接起来,则可以直接使用图 6-62 中的传输程序的按钮,将程序发送到机床中,开始加工零件了。

早期的数控系统多采用穿孔纸带进行转换和输入,目前已广泛采用 RS-232 串行通信方式或 DNC 在线加工模式进行程序输入,最新版本的 FANUC 系统甚至已经开始支持 100MB 以太网联网和外部存储卡的连接方式了。

进行曲面加工,其 NC 加工代码通常都比较长,大部分 CNC 系统的内存都很难将其容下(FANUC 数控系统的内存一般为 50KB ~ 250KB),对于大部分 CNC 系统来说,扩充系统内存非常昂贵,此时使用 DNC 功能便可以进行边传送边加工。对支持 DNC 传输加工的数控机床或加工中心,其操作过程通常如下:所有刀具都已正确安装,用户坐标系(例如 G54)已设置完成后,将数控机床或加工中心的加工模式设为 DNC 模式(或 TAP 模式),按下【加工启动】键后,再点击计算机上 CIMCO EDIT 程序中的传输按钮(如图 6-62 中鼠标所指的按钮),如果传输参数已配置好,机床将开始一边接收程序一边加工。

第三节　Mastercam X^2 的铣削实例

零件形状及尺寸如图 6-63 所示,其材料为硬铝合金,毛坯为直径 φ60mm 的棒料,长度 40mm。

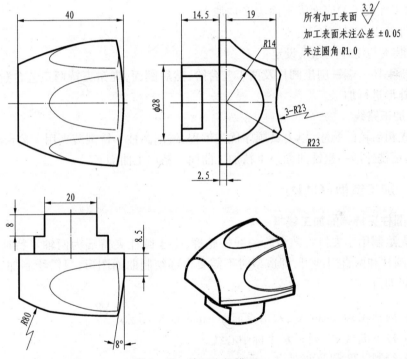

图 6-63　旋钮电极模型

一、工艺规划

1. 理解零件图纸,确定加工内容

比较毛坯和零件图纸可知,该零件需要加工的部分有两大部分:一是底部夹持端的 φ28mm × 14.5mm 的圆柱部分,以及 20 的台阶的两轴半粗精加工;二是翻面后的顶面,其外形仍然是两轴半加工,曲面则需要球头刀进行曲面的粗、精加工。

2. 确定加工工艺,确定刀具原点位置

夹具选择为通用精密虎钳,刀具选定为两轴半粗、精加工选用 φ16 的平底铣刀,曲面的粗加工采用 φ8 平底铣刀;曲面的半精、精加工则采用 φ10 的球头铣刀,加工参数如表 6-3 所列。

表 6 - 3 旋钮电极模型加工刀具参数表

刀具号码	刀具名称	刀具材料	刀具直径 /mm	零件材料为铝材			备注
				转速 /(r/min)	径向进给量 /(mm/min)	轴向进给量 /(mm/min)	
T1	端铣刀	高速钢	$\phi16$	600	120	50	两轴半粗、精铣
T2	端铣刀	高速钢	$\phi8$	1100	130	80	曲面粗加工
T3	球头刀	高速钢	$\phi10(R5)$	1500	130	80	半精铣曲面
T3	球头刀	高速钢	$\phi10(R5)$	3500	200	80	精铣曲面

考虑到毛坯为圆柱,为便于找正,选择零件中心为 XY 方向的编程原点,加工圆柱夹持端时,以工件顶面为 Z0;翻面后的曲面部分,由于顶部加工后无平面,为便于造型及找正,以加工完成后的底面大平面为 Z 向原点。

零件的工艺安排如下:

① 装夹与工作坐标系设定:

先于毛坯一端铣削出圆柱及两工艺台阶;然后翻面,虎钳夹持两工艺台阶,即可对全部工件外形进行加工。

② 加工路线:

按先粗后精的顺序,以刀具顺序优先编程:铣削圆柱→铣削装夹用工艺台阶→工件翻面→粗、精铣外形→粗铣曲面→半精加工曲面→精加工曲面。

二、加工造型(CAD)

1. 圆柱夹持端的加工线框

首先绘制用于夹持工艺台阶的线框轮廓,由于圆柱夹持端为两轴半特征,只需绘制 $\phi28$ mm 圆柱和两直边即可,即造型时不需要全部绘制曲面图形,只需绘制加工所需的线框和曲面即可。

(1) 启动 Mastercam X^2,双击桌面 Mastercam X^2 图标 。

(2) 按下键盘 F9,以显示坐标中心线。

(3) 绘制 $\phi28$ 圆及两对边。

首先修改当前绘图深度,在屏幕下方点击切换绘图方式为【2D】,绘图深度为 " - 14.5"(见图 6 - 64)。

图 6 - 64 绘图方式及绘图深度设定

点击中心半径绘圆图标 Create Circle Center Point ⊙ (或【Create】→【Arc】→【Create Circle Center Point】),然后按屏幕互动提示,点击坐标原点作为圆心,然后在 Ribbon 栏中输入直径"28",确定即可完成 $\phi28$ 圆的绘制。

然后将绘图深度由 - 14.5 修改为 - 8,点击两点绘制直线图标 Create Line Endpoint

，点击激活 Ribbon 工具栏中的 Vertical(铅垂线)选项▣，分别点击始点和终点的大致位置，然后系统提示【Enter X coordinate(输入 X 值)】时输入"10"；再次同样操作绘制直线，输入"-10"；

点击 Trim/Break/Extend(修剪/延伸)图标▨，根据需要在 Ribbon 栏中点击激活▦(修剪一个物体)，点击直线作为修剪对象，再点击圆为边界，修剪掉直线多余的两端，绘图及修整结果如图 6-65 所示。

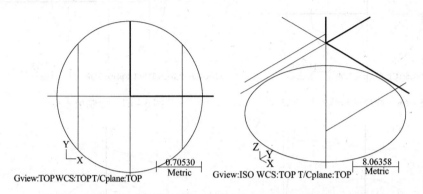

图 6-65　底部夹持端的线框绘制结果俯视图及空间视图

注意：此处设定了不同的 Z 向绘图深度的作用，一是有助于在 CAM 加工编程时选择不同的加工线框；二是该结果将被将自动带入两轴半加工的加工深度中，比较方便。

2. 曲面母线线框绘制及回转曲面生成

1) 曲面母线线框绘制

首先将绘图深度由 -8 修改为 0。

点击两点绘制直线图标 Create Line Endpoint▨，点击激活 Ribbon 工具栏中的 Vertical(铅垂线)选项▣，分别点击始点和终点的大致位置，然后系统提示【Enter X coordinate】时输入"20"；再次同样操作绘制直线，输入"-20"；

再次点击两点绘制直线图标 Create Line Endpoint▨，点击激活 Ribbon 工具栏中的 Horizontal(水平线)图标▨，分别点击与左侧直线两边的大致位置，然后系统提示【Enter Y coordinate(输入 Y 值)】时输入"14"；再次同样操作，绘制与右侧直线相交的直线，输入"23"；再次绘制与右侧直线相交的直线，输入算式"8.6-2.5"，完成三条直线的绘制，如图 6-66 所示。

再点击两点绘制直线图标 Create Line Endpoint▨，再次点击▨取消水平状态，点击激活 Ribbon 工具栏中的 Angle(角度)按钮▨，输入绘图直线角度 98°；拾取高度为 6 的水平线和最右侧直线的交点，绘制极坐标线，线框长度为 20，如图 6-67 所示。

接下来绘制 R80 圆弧，点击 Create Arc Endpoints(端点绘弧)图标▨，或者选择【Create】→【Arc】→【Create Arc Endpoints】，然后按屏幕提示一次点击捕捉圆弧两端点，最终输入半径 80，绘制圆弧如图 6-68 所示。

然后进行修整工作，点击 Trim/Break/Extend(修剪/延伸)图标▨，根据需要在 Ribbon 栏中点击激活▦(修剪两个物体)，修剪掉不需要的线段。随后根据需要选择并按下键盘上的 Delete 键，删除不需要的图素，最终结果如图 6-69 所示。

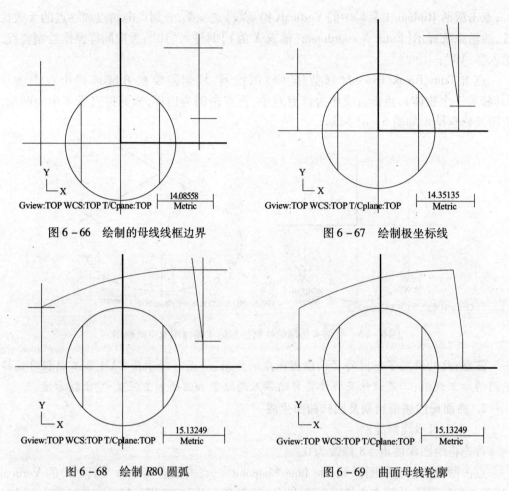

图 6-66　绘制的母线线框边界

图 6-67　绘制极坐标线

图 6-68　绘制 R80 圆弧

图 6-69　曲面母线轮廓

2）回转曲面生成

回转之前首先绘制回转中心线，点击两点绘制直线图标 Create Line Endpoint，然后点击激活 Ribbon 工具栏中的 Horizontal（水平线）图标，分别点击始点和终点的大致位置，然后系统提示【Enter Y coordinate】时输入"0"。按下 F9 以取消坐标轴显示，绘制结果如图 6-70 所示。

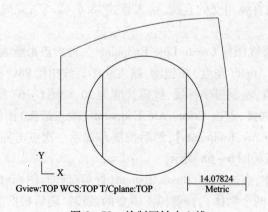

图 6-70　绘制回转中心线

然后建立回转曲面,首先点击⊕切换至三维视图。

点击 Create Revolved Surface(回转曲面)图标⬛,或者依次选择【Create】→【Surface】→【Create Revolved surface】,系统将弹出串联选择对话框,点击刚绘制的曲面母线轮廓并确认,如图 6 – 71 所示。

然后将提示选择回转轴,选择刚绘制的直线为旋转中心,随后在 Ribbon 栏中输入 Start Angle(起始角度)为 0°,End Angle(终止角度)为 180°。将创建所需曲面,如图 6 – 72 所示。

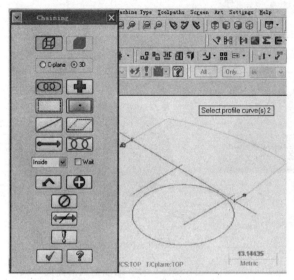

图 6 – 71　选择回转轮廓曲线

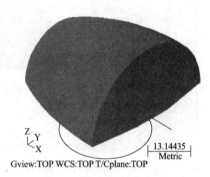

图 6 – 72　回转生成曲面

3. 局部曲面轨迹绘制及拉伸曲面

1）局部曲面母线绘制

接下来绘制局部的曲面,首先点击 Right Gview(右视图)⬛,切换至 YZ 平面。然后在窗口方设定当前绘图深度为"20"。

点击图标 Create Arc Polar(极坐标绘圆)⬛(或【Create】→【Arc】→【Create Arc Polar】),然后按屏幕互动提示,在 Ribbon 栏中输入圆心坐标,横轴坐标 X 为"0",纵轴坐标 Y 为"49(30 + 19)",Z 保持"20",然后在 Ribbon 栏中输入半径 R 为"30",起始角度 Start Angle 为 240°,终止角 End Angle 为 – 60°。完成圆弧的绘制,如图 6 – 73 所示。

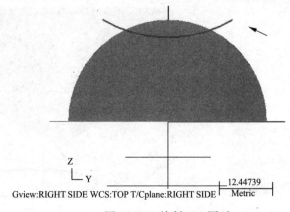

图 6 – 73　绘制 R30 圆弧

两侧的两圆弧与该弧类似，可以通过阵列的方式获得。点击 Xform Rotate（旋转阵列）图标 🔳，选择刚绘制的 R30 圆弧作为阵列对象，回转中心默认为原点，输入旋转角度 60°，即可获得第二条圆弧，如图 6－74 所示。

再次执行回转阵列操作，回转角度为 －60°。点击 ⊞ 返回空间视图，最终结果如图 6－75所示。

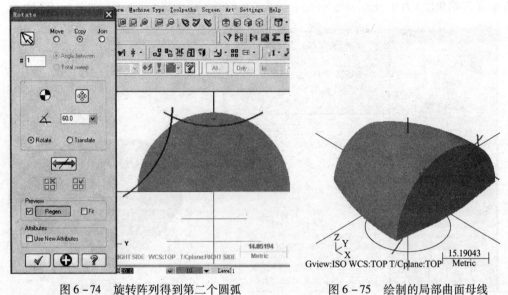

图 6－74　旋转阵列得到第二个圆弧　　　　　图 6－75　绘制的局部曲面母线

2）拉伸得到曲面

点击 ⊞ 返回空间视图后，构图面也随着变为默认的 TOP，点击为了在 X 方向拉伸曲面，此时需要将绘图平面 Cplane 切换为 Right 前视图。点击窗口下方的 Planes 图标，将当前绘图面设定为 Right。注意此时屏幕左下方的提示 Cplane 也相应的变为 Right（见图6－76）。

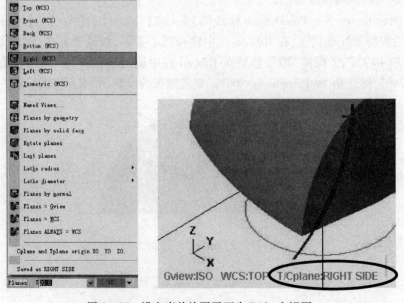

图 6－76　设定当前绘图平面为 Right 右视图

236

点击 Create Draft Surface(创建拉伸曲面)图标 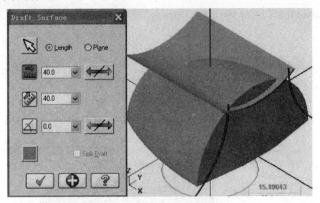,或者依次选择【Create】→【Surface】→【Create Draft Surface】。选择刚绘制的第一条 R30 圆弧作为母线图素,拉伸距离为 40mm。得到顶部曲面,如图 6 - 77 所示。

图 6 - 77　拉伸得到局部曲面

4. 修剪曲面

点击 Trim Surfaces to Surfaces(修整曲面至曲线) (或者依次选择【Create】→【Surface】→【Trim Surface】→【Trim Surfaces to Surfaces】),此时系统将提示选择第一组要修整的曲面,点击刚建立的顶部局部曲面,再点击 或回车确认。

然后系统提示选择第二组要修整的曲面,选择与局部曲面相交的圆弧环形面和斜环形面,再点击 或回车确认。

此时系统提示【Indicate area to keep(指示曲面要保留的区域)】。按提示点击第一组局部曲面,移动光标到要保留的区域(曲面中央),再点击鼠标确定保留此处;然后点击第二组曲面,移动光标到要保留的区域(外部区域)即可完成曲面的修剪操作,结果如图 6 - 78 所示。

5. 创建其余局部曲面,修剪曲面

按照如上操作,依次选择两端圆弧拉伸创建曲面,再分别与与其相交的原有曲面剪切。完成上述操作后,再隐藏或删除不再使用的图素,最终结果如图 6 - 79 所示。

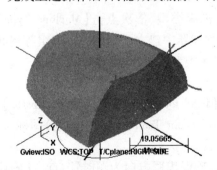

图 6 - 78　曲面修剪结果

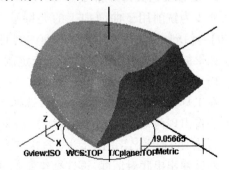

图 6 - 79　曲面最终创建结果

6. 转换平移抬升曲面

前面为了造型简便,回转曲面中心选择位于 Z 轴为 0 的高度上,按图纸应该将最终得到的曲面抬高 2.5mm。

点击 Xform Translate(平移转换)图标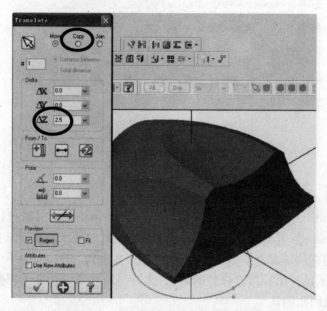,或者依次选择【Xform】→【Xform Translate】,直接用鼠标拉出窗口,选中所要的曲面(注意不要选中下方无需平移的 φ28 圆和两条直线),最后点击█或回车确认。

在弹出的 Translate 对话框中选择 Move、Z 向平移增量为 2.5mm,其余值为 0,如图 6 - 80所示。

图 6 - 80　曲面平移对话框及平移后效果

确认无误后,点击✓确认并完成平移,平移后的曲面底部边缘应高于 Z 轴零点 2.5mm 处,确认无误后点击上方的 Clear Colors 图标█以清除颜色。

至此,所有加工所需的线框及曲面均已造型完毕,可以进行下一步的 CAM 加工编程。

三、选择合适的加工策略,生成刀具轨迹(CAM)

1. 底部工艺夹持端加工

此步为铣削用于曲面加工的夹持端。设定机床类型,依次点击【Machine Type】→【Mill】→【Default】,可以注意到侧面的刀具路径管理器中建立了相应的机床组等树状列表。如果能针对自己所用的加工机床定制一个机床类型,则再好不过。

1)铣削 φ28 圆

在工具栏空白处点击鼠标右键,选择下方的【Load toolbars state】→【2D toolpaths】,窗口右侧将出现两轴半加工的各种加工策略。点击 Contour Toolpath(外形铣削)图标▣,将弹出新建 NC 程序名字的对话框,直接点击勾选按钮确认。

随后弹出串联对话框,再选择绘制的 φ28 圆,确保串联方向为顺时针,点击【确认】,弹出外形加工的对话框。

点击对话框左下方的 Select library tool(自刀库中选择刀具)按钮▧▧▧▧▧▧▧▧,选择 T1 刀具为 Endmill Flat 16.000mm(φ16 平底端铣刀),定义 Tool #(刀具号)、Len(长度补偿编号)、Dia(半径补偿编号)均为 1。如表 6 - 2 所列,定义刀具参数 Feed rate(进给速度)为

"120.0",plunge(Z 向下刀速率)为"50.0",Spindle(主轴转速)为"600",Retract(抬刀速度)为"200.0",如图 6 – 81 所示。

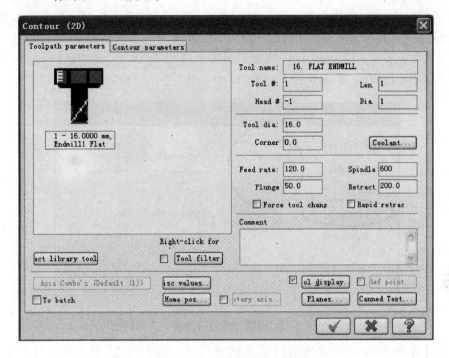

图6 – 81　刀具参数定义对话框

随后再点击【外形参数】对话框,设定各加工参数如图 6 – 82 所示。注意由于当初

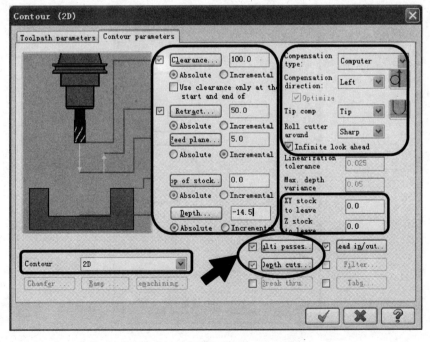

图6 – 82　外形铣削参数定义对话框

ϕ28 圆形绘制的绘图深度在 $Z - 14.5$ 的位置,此时该参数已经自动填入最终加工深度【Depth】一栏中。

勾选【Depth cuts(单次切削深度控制)】前方的复选框(见图 6 – 82 箭头处),并点击按钮 `Depth cuts...`,在弹出的对话框中设定 Max rough step(最大切深)为"10.0",# Finish cuts(精加工次数)为"1",【Finish step(精加工所留余量)】为"0.3",并勾选【Keep tool down(铣削过程中不抬刀)】,如图 6 – 83 所示。

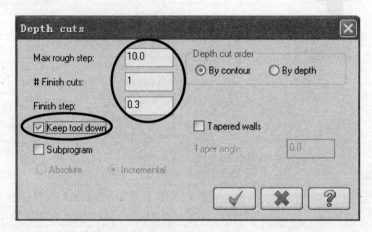

图 6 – 83　铣削深度及精加工参数定义对话框

勾选【Multi Passes(多次铣削)】前方的复选框(见图 6 – 82 箭头处),并点击 Multi Passes 按钮 `ulti passes.`,在弹出的对话框中设定多次铣削的次数为"2",刀间距为"10.0",精加工次数为"1",余量为"0.5",并勾选【Keep tool down(铣削过程中不抬刀)】,如图 6 – 84 所示。

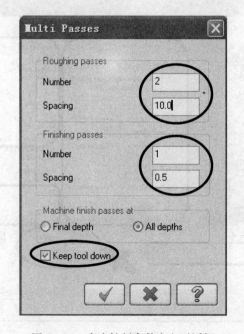

图 6 – 84　多次铣削参数定义对话框

完成上述设定后,点击外形参数对话框下方的确定按钮,得到刀具路径,点击刀具路径管理器上方的 按钮,出现实体仿真对话框,首先对毛坯进行设定,首先点击其【configure(设置)】按钮,如图 6 –85(a)圈中所示;再设定工件毛坯为圆柱,直径为"60.0",高度为"45.0",其余选项设定如图 6 –85(b)圈中所示。

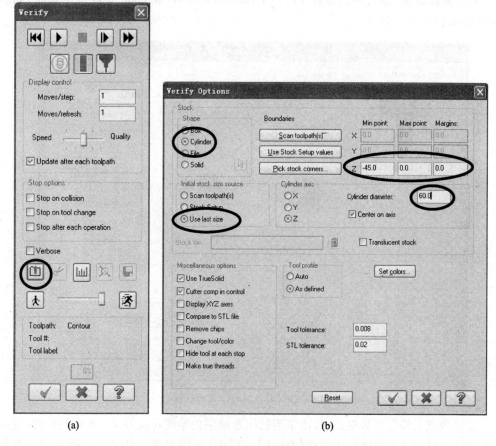

(a)   (b)

图 6 –85　实体仿真对话框及毛坯设定

(a) 实体仿真对话框;(b) 毛坯设定对话框。

设定完成后点击播放键 ,运行实体仿真,结果如图 6 –86 所示。

图 6 –86　外形铣削实体仿真加工结果

2）两侧台阶加工

点击 Contour Toolpath（外形铣削）图标 🔲，随后弹出串联对话框，再选择绘制的两条竖直线，确保串联方向为左侧线段向上，右侧向下（补偿后刀具再去除材料一侧），点击【确认】，弹出外形加工的对话框。

无需重新定义刀具，仍然选择 T1 铣刀 Endmill Flat 16.000mm，参数设定如前，如图 6-87 所示。

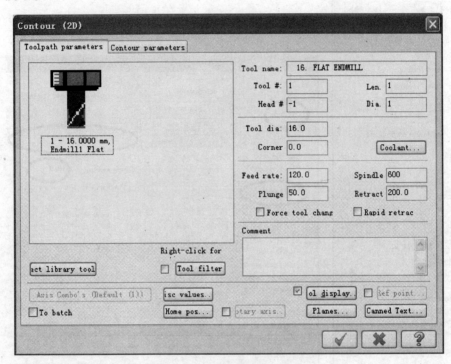

图 6-87　刀具参数定义对话框

随后再点击外形参数对话框，由于当初图形绘制的绘图深度在 $Z-8.0$ 的位置，此时该参数已经自动填入最终加工深度【Depth】一栏中（否则需要手动输入），确认设定各加工参数如图 6-88 所示。

由于铣削深度为 8mm，可以一次切削完毕；不选择【Depth cuts】，只勾选【Multi Passes（多次铣削）】前方的复选框（见图 6-66 箭头处），并点击 Multi Passes 按钮 ［ulti passes.］，在弹出的对话框中设定多次铣削的次数为"1"，刀间距为"10.0"，精加工次数为"1"，余量为"0.5"，并勾选【Keep tool down（铣削过程中不抬刀）】，如图 6-89 所示。

完成上述设定后，点击外形参数对话框下方的【确定】按钮，得到刀具路径，点击刀具路径管理器上方的 按钮，出现实体仿真对话框，无需再次对毛坯设定直接点击播放键 ▶，运行实体仿真，结果如图 6-90 所示。

2. 曲面粗加工

1）两轴半外围余量去除

首先对零件外形进行两轴半加工，去除外围余量。加工线框轮廓无需另行绘制，将生成回转曲面母线轮廓对 Y 轴镜像即可。

确保当前的绘图平面 Cplane 为 Top，随后点击 Xform Mirror（镜像转换）🔲，系统将提

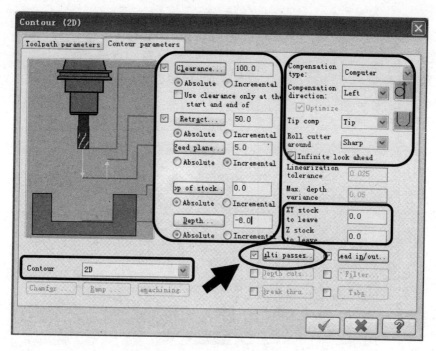

图 6 – 88　外形铣削参数定义对话框

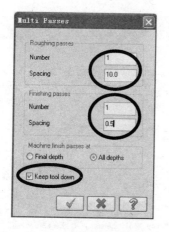

图 6 – 89　多次铣削参数定义对话框

图 6 – 90　底部夹持端体仿真加工结果

示选择镜像的图素,依次选择母线线框的三条直线和一条圆弧后点击■或回车确认(见图 6 – 91)。

　　点击 Contour Toolpath(外形铣削)图标■,随后弹出串联对话框,再选择刚镜像后构成的封闭轮廓,确保顺时针旋转后点击确认,弹出外形加工的对话框。

　　选择 T1 铣刀 Endmill Flat 16.000mm,参数设定如图 6 – 92 所示。

　　随后再点击【外形参数】对话框,设定工件顶面为"30.5",最终加工深度为 – 2mm,各加工参数如图 6 – 93 所示。

　　勾选【Depth cuts(分层铣削)】,再勾选【Multi Passes(多次铣削)】前方的复选框(见图6 – 93 箭头处),并点击 Multi Passes 按钮■■■■■,在弹出的对话框中设定多次铣削的次

243

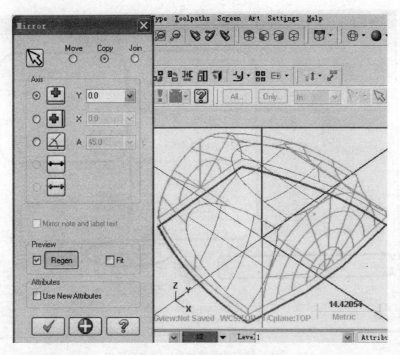

图 6 – 91　底部线框镜像结果

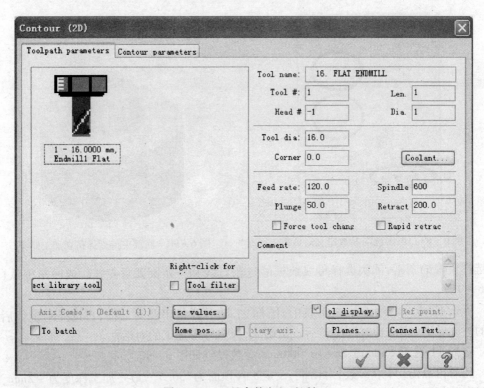

图 6 – 92　刀具参数定义对话框

数为"1",刀间距为"10.0",精加工次数为"1",余量为"0.5",并勾选【Keep tool down(铣削过程中不抬刀)】,如图 6 – 94 所示。

244

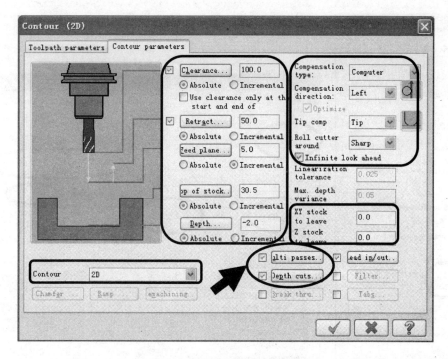

图6-93 外形铣削参数定义对话框

再点击 Depth cuts(分层铣削)按钮 [Depth cuts...]，设定最大加工深度为"10.0"，不进行最后精加工(由于此时工件下方材料应已经去除)，设定如图6-95所示。

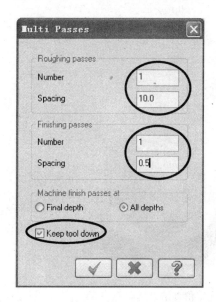

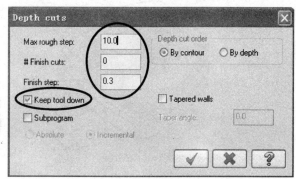

图6-94 多次铣削参数定义对话框　　　图6-95 分层铣削参数定义对话框

完成上述设定后，点击外形参数对话框下方的【确定】按钮，得到刀具路径。由于此时工件应该已经翻面。需重新设定毛坯参数，设定毛坯最大高度为"25.5"，最小高度为"-14.5"，直径仍然为"60"。如图6-96所示。

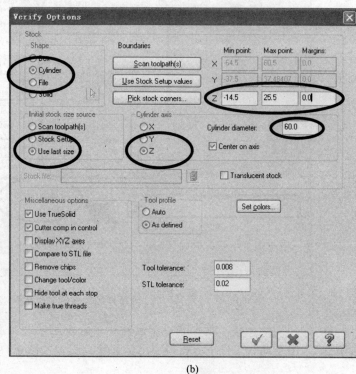

(a)   (b)

图 6 - 96　再次进行毛坯设定

（a）实体仿真对话框；（b）毛坯设定对话框。

刀具线框路径和实体切削仿真结果如图 6 - 97 所示。

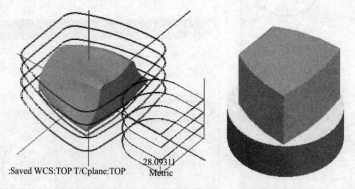

图 6 - 97　曲面外部轮廓两轴半加工仿真结果

2）曲面粗加工

由于需要使用三轴加工策略，首先在工具栏空白处点击鼠标右键，选择下方的【Load toolbars state】→【3D toolpaths】，窗口右侧将出现曲面加工的各种加工策略。

对于此类工件，可以使用【Rough Pocket Toolpath（粗加工挖槽铣削）】，此类加工需要设定一个外部串联轮廓作为外部边界,加工时将串联轮廓之内,驱动工件曲面之外的位置均作为余量去除,故适用于工件曲面外围余量较大的情况。

此处需要绘制一个外部串联轮廓作为外部边界,由于工件毛坯是圆的,故绘制一个较大的圆即可(边界大于工件毛坯,刀具可以在边界内绕毛坯回转)。点击⊞,设定当前视角和绘图平面均为XY,点击中心半径绘圆图标 Create Circle Center Point⊙,然后按屏幕互动提示,点击坐标原点作为圆心,然后在 Ribbon 栏中输入直径"75",确定即可完成外部轮廓圆的绘制,如图 6-98 箭头所示。

点击 Rough Pocket Toolpath(粗加工挖槽铣削)图标▧,或者选择【Toolpaths】→【Surface Rough】→【Rough Pocket Toolpath】,然后系统提示选择被加工曲面,用鼠标依次点击所有曲面(或拖出窗口框选),最后点击▧或回车确认。将弹出确认对话框,提示已有 7 个曲面被选择作为加工驱动曲面,点击【Containment(加工边界)】按钮,(如图 6-99 圈中所示)。将出现串联选择对话框,再点选刚绘制的直径 75 圆,点☑确定并返回图6-99。

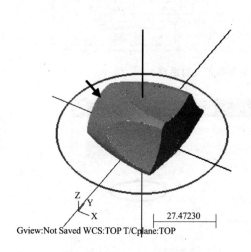

Gview:Not Saved WCS:TOP T/Cplane:TOP

图 6-98　外部串联轮廓绘制结果

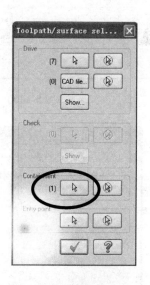

图 6-99　铣削曲面选择确认对话框

确认 Containment 中图素为 1,再点击☑确定即可。

随后将弹出曲面挖槽加工对话框,点击对话框左下方的 Select library tool"(自刀库中选择刀具)按钮▧ct library tool,选择 T2 刀具为 Endmill Flat 8.000mm(φ8 平底端铣刀),定义Tool #(刀具号)、Len(长度补偿编号)、Dia(半径补偿编号)均为 2;按表 6-3,定义刀具参数 Feed(进给速度)为"130.0"、plunge(Z 向下刀速率)为"80.0",Spindle(主轴转速)为"1100",Retract(抬刀速度)为"200.0",如图 6-100 所示。

再切换至曲面加工参数,由于是粗加工,设定加工余量为"1.0.0",如图 6-101所示。

再切换至平行铣削精加工参数对话框,定义加工误差为"0.025.0",Maximum stepdown(最大下切深度)为"2.0",如图 6-102 所示。

然后再点击【Pocket parameters(挖槽参数)】,设定各加工参数如图 6-103 所示。

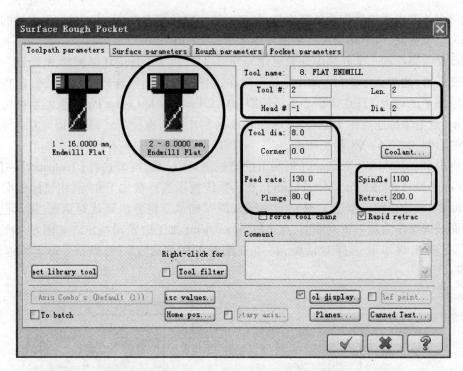

图 6 – 100　刀具定义及进给参数定义对话框

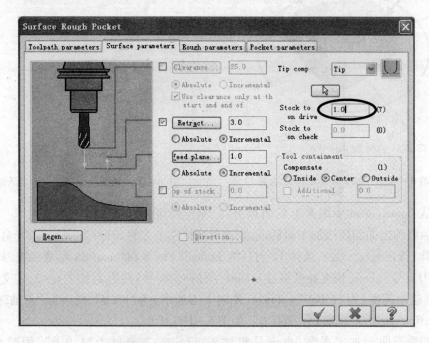

图 6 – 101　曲面加工参数定义对话框

最终得到的刀具路径和实体仿真结果如图 6 – 104 所示。

3. 曲面半精加工及精加工

由于半精加工及精加工所使用的球头刀不能承受过大的切削负载,所以曲面的加工

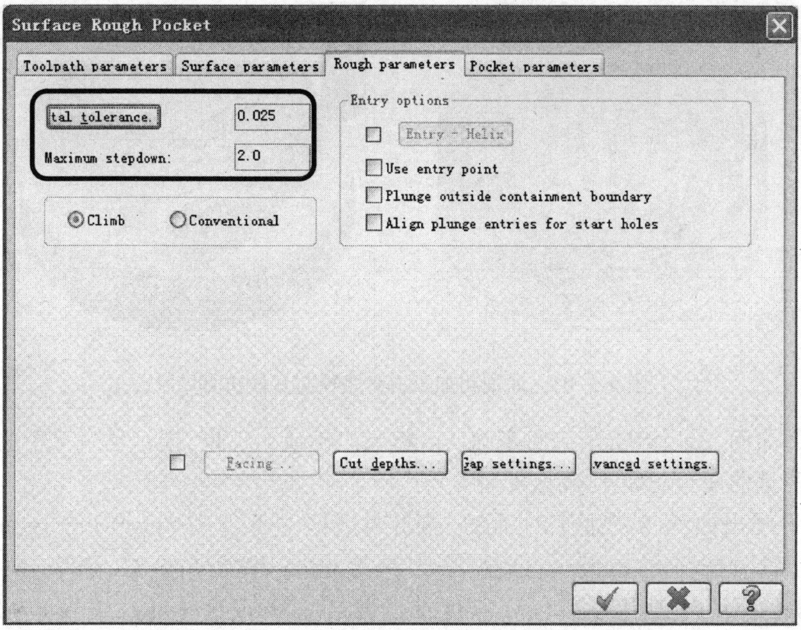

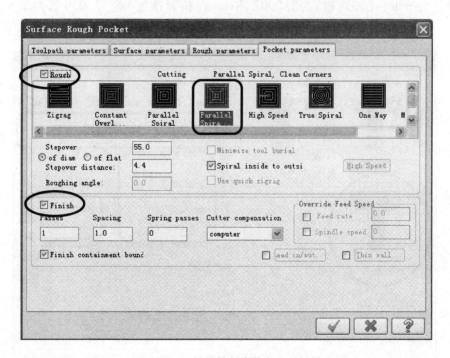

图 6 - 102　曲面粗加工挖槽铣削参数定义对话框

图 6 - 103　挖槽铣削参数定义对话框

需要分为半精加工和精加工两步进行。

1）曲面半精加工

点击 Finish Parallel Toolpath(平行铣削精加工)图标 ≡ ,或者选择【Toolpaths】→【Surface Finish】→【Finish Parallel Toolpath】,然后系统提示选择被加工曲面,用鼠标或拖出窗

249

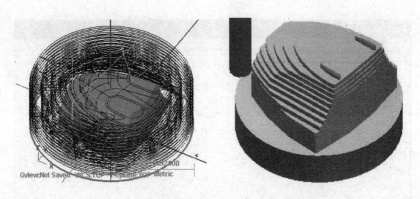

图6-104 曲面粗加工刀具路径与实体仿真结果

口框选全部曲面,最后点击▓或回车确认。将弹出确认对话框,提示已有 7 个曲面被选择作为加工驱动曲面,点击☑确认即可。

随后将弹出曲面挖槽加工对话框,点击对话框左下方的 Select library tool"(自刀库中选择刀具)按钮 ▭ct library tool ,选择 T3 刀具为 Endmill2 Sphere 10.000mm(φ10 球头铣刀),定义 Tool #(刀具号)、Len(长度补偿编号)、Dia(半径补偿编号)均为"3";如表 6-3 所列,定义刀具参数 Feed(进给速度)为"130.0"、plunge(Z 向下刀速率)为"80.0",Spindle(主轴转速)为"1500",Retract(抬刀速度)为"200.0",如图 6-105 所示。

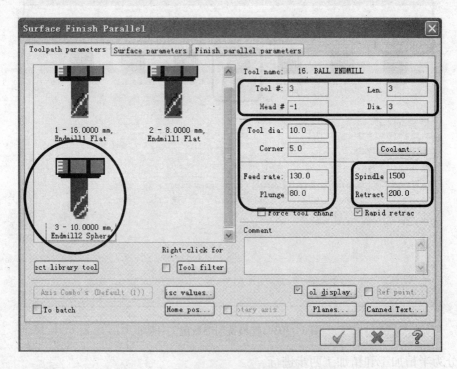

图6-105 刀具定义及进给参数定义对话框

再切换至曲面加工参数,由于是半精加工,设定加工余量为"0.5",如图 6-106 所示。

250

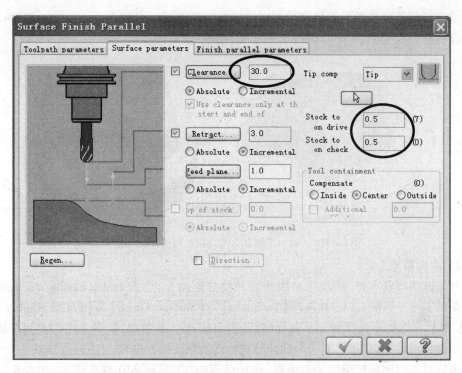

图 6 - 106　曲面加工参数定义对话框

再切换至挖槽切削粗加工参数对话框,定义加工误差为"0.005",X. stepover(刀间行距)为"1",Machining angel(加工角度)为"0.0",如图 6 - 107 所示。

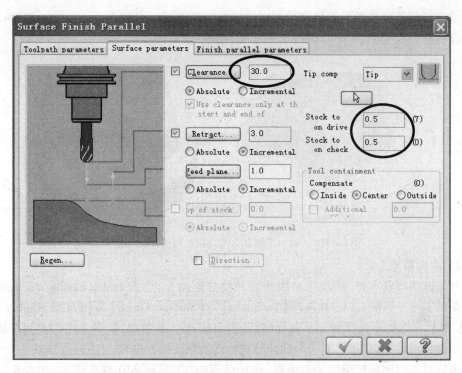

图 6 - 107　曲面平行精加工参数定义对话框

最终得到的半精加工刀具路径和实体仿真结果如图6-108所示,此时由于实际的零件下方材料已经镂空,故不必理会下方过切的痕迹。

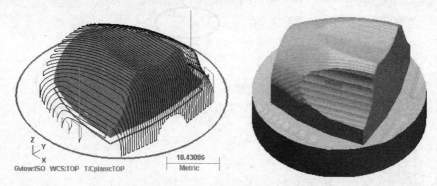

图6-108　曲面半精加工刀具路径与实体仿真结果

2）曲面精加工

对于此类形状零件,精加工可以采用环绕等距加工,点击Finish Scallop Toolpath(环绕等距精加工)图标，，或者选择【Toolpaths】→【Surface Finish】→【Finish Scallop Toolpath】,然后系统提示选择被加工曲面,拖出窗口框选全部曲面,最后点击或回车确认。将弹出确认对话框,提示已有7个曲面被选择作为加工驱动曲面,点击确认。

随后将弹出曲面挖槽加工对话框,选择已有的T3刀具φ10球头铣刀,如表6-3所列,定义刀具参数Feed(进给速度)为"200.0",plunge(Z向下刀速率)为"80.0"、Spindle(主轴转速)为"3500"、Retract(抬刀速度)为"200.0",如图6-109所示。

再切换至曲面加工参数,由于是最终精加工,设定加工余量为0mm,其余参数如

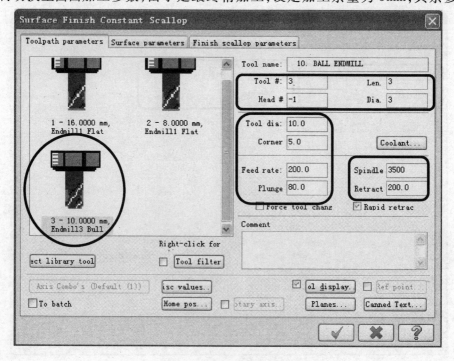

图6-109　刀具选择及进给参数定义对话框

图6-110所示。

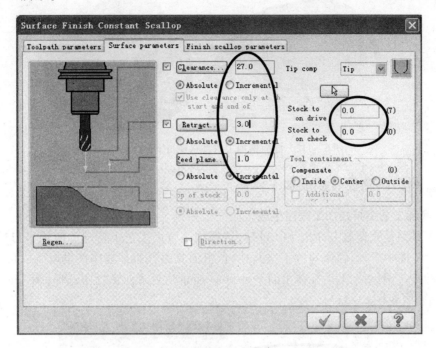

图6-110 曲面精加工参数定义对话框

再切换至等距环切精加工参数对话框,定义加工误差为"0.005",x. stepover(刀间行距)为"1",Bias angel(其实加工角度)为"0.0",如图6-111所示。

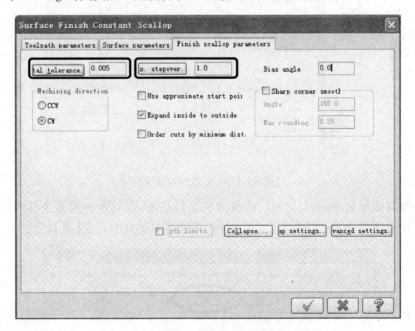

图6-111 曲面平行精加工参数定义对话框

最终得到的半精加工刀具路径和实体仿真结果如图6-112所示。

至此所有加工路径生成完毕,可以进行下一步后处理的NC代码生成了。

253

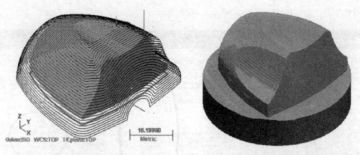

图 6 – 112   曲面精加工刀具路径与实体仿真结果

四、将刀具路径转换成加工代码

1. 底部工艺夹持端加工程序生成

在刀具路径管理器中,按下【Ctrl】键,选择加工背面工艺夹持端的两轴半刀具路径,如图 6 – 91 圈中所示,确认勾选了这两项,点击刀具路径管理器中的 Post selected operations(后处理)图标 ,然后在弹出的 Post processing 后处理对话框中选择【NC file】,点击【确定】确认(见图 6 – 113)。

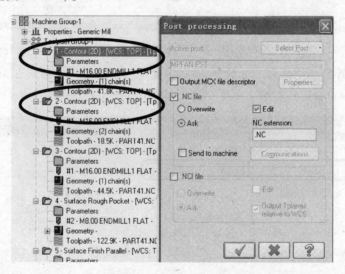

图 6 – 113   后处理对话框

由于没有选择全部的刀具路径,系统弹出窗口提示,询问是否需要全部执行后处理,由于已确定只需要生成上述两步的 NC 程序,直接在对话框中点击【否】(见图 6 – 114)。

图 6 – 114   询问提示对话框

随后弹出文件路径对话框,用户自行指定 NC 程序存放路径,程序命名为 PART4 – 1. NC,该程序将用于加工底面夹持端(见图 6 – 115)。

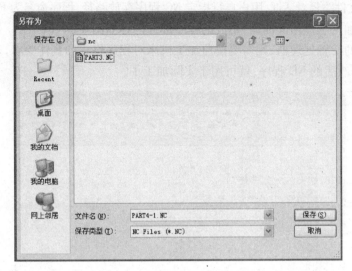

图 6 - 115　指定 NC 程序存放路径

2. 曲面加工程序生成

按下键盘上的【Ctrl】键,在刀具路径管理器中选择曲面加工的所有刀具路径,(一共四项,图 6 - 94 圈中所示),确认四项均已被勾选后点击刀具路径管理器中的 Post selected operations 图标 G1,然后在弹出的 Post processing 后处理对话框中选择 NC file,点击确定确认(见图 6 - 116)。

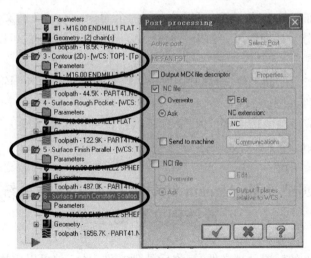

图 6 - 116　后处理对话框

系统再次弹出窗口提示,询问是否需要全部执行后处理,直接在对话框中点击【否】(见图 6 - 117)。

图 6 - 117　询问提示对话框

255

随后弹出文件路径对话框,用户自行指定 NC 程序存放路径,程序命名为 PART4 – 2. NC,该程序将用于加工工件顶面曲面,生成的程序部分内容如图 6 – 118 所示。如果没有专门针对加工机床的后置处理器,则需要按照加工机床对程序格式的具体要求,来修改后置处理完的程序,修改后的 NC 程序,就可用于实际加工了。

图 6 – 118　生成的 NC 程序

小结:

① 不同步骤加工的 CAD 造型,可以放在同一个 Mastercam X2 的文件中,编程时分别编写,生成程序时分开处理即可。如果图形较为复杂易于互相干扰,可以进行隐藏或放在不同的层中。

② 尽管零件属于曲面工件,合理利用两轴半进行粗加工乃至外围轮廓铣削可以有效去除余量,扫清工件外围。

③ 后处理生成单独的程序文件时,必须确认被选中的步骤准确无误,必要时可以在再次实体仿真确认后再进行后处理;

第四节　Mastercam 针对数控加工仿真系统的后置处理文件的生成

Mastercam 软件的后置处理文件,简称后处理文件,是一种可以由用户以回答问题的形式自行修改的文件,其扩展名为 . PST。在应用 Mastercam 软件的自动编程功能之前,必须先对这个文件进行编辑,才能在执行后处理程序时产生符合某种控制器需要和使用者习惯的 NC 程序,也就是说后处理程序可以将一种控制器的 NC 程序定义成该控制器所使用的格式。以 FANUC 系列的后处理为例,它既可以定义成惯用于 FANUC 0M 控制器所使用的格式,也可以定义成 FANUC 16M 控制器所使用的格式,但不能用来定义其他系列的控制器(例如西门子系统)。不同系列的后处理文件在内容上略有不同,但其格式及主体部分是相似的,一般都包括以下几个部分:

（1）Annotation（注释）：对后处理文件及其设定方法作一般性介绍。

（2）问题：该部分为后处理文件的主要部分，FANUC 系列的后处理文件中共包括 200 个问题，对这些问题的回答将决定将来输出的 NC 程序的格式。

（3）Commands（指令）：指令的作用是对它后面的变量施加影响。如 oldvars 和 newvars 指令，在回答问题 3 时若写于刀具号码变量 t 之前，则使用 oldvars 时将调用前一把刀具的号码，使用 newvars 时将调用现在所使用的刀具号码。

（4）Variables（变量）：给出了问题中所使用的各种变量的定义。FANUC 系列的后处理文件中共定义了 26 个变量，如 prog – n = 程序号码，f = 进给率，s = 主轴转速，t = 刀具号码等。

后处理文件的设定方法：

（1）后处理文件编辑的一般规则。

对后处理文件的编辑和设定只需要对第（4）部分的问题进行回答。PST 文件的每个问题前都有一个号码并在号码后加一个小数点。如果问题前没有号码，那么这个问题在执行后处理时是被忽略不用的。回答号码 20 以前的问题时，需要在问题的下一行输入所回答的文字，而且回答的内容可以包括多行，20 号以后问题均带有问号且回答时直接写在问号的后面，不得换行，这一类的问题常常是以"Y"、"N"回答。回答问题时用到变量，不能用引号，而字符串则必须包围在引号之中（如"G90 G54 G0 X0. Y0."），引号中的文字将按字符串的原样写入程序中。变量和字符之间要用逗号隔开。

（2）变量的使用。

变量的定义在后处理文件的开头部分已经作了说明，使用时可通过查阅来了解变量的意义。变量在回答问题时一经使用，就会在生产的 NC 程序中表达确定的意义。如变量 spindle-on，转速为正转或 0 时定义为 M03，为负时定义为 M04，如果回答问题时使用了该变量，则会在 NC 程序的相应部分写出 M03 或 M04。变量 prog-n 若写到问题 1 或 2 中，将对在 NC 程序规划时给定的程序中起作用。变量 First-tool 用来调用程序所使用的第一把刀的号码，此变量通常用于程序结束时将使用中的刀具改变为第一把刀的号码，以便在下一次执行程序时使用。next-tool 用于无 T 字首的刀具号码，使用这个变量可在刀具被调用前，选择另一把刀来进行换刀。变量 xr、yr、zr 是用来定义程序中快速定位的 X、Y、Z 坐标位置，通常用于换刀和程序结束时使刀具返回机械原点。prev-x、prev-y、prev-z 则是用来定义刀具所在的前一个 X、Y、Z 坐标的位置。其他变量的定义可参看文件开头的说明。

（3）后处理文件的设置方法。

大多数情况，都是从 Mastercam 自带的后置处理文件中，找一个与自己机床数控系统相同的文件，这样后处理文件中的绝大部分地方一般不需要作太大的改动，通常只需要对其中固定的几个地方进行编辑。下面以 Mastercam9.1SP2 安装时默认的后置处理文件 Mpfan. pst 为例子，将其修改成为针对数控仿真系统加工中心的后置处理文件来说明修改的方法。

可以用 windows 系统自带的记事本打开 Mastercam 目录下的 Mpfan. pst。但推荐使用 UltraEdit – 32 软件打开 C:\Mcam9\Mill\Posts\Mpfan. pst，按表 6 – 4 来修改文件。

表 6 - 4　Mpfan. pst 文件需要搜索的内容

行号	搜索内容	注释
175	omitseq　　:no	是否省略行号（NO 不省略）
552		程序生成名字
553	"（DATE = DD - MM - YY - ",date," TIME = HH:MM - ",time,")",e	程序生成日期
554	pbld,n, * smetric,e	设置单位公制或英制
555	pbld,n, * sgcode, * sgplane,"G40","G49","G80", * sgabsinc,e	
560	pfbld,n,sgabsinc, * sg28ref,"Z0. ",e	
561	pfbld,n, * sg28ref,"X0. "," Y0. ",e	
562	pfbld,n,"G92", * xh, * yh, * zh,e	
563	absinc = sav_absinc	
574 575	pcan1,pbld,n, * sgcode, * sgabsinc,pwcs,pfxout,pfyout, 　　　pfcout, * speed, * spindle,pgear,strcantext,e	第一次刀具初始化
614	pbld,n,"M01",e	换刀后,暂停
625 626	pcan1,pbld,n, * sgcode, * sgabsinc,pwcs,pfxout,pfyout, 　　　pfcout, * speed, * spindle,pgear,strcantext,e	换刀后,刀具初始化
644	pbld,n, * sg28ref,"X0. "," Y0. ",protretinc,e	

修改结果如表 6 - 5 所列。

表 6 - 5　Mpfan. pst 文件修改后的内容

行号	修 改 后 的 内 容	注　释
175	omitscq　　:yes	是否省略行号（yes 省略）
552		删除本行
553		删除本行
554	#pbld,n, * smetric,e	行前加入#号,注释本行,同删除本行作用一样。
555	pbld,n,"G91G28Z0",e	替换为换刀程序
560	pfbld,n,sgabsinc, * sg28ref,"Z0. ",e	删除本行
561	pfbld,n, * sg28ref,"X0. "," Y0. ",e	删除本行
562	pfbld,n,"G92", * xh, * yh, * zh,e	删除本行
563	absinc = sav_absinc	删除本行
574 575	pcan1,pbld,n, * sgcode, * sgabsinc,pwcs,pfxout,pfyout, 　　　 * speed, * spindle,pgear,strcantext,e	仿真系统暂不支持第四轴,故删除 pfcout,这个指令
614	#pbld,n,"M01",e	注释本行或删除本行
625 626	pcan1,pbld,n, * sgcode, * sgabsinc,pwcs,pfxout,pfyout, 　　　pfcout, * speed, * spindle,pgear,strcantext,e	仿真系统暂不支持第四轴,故删除 pfcout,这个指令
644	#pbld,n, * sg28ref,"X0. "," Y0. ",protretinc,e	注释本行或删除本行

第五节　数控编程的误差控制

加工精度是指零件加工后的实际几何参数(尺寸、形状及相互位置)与理想几何参数符合的程度(分别为尺寸精度、形状精度及相互位置精度)。其符合程度越高,精度越高。反之,两者之间的差异即为加工误差。如图 6－119 所示,加工后的实际型面与理论型面之间存在着一定的误差。所谓"理想几何参数"是一个相对的概念,对尺寸而言其配合性能是以两个配合件的平均尺寸造成的间隙或过盈考虑的,故一般即以给定几何参数的中间值代替。如轴的直径尺寸标注为 $\phi 100^{0}_{-0.05}$ mm,其理想尺寸为 99.975mm。而对理想形状和位置则应为准确的形状和位置。可见,"加工误差"和"加工精度"仅仅是评定零件几何参数准确程度这一个问题的两个方面。实际生产中,加工精度的高低往往是以加工误差的大小来衡量的。在生产中,任何一种加工方法不可能也没必要把零件做得绝对准确,只要把这种加工误差控制在性能要求的允许(公差)范围之内即可,通常称之为"经济加工精度"。

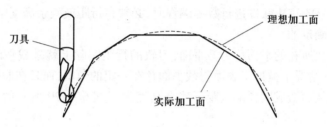

图 6－119　加工误差

数控加工的特点之一就是具有较高的加工精度,因此对于数控加工的误差必须加以严格控制,以达到加工要求。要实现这个目的,首先就要了解数控加工可能造成加工误差的因素及其影响。

由机床、夹具、刀具和工件组成的机械加工工艺系统(简称工艺系统)会有各种各样的误差产生,这些误差在各种不同的具体工作条件下都会以各种不同的方式(或扩大、或缩小)反映为工件的加工误差。工艺系统的原始误差主要有工艺系统的几何误差、定位误差、工艺系统的受力变形引起的加工误差、工艺系统的受热变形引起的加工误差、工件内应力重新分布引起的变形以及原理误差、调整误差、测量误差等。

在 CAD/CAM 软件自动编程中,一般仅考虑两个主要误差:一是刀轨计算误差,二是残余高度。

刀轨计算误差的控制操作十分简单,仅需要在软件上输入一个公差带即可。而残余高度的控制则与刀具类型、刀轨形式、刀轨行间距等多种因素有关,因此其控制主要依赖于程序员的经验,具有一定的复杂性。

由于刀轨是由直线和圆弧组成的线段集合近似地取代刀具的理想运动轨迹(称为插补运动),因此存在着一定的误差,称为插补计算误差。

插补计算误差是刀轨计算误差的主要组成部分,它造成加工不到位或过切的现象,因此是 CAM 软件的主要误差控制参数。一般情况下,在 CAM 软件上通过设置公差带来控制插补计算误差,即实际刀轨相对理想刀轨的偏差不超过公差带的范围。

如果将公差带中造成过切的部分(即允许刀具实际轨迹比理想轨迹更接近工件)定义为负公差的话,则负公差的取值往往要小于正公差,以避免出现明显的过切现象,尤其是在粗加工时。

在数控加工中,相邻刀轨间所残留的未加工区域的高度称为残余高度,它的大小决定了加工表面的表面粗糙度,同时决定了后续的抛光工作量,是评价加工质量的一个重要指标。在利用 CAD/CAM 软件进行数控编程时,对残余高度的控制是刀轨行距计算的主要依据。在控制残余高度的前提下,以最大的行间距生成数控刀轨是高效率数控加工所追求的目标。

由于在曲面精加工中多采用的是球头刀,研究球头刀进行平面或斜面加工时的残余高度控制是非常有意义的。

图 6 - 120 所示为刀轨行距计算中最简单的一种情况,即加工面为平面。

这时,刀轨行距与残余高度之间的换算公式为

$$l = 2\sqrt{R^2 - (h - R)^2} \quad 或 \quad h = R - \sqrt{R^2 - (l/2)^2}$$

式中:h,l 分别为残余高度和刀轨行距。

在利用 CAD/CAM 软件进行数控编程时,必须在行距或残余高度中任设其一,其间关系就是由上式确定的。

同一行刀轨所在的平面称为截平面,刀轨的行距实际上就是截平面的间距。对曲面加工而言,多数情况下被加工表面与截平面存在一定的角度,而且在曲面的不同区域有着不同的夹角。从而造成同样的行距下残余高度大于图 6 - 120 所示的情况,如图 6 - 121 所示。

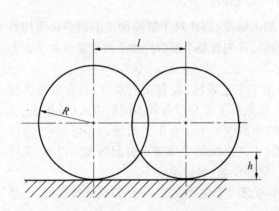

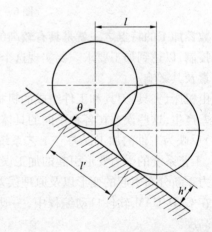

图 6 - 120 球头刀加工平面的行距   图 6 - 121 球头刀加工斜面的行距

图 6 - 121 中,尽管在 CAD/CAM 软件中设定了行距,但实际上两条相邻刀轨沿曲面的间距 l'(称为面内行距)却远大于 l。而实际残余高度 h' 也远大于图 6 - 120 所示的 h。其间关系为

$$l' = l/\sin\theta \quad 或 \quad h' = R - \sqrt{R^2 - (l/2\sin\theta)^2}$$

由于现有的 CAD/CAM 软件均以图 6 - 120 所示的最简单的方式作行距计算,并且不能随曲面的不同区域的不同情况对行距大小进行调整,因此并不能真正控制残余高度

(即面内行距)。这时,需要编程人员根据不同加工区域的具体情况灵活调整。

对于曲面的精加工而言,在实际编程中控制残余高度是通过改变刀轨形式和调整行距来完成的。一种是斜切法,即截平面与坐标平面呈一定夹角(通常为45°),该方法优点是实现简单快速,但有适应性不广的缺点,对某些角度复杂的产品就不适用。一种是分区法,即将被加工表面分割成不同的区域进行加工。该方法对不同区域采用了不同的刀轨形式或者不同的切削方向,也可以采用不同的行距,修正方法可按上式进行。这种方式效率高且适应性好,但编程过程相对复杂一些。

练 习 六

一、Mastercam 软件编程练习题(曲面零件一)

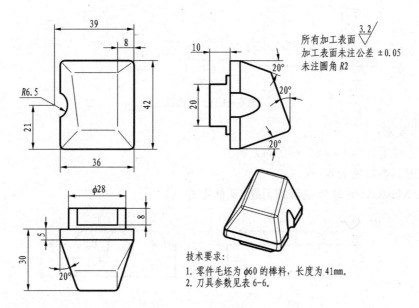

所有加工表面 3.2
加工表面未注公差 ±0.05
未注圆角 R2

技术要求:
1. 零件毛坯为 φ60 的棒料,长度为 41mm。
2. 刀具参数见表 6-6。

图 6-122 按键模型

表 6-6 Mastercam 编程练习所用的刀具参数表

刀具号码	刀具名称	刀具材料	刀具直径/mm	零件材料为铝材			零件材料为45#钢			备注
				转速/(r/min)	径向进给量/(mm/min)	轴向进给量/(mm/min)	转速/(r/min)	径向进给量/(mm/min)	轴向进给量/(mm/min)	
T1	端铣刀	高速钢	φ16	600	120	50	500	60	35	粗铣
T2	端铣刀	高速钢	φ10	1100	130	80	800	90	50	精铣
T3	球头刀	高速钢	φ10(R5)	1500		200	1000		160	半精铣曲面
T3	球头刀	高速钢	φ10(R5)	4000	0.15mm	500	2500	0.15mm	300	精铣曲面

二、Mastercam 软件编程练习题(曲面零件二)

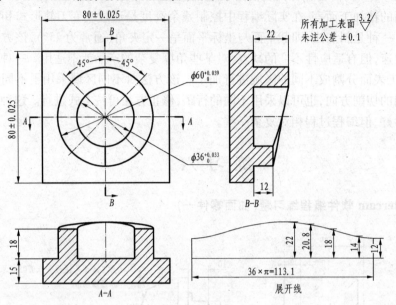

图 6-123 平面凸轮

技术要求:

1. 零件毛坯为 85×85×40 的方料。

2. 刀具参数见表 6-6。

三、Mastercam 软件编程练习题(实体零件一)

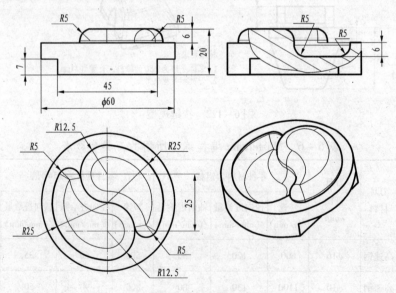

图 6-124 实体零件一

技术要求:

1. 零件毛坯为 $\phi 60 \times 41$ 的棒料。

2. 刀具参数见表 6-6。

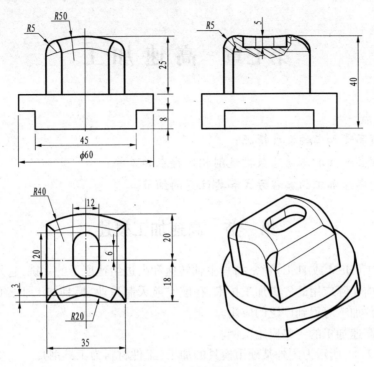

图 6 – 125　实体零件二

技术要求：

1. 零件毛坯为 $\phi60 \times 41$ 的棒料。
2. 刀具参数见表 6 – 6。

第七章 高速加工

实训要点

- 了解高速加工的发展情况;
- 掌握高速切削与普通数控铣削相比存在的差异;
- 掌握高速加工的编程方式和要注意的细节。

第一节 高速加工概述

高速加工(HSM 或 HSC)通常指高主轴转速和高进给速度下的立铣,它是 20 世纪 90 年代迅速走向实际应用的先进加工技术,在航空航天制造业、模具加工业、汽车零件加工以及精密零件加工等得到广泛的应用。

下面是高速加工的一些应用实例。

(1)图 7-1 所示为国外某硬币模具的加工(工件材料为工具钢)。

- 传统工艺
  CAD造型完成后,生成相应的NC程序
- 传统工艺存在的问题
  NC程序>400MB
  加工时间>40h
  刀具磨损很大
  (ϕ0.075雕刻刀,20000r/min)
- 采用高速加工
  通过CAD/CAM将三维轮廓、文字和背景及平面分开加工
  NC程序≈30MB
  加工时间<20h

图 7-1 硬币模具

(2)图 7-2 所示为螺旋型电极的加工(工件材料为钨化钢)。

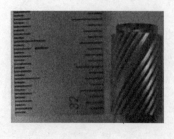

- 传统工艺
  通过专用的高速钢刀具进行二维铣削
- 传统工艺存在的问题
  几何形状的一致性差,专用刀具成本低转速使得加工时间较长、工具的工作寿命短
- 采用高速加工
  使用ϕ0.3的标准球头铣刀,主轴转速40000r/min进行三维铣削

图 7-2 螺旋型电极

(3)图 7-3 所示为表壳模具的加工(工件材料为工具钢,HRC54)。

· 传统工艺
  100%电火花加工,小的圆角和锐边难以加工

· 采用高速加工
  使用φ0.8的球头铣刀,主轴转速27000r/min进行高速切削完成粗加工
  和半精加工,留0.25mm为电火化的精加工余量

图7-3 下表壳模具

(4)图7-4所示为医用铝盒模具的加工(工件材料为铝材)。

· 毛坯尺寸为300mm×300mm
· 粗铣整体厚铝板
  $n=36000r/min$,$f=20m/min$,铣削用时8min
· 精铣去毛口
  $n=40000r/min$,$f=7m/min$,铣削用时18min
· 钻680个$\phi3$的孔
  $n=40000r/min$,$f=8m/min$,铣削用时6min
· 总计加工时间为32min,仅一次装夹就完成了全部加工

图7-4 医用铝盒的模具

(5)图7-5所示为耐磨环的加工(工件材料为工具钢,HRC50)。

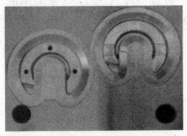

· 传统工艺的加工时间
  ①包括非生成时间:2215min
  ②铣削时间:155min
  ③抛光时间:90min
  总耗时:2460min

· 采用高速加工的时间
  ①粗加工和半精加工时间:96min
  ②精加工时间:120min
  无须手工修模抛光
  总耗时:216min

毛坯尺寸:420mm×310mm×100mm
最大转速:35000r/min;最大进给:8000 mm/min

图7-5 耐磨环加工

(6)图7-6所示为手机机壳电极的加工(工件材料为石墨)。

(7)图7-7所示为薄壁螺旋片的加工(工件材料为铝材)。

从上面的实例可知,高速铣削技术既可用于铝合金、铜等易切削金属,也可用于淬火钢、钛合金、高温合金等难加工材料以及碳纤维塑料等非金属材料。

作为一项优势突出的新技术,必须掌握其特点,高速铣削的特点如下:

(1)高速铣削的一般特征。

高速铣削一般采用高的铣削速度,适当的进给量,小的径向和轴向铣削深度,铣削时,大量的铣削热被切屑带走,因此,工件的表面温度较低。随着铣削速度的提高,铣削力略有下降,表面质量提高,加工生产率随之增加。但在高速加工范围内,随铣削速度的提高

工步	刀具	刀具直径	刀具圆角	主轴转速	进给速度	加工时间
		D/mm	R	n/(r/min)	v_t/(mm/min)	t/min
粗加工	圆角刀	$\phi 8$	0.5	30000	2850	
半精加工	圆角刀	$\phi 4$	0.5	30000	2500	
精加工	圆角刀	$\phi 2$	0.15	30000	2200	
精加工	球头刀	$\phi 2$	1	30000	2200	
精加工	球头刀	$\phi 1$	0.5	30000	1600	
精加工	圆角刀	$\phi 1$	0.1	30000	1850	
精加工	球头刀	$\phi 0.4$	0.2	30000	850	
					机时总计	20/min

图 7-6　手机石墨电极

- 工件毛坯尺寸：80mm×80mm×40mm
- 采用高速加工
  粗铣：主轴转速42000 r/min；进给速度15000mm/min
  零件壁厚：0.15 mm
  零件壁高：20 mm
- 加工时间：7.5 min
- 常规方法无法加工

图 7-7　铝制螺旋片

会加剧刀具的磨损。由于主轴转速很高,切削液难以注入加工区,常采用油雾冷却或水雾冷却。图 7-8 所示为铣削速度对加工性能的影响。

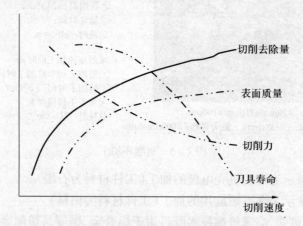

图 7-8　高速铣削的特点

（2）高速铣削的优点。

由于高速铣削的特性,高速铣削工艺相对常规加工具有以下一些优点:

① 提高生产率。

铣削速度和进给速度的提高,可提高材料去除率。同时,高速铣削可加工淬硬零件,许多零件一次装夹可完成粗、半精和精加工等全部工序,对复杂型面加工也可直接达到零

266

件表面质量要求,因此,高速铣削工艺往往可省去电加工、手工打磨等工序,缩短工艺路线,进而大大提高加工生产率。

② 改善工件的加工精度和表面质量。

高速铣床必须具备高刚性和高精度等性能,同时由于铣削力低,工件热变形减少,高速铣削的加工精度很高。铣削深度较小而进给较快,加工表面的表面粗糙度很小,铣削铝合金时可达 $R_a 0.4 \sim R_a 0.6$,铣削钢件时可达 $R_a 0.2 \sim R_a 0.4$。

③ 实现整体结构零件加工。

高速切削可使飞机大量采用整体结构零件,明显减轻部件重量,提高零件可靠性、减少装配工时。

④ 有利于使用直径较小的刀具。

高速铣削较小的铣削力适合使用小直径的刀具,可减少刀具规格,降低刀具费用。

⑤ 有利于加工薄壁零件和高强度、高硬度脆性材料。

高速铣削的铣削力小,有较高的稳定性,可高质量地加工出薄壁零件,采用高速铣削可加工出壁厚0.2mm,壁高20mm 的薄壁零件。高强度和高硬度材料的加工也是高速铣削的一大特点,目前,高速铣削已可加工硬度达 60HRC 的零件,因此,高速铣削允许在热处理以后再进行切削加工,使模具制造工艺大大简化。

⑥ 可部分替代其他某些工艺,如电加工、磨削加工等。

由于加工质量高,可进行硬切削,在许多模具加工中,高速铣削可替代电加工和磨削加工。

⑦ 经济效益显著提高。

由于上述种种优点,综合效率提高、质量提高、工序简化、机床投资和刀具投资以及维护费用增加等,高速铣削工艺的综合经济效益仍有显著提高。

(3)高速铣削的问题。

高速铣削是一项新技术,尚存在许多不足值得改进,包括:

① 高速铣削机床较昂贵,对刀具的切削性能、精度和动平衡等要求较高,固定资产投资较大,刀具费用也会提高。

② 加减速度时,加速度较大,主轴的启动和停止加剧了导轨、滚珠丝杆和主轴轴承磨损,引起维修费用的增加。

③ 需要特别的工艺知识,专门的编程软件,快速数据传输接口。

④ 缺乏高级的操作人员。

⑤ 调试周期较长。

⑥ 机床的紧急停止功能,在高速加工中实际上不可能实现,人工错误、硬件或软件错误都会导致严重的后果。

⑦ 安全要求很高:机床必须使用具有防弹功能的防护板和防弹玻璃;必须控制刀具伸出量;不要使用"重的"刀具和刀杆。要定期检查刀具、刀杆和螺钉的疲劳裂缝。选择刀具时必须注意允许用的最大主轴转速。

(4)高速铣削的应用范围。

高速铣削具有很多优点,应用越来越广泛,但也存在一些不足,因此,必须选择适合高速铣削的领域应用该技术。表 7 - 1 列出了高速铣削的应用范围。

表 7 - 1　高速铣削应用范围

技术优点	应用领域	事例
高去除率	轻合金,钢和铸铁	航空航天产品,工具、模具制造
高表面质量	精密加工,特殊工件	光学零件,精细零件,旋转压缩机
小切削力	薄壁件	航空航天工业,汽车工业,家用设备
高激振频率	避免共振频率加工	精密机械和光学工业
切屑散热	热敏感工件	精密机械,镁合金加工

　　高速铣削在许多领域取得了成功的应用。例如,在铝合金等飞机零件加工中,曲面多且结构复杂,材料去除量达高达 90% ~ 95%,采用高速铣削可大大提高生产效率和加工精度;飞机的蜂窝结构件采用高速铣削技术可保证加工质量,梁、框、壁板等零件加工余量特别大,高速铣削可提高生产率,发动机的叶片采用高速铣削可解决材料难加工的难题。绝大部分模具均可利用高速铣削技术加工,如锻模、压铸模、注塑与吹塑模等。在模具加工中,高速铣削可直接加工淬火硬度大于 50HRC 的钢件,因此许多情况下可省去电火花加工和手工修磨,即在热处理后采用高速铣削达到零件尺寸、形状和表面粗糙度要求。锻模腔体较浅,刀具寿命较长;压铸模尺寸适中,生产率较高,注塑与吹塑模一般尺寸较小,比较经济。高速铣削也适用于加工模具的石墨电极和铜电极;电子产品中的薄壁结构加工尤其需要高速加工;高速铣削也适用于模具的快速原型制造;汽车发动机零件也是高速铣削的应用领域。此外,高速铣削也可用于原型制造。

第二节　高速切削加工实例

　　高速切削实例如图 7 - 9 所示。

图 7 - 9　高速切削实例(可乐瓶底凹模模型)

　　毛坯为已加工过的 100×100 的方料,厚度为 40mm,零件材料为铝材。

　　加工采用的刀具参数如表 7 - 2 所列。

表 7 – 2　高速切削实例所用刀具参数表

刀具号码	刀具名称	刀具材料	刀具直径/mm	零件材料为铝材		备注
				转速/(r/min)	进给量/(mm/min)	
T1	球头铣刀	整体硬质合金刀具	φ6(R3)	35000	12000	粗铣曲面和半精铣
T2	球头铣刀	整体硬质合金刀具	φ6(R3)	42000	10000	精铣曲面

一、CAD 部分

完成 CAD 造型的软件很多,下面选用了 CATIA 软件,完成加工零件的造型。

观察如图 7 – 9 所示的零件,要完成零件造型,首先要绘制三个关键的曲线,三个关键曲线的尺寸如图 7 – 10 所示。

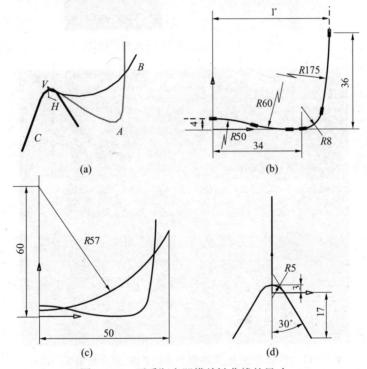

图 7 – 10　可乐瓶底凹模关键曲线的尺寸

(a) 三个关键曲线的轴测图;(b) 曲线 A 的尺寸;(c) 曲线 B 的尺寸;(d) 曲线 C 的尺寸。

完成加工零件的造型:

(1) 在 CATIA 软件里,新建一个 Part 文件后,选择进入曲面模块,如图 7 – 11 所示。

(2) 选择 yz 平面,利用【草图】功能,按照图 7 – 10 提供的曲线尺寸,完成曲线 A 的草图,完成后如图 7 – 12 所示。

(3) 按照前面的方法,用图 7 – 10 提供的曲线尺寸,在 yz 平面上完成曲线 B 的草图,在 zx 平面上完成曲线 C 的草图,最后得到三条曲线,如图 7 – 13 所示。

(4) 利用【旋转】曲面的功能,以"草图.1(曲线 A)"为轮廓,旋转轴为 Z 轴,以曲线 A 为中心,向左右各旋转 36°,完成第一个旋转曲面的绘制,如图 7 – 14 所示。

(5) 利用【扫掠】曲面的功能,以"草图.3(曲线 C)"为轮廓,引导曲线是"草图.2(曲线 B)",完成第二个扫掠曲面的绘制,如图 7 – 15 所示。

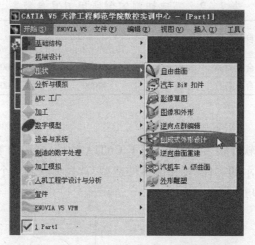

图 7 – 11　在 CATIA 中,进入曲面模块

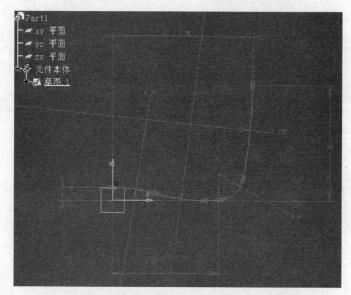

图 7 – 12　在 yz 平面上,完成曲线 A 的草图,尺寸见图 7 – 10(b)

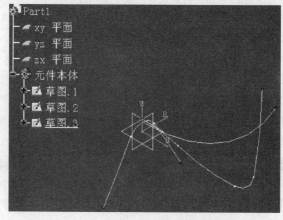

图 7 – 13　完成三个关键曲线的草图

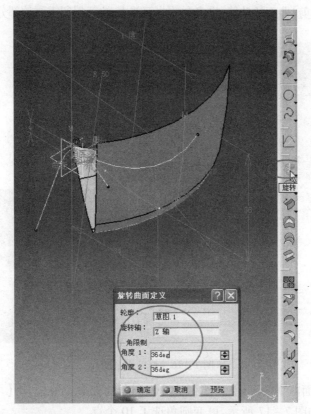

图 7-14　第一个旋转曲面的绘制

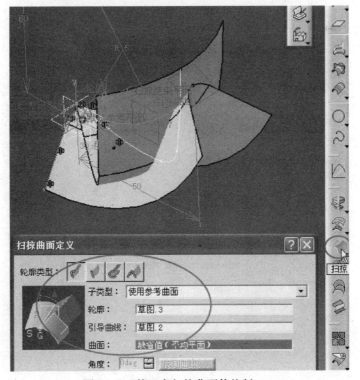

图 7-15　第二个扫掠曲面的绘制

（6）利用【修剪】曲面的功能，将多余的曲面剪去，注意保留需要的部分，如图7－16所示。

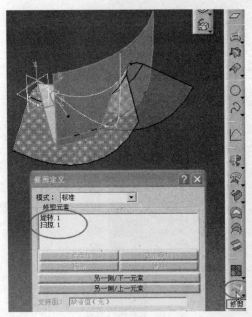
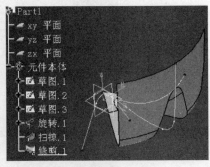

图7－16　修剪多余曲面

（7）由于曲面曲率的不同，为了保证曲面圆角的光顺一致，利用【可变圆角】功能，完成圆角的绘制，如图7－17所示，可变圆角选了10个点。

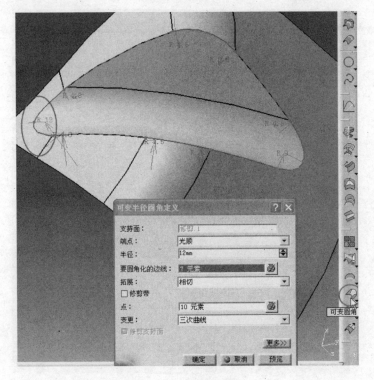

图7－17　倒可变圆角

272

从图中画圈部分开始,圆角值依次为 $R12, R4.8, R4.5, R3.8, R4.5, R9, R4.5, R3.8, R4.5, R4.8$。

(8) 利用【圆周阵列】功能,以倒完圆角后的曲面为对象,参考方向为 Z 轴,以 72° 为间隔,共圆周阵列 5 个,得到其余 4 个角的曲面,如图 7-18 所示。

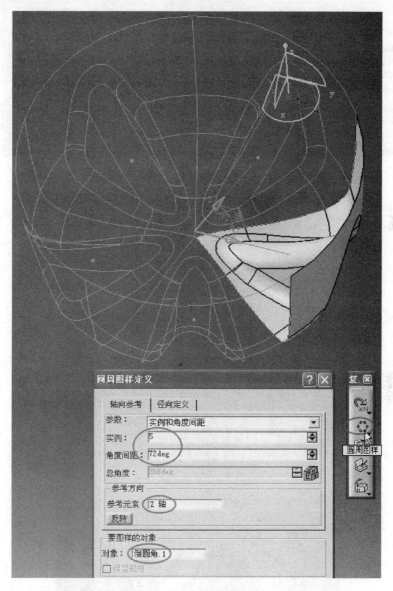

图 7-18　圆周阵列曲面

(9) 将完成后的曲面合并成一个,曲面造型就完成了,如图 7-19 所示。

(10) 回到 CATIA 的实体造型模块,如图 7-20 所示。

(11) 选择 xy 平面,利用【草图】功能,完成凹模外形的草图绘制,完成后如图 7-21 所示。

(12) 利用【凸台(拉伸)】功能,完成凹模外形,如图 7-22 所示。

273

图 7-19　将所有曲面合并成一个曲面

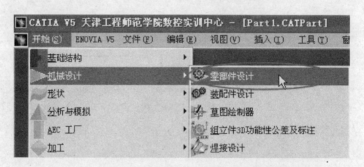

图 7-20　曲面造型完成后,切换到实体造型模块

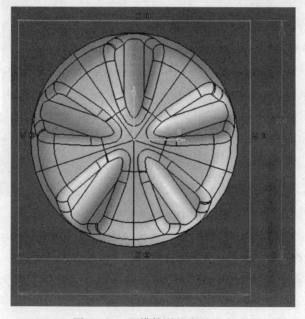

图 7-21　凹模外形的草图尺寸

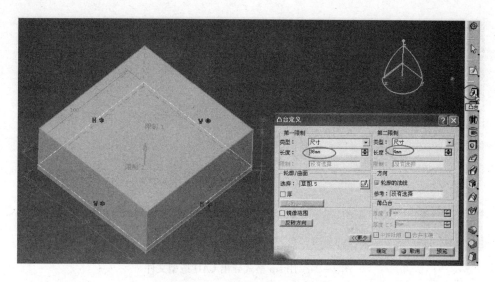

图 7 – 22 凹模外形的拉伸尺寸

（13）利用【分割】功能,用合并完成后的曲面,来分割凹模外形的实体,注意保留方向是向外,完成凹模的造型,如图 7 – 23 所示。

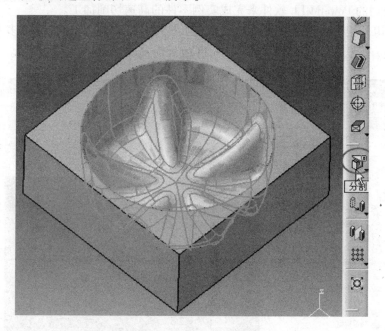

图 7 – 23 用曲面分割实体外形

（14）在结构树中,除最后分割后的实体要保留外,其他的结构可以隐藏起来,最后将完成的模型保存起来,CAD 造型就完成了。

如果要将 CAD 的模型导入到其他 CAM 软件里,还需要将 CAD 模型用 stp 格式导出去,在 CATIA 里,使用【文件】菜单中的【另存为】功能,然后选择保存类型为 stp,就可以导出 stp 格式的文件给其他 CAD/CAM 软件了。如图 7 – 24 所示。

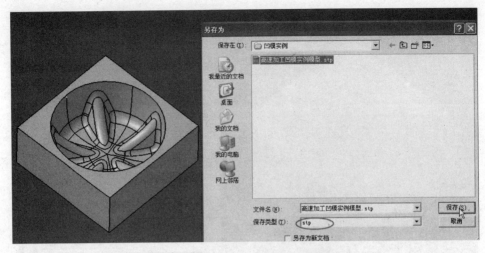

图 7-24 用 stp 格式导出 CAD 造型文件

二、CAM 部分

现在支持高速加工的 CAM 软件不是很多,考虑到软件的功能和影响力,下面选用了 DELCAM 公司的 PowerMILL 软件来完成实例零件的高速切削加工。

PowerMILL 软件在高速切削加工和多轴加工领域的影响力很大,有很多专门支持高速加工的独有算法和加工策略。如图 7-25 所示为 PowerMILL 软件的界面。

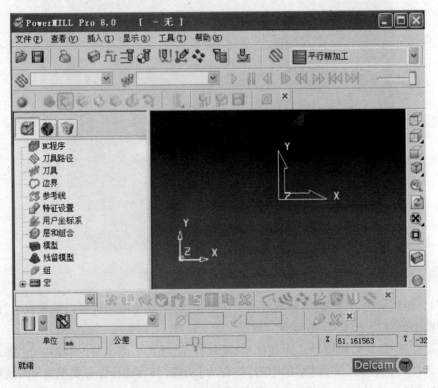

图 7-25 PowerMILL 软件的界面

276

PowerMILL 软件与大多数 CAM 软件不同,它没有 CAD 功能,其加工数据来源可以是由其他 CAD 软件产生的实体、曲面、STEP 文件、IGES 文件、STL 文件。

表 7-3 所列是使用 PowerMILL 软件加工零件的一般流程。

表 7-3 使用 PowerMILL 软件加工零件的流程

编号	步 骤	在本实例中的作用
1	输入加工零件的 CAD 模型数据到 PowerMILL 中	导入 stp 格式文件
2	查看和分析加工模型,加工范围,获取模型大小和最小半径等信息	根据最小半径,设定精加工刀具的直径
3	设定加工时的用户坐标系(G54)	与实际加工中 G54 坐标系一致
4	定义毛坯和加工刀具	与刀具参数表一致
5	选择合适的加工策略,生成粗加工的刀具路径	
6	根据需要,生成半精加工的刀具路径	
7	选择合适的加工策略,生成精加工的刀具路径	
8	根据需要,生成补充的刀具路径(例如刻字等)	本实例不需要
9	实体仿真刀具路径,确认刀具路径是否正确	
10	设置刀具的加工参数,例如转速、进给等	
11	生成加工用的 NC 程序	
12	保存本项目	

步骤解析:

(1) 输入加工零件的 CAD 模型数据到 PowerMILL 中。

通常通过从主下拉菜单中选取【文件】→【输入模型】选项来将模型输入到 Power-MILL。如图 7-26 所示。

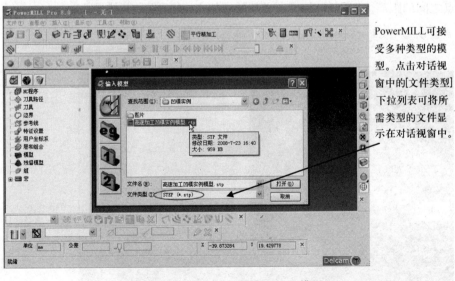

PowerMILL可接受多种类型的模型。点击对话视窗中的[文件类型]下拉列表可将所需类型的文件显示在对话视窗中。

图 7-26 导入加工零件的 CAD 模型

PowerMILL 可以导入很多格式的 CAD 模型,例如扩展名为 STP、IGS、DXF 的文件,如果 PowerMILL 的版本比较新,甚至可以直接打开 PRO/E、UG、Catia、Solidworks、Solidedge 等常见的 CAD 软件生成的 PART 文件。

导入零件模型后,可以用多种方式来查看导入后的零件模型。如图 7 - 27 所示。

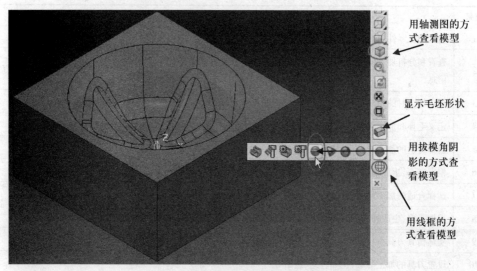

用轴测图的方式查看模型

显示毛坯形状

用拔模角阴影的方式查看模型

用线框的方式查看模型

图 7 - 27   以拔模角阴影方式显示的轴测图模型

(2)查看和分析加工模型,加工范围,获取模型大小和最小半径等信息。

导入加工零件的模型后,首先是通过测量器(见图 7 - 28)测量零件的实际尺寸,例如长、宽、高等参数,加工零件的哪些区域要需要加工,对于凹下去的部分,其最小处的圆弧半径是多少,以便确定精加工时的刀具直径。

如图 7 - 28 所示的加工模型,测量过程:选择【测量器】,用鼠标单击模型的一个角(即定位点,符号是一个圈),然后单击另一个角(即结束点,符号是一个叉),测量器显示两个点之间的距离。双击鼠标,可定义新的定位点,从而测量其他尺寸。

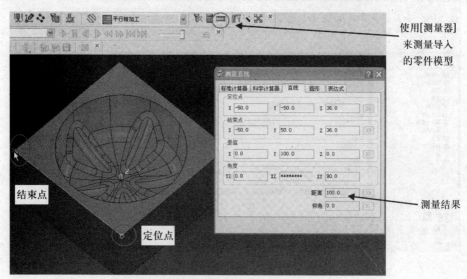

使用[测量器]来测量导入的零件模型

结束点

定位点

测量结果

图 7 - 28   使用测量器,测量零件的大小等尺寸

278

经过测量可知,加工区域是凹下去部分,毛坯的尺寸是 100×100 的方料,厚度为 40。

对于有凹处的零件,必须测量其凹处的最小半径,以便确定精加工时的刀具直径。如图 7-29 所示,最小处的半径是 3.592904(从前面的 CAD 造型可知,此加工模型的最小半径是 3.8,用鼠标单击模型,存在测量误差)。根据测量结果,确定精加工的刀具直径为 R3 的球头铣刀。

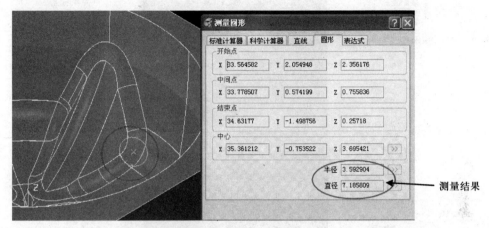

图 7-29　使用测量器,测量零件的最小半径尺寸,以确定精加工的刀具直径

(3) 设定加工时的用户坐标系(G54)。

坐标系的设定是 CAD 设计和 CAM 加工的基础。对于 CAD 模型的设计者来说,设计坐标系是根据是否方便设计零件来考虑。而加工时所用的用户坐标系(G54),是根据是否方便从毛坯上找正、加工习惯和零件测量,是否方便等角度来考虑。因此,设计坐标系和加工坐标系经常存在不一致的情况。本实例的设计坐标系 XY 方向是在零件中心,Z 方向在零件底部。这个位置不符合加工习惯,从方便毛坯找正的角度出发,XY 方向,零件中心和毛坯中心是重合的,XY 方向很合适,Z 方向希望放在毛坯的顶端,以方便监控加工深度。

PowerMILL 提供了坐标系调整的功能,如图 7-30 所示。

在 PowerMILL 里,坐标系分为两种,世界坐标系和用户坐标系。输入模型后,模型自带的坐标系就是世界坐标系,用户坐标系是根据需要,在 PowerMILL 里自行定义的坐标系。一般来说,三轴加工直接使用世界坐标系,多轴加工时才需要定义用户坐标系。

用鼠标右键单击,屏幕左边结构树中的【模型】,出现菜单后,选择菜单中的【属性】,PowerMILL 将模型的位置尺寸显示如图 7-31 所示。

模型属性的显示结果是以世界坐标系为参考的。观察 X、Y 的值,可以看到最大值和最小值的绝对值是一样的,说明世界坐标系的 XY 方向的原点是在零件中心,Z 方向的原点在零件距离上端面 36mm 的位置。按照加工习惯,Z 方向希望放在毛坯的顶端,以方便监控加工深度。完成这样的操作,要用到移动模型的功能,如图 7-32 所示。

用鼠标右键单击,屏幕左边结构树中的【模型】,出现菜单后,选择菜单中的【编辑】,在编辑子菜单中选择【移动】,在移动的子菜单中,选择【Z】(见图 7-32 中(a)),Power-MILL 提示输入移动值的对话框,输入"-36"(见图 7-32 中(b)),完成后,回车或选择

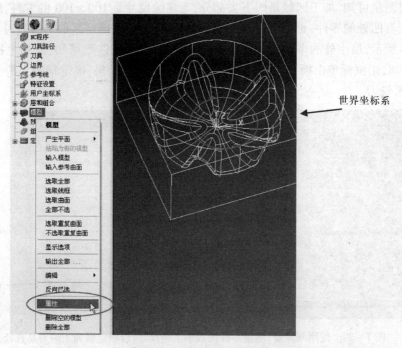

世界坐标系

图 7 - 30　查看模型属性

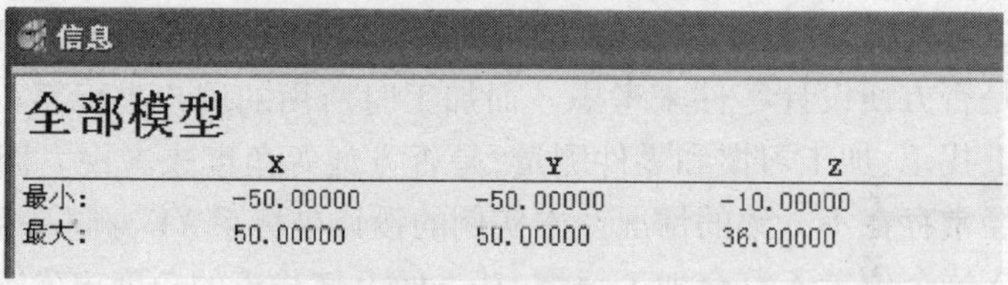

全部模型	X	Y	Z
最小:	-50.00000	-50.00000	-10.00000
最大:	50.00000	50.00000	36.00000

图 7 - 31　模型属性的显示结果

【√】确认。模型就向下移动了 36mm，结果如图 7 - 32 中(c)所示。

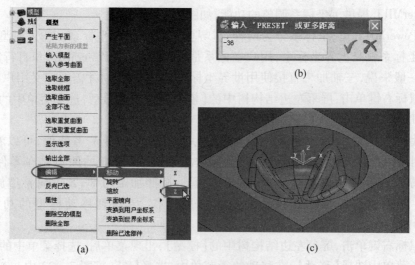

图 7 - 32　移动零件模型

注意:是向下移动了模型而不是移动了坐标系。

模型移动完成后,一旦开始选择加工策略,进入编程状态,这个世界坐标系就会成为实际加工中的用户坐标系,即加工中心里的 G54 坐标系。

(4)定义毛坯和加工刀具。

PowerMILL 在加工之前需要定义毛坯的大小,这是区别于 CAXA 和 MasterCAM 等软件的地方。如图 7 – 33 所示,用鼠标单击图 7 – 33 中 P1 位置的图标,出现毛坯定义对话框(见 7 – 33 图中 P2),本实例可以直接单击【计算】按钮,PowerMILL 按照输入模型的尺寸,自动定义一个毛坯,这个毛坯是用有一些透明的阴影方式显示在模型上,如图 7 – 33 中 P3 所示。

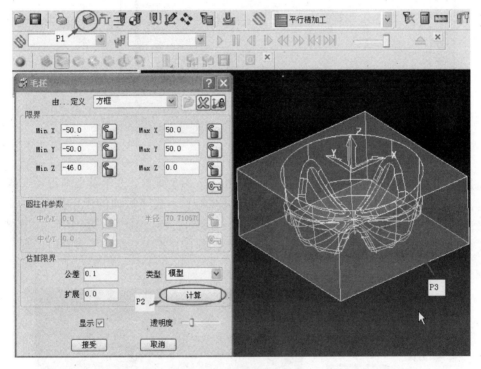

图 7 – 33　定义毛坯

图 7 – 33 是关闭了模型实体阴影方式,模型以线框方式显示,并且显示毛坯的效果。

毛坯定义完成后,需要定义加工所用到的刀具,这些刀具应该与前面的工艺设定相匹配。定义刀具的过程,如图 7 – 34 所示。

用鼠标单击,PowerMILL 视窗左下角的【刀具工具栏】(见图 7 – 34 中 P1)中的球头刀的图标(见图 7 – 34 中 P2)可打开相应的【刀具定义】表格(见图 7 – 34 中 P3)。在【刀具定义】表格中,需要定义的参数:名称(见图 7 – 34 中 P3)可输入粗加工刀具。直径(见图 7 – 34 中 P4)输入 6,表示刀具直径 6mm。刀具编号(见图 7 – 34 中 P5)输入 1,表示是 1 号刀,将来在 NC 程序中,是 T1 指令。其他的参数,例如:刀柄的长度(默认是 5 倍直径)、夹持距离等可以不定义,但在实际加工时,必须保证刀具的长度和夹持距离满足加工要求。最后,用鼠标选择【关闭】,定义完成的刀具出现在模型上方。

重复图 7 – 34 的操作,完成精加工刀具的定义,按照前面的工艺设定,精加工的刀具

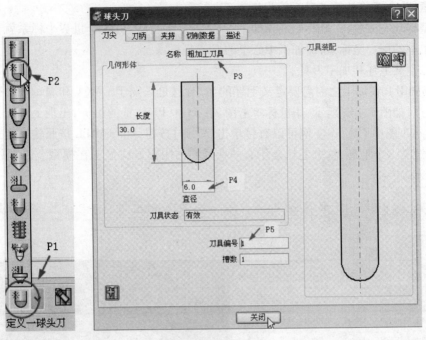

图 7-34 定义刀具

直径是 6mm, 刀具编号是 2。定义完成后, 操作如图 7-35 所示。如果看不到定义完成的刀具, 可以双击【刀具】(见图 7-35 中 P1), 展开树结构。由于后面的操作是粗加工, 需要激活粗加工刀具, 操作如下: 在粗加工刀具上, 按鼠标右键(见图 7-35 中 P2), 出现右键菜单, 在菜单中, 选择【激活】和【显示】两项, 表示使用这把刀。粗加工刀具就出现在毛坯的上方。

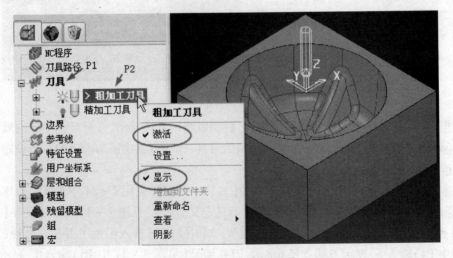

图 7-35 激活粗加工刀具

(5) 选择合适的加工策略, 生成粗加工的刀具路径。

对三维模型部件进行粗加工的方法在 PowerMILL 里被称为【三维区域清除】策略。如图 7-36 所示, 用鼠标单击, PowerMILL 视窗上方的【刀具路径策略】(见图 7-36 中

282

P1），打开刀具路径表格。在刀具路径策略表格中，选择【三维区域清除】的活页夹（见图7-36中P2），再选择【偏置区域清除】【模型】（见图7-36中P3），选择【接受】，就进入了粗加工加工参数对话框，如图7-37所示。

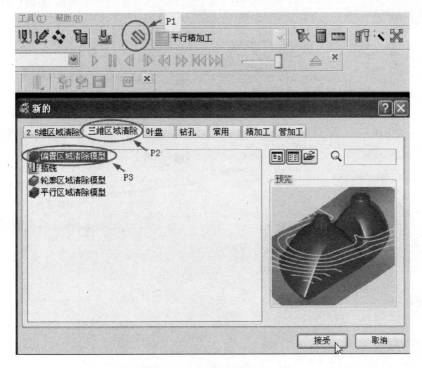

图7-36　选择粗加工的方式

图7-37中部分加工参数的解释：

余量：指定加工后模型表面上所留下的材料量。可指定一个固定余量，也可在加工选项中分别指定单独的轴向和径向余量，也可对实际模型中的某一组曲面指定为单独的余量值。

公差：用来控制切削路径沿工件形状的精度。粗加工可使用较粗糙的公差值，而精加工必须使用精细的公差值。

注意：如果余量值大于零，则其值必须大于公差值。

上述参数设置完成后，点击【应用】按钮，PowerMILL根据加工参数自动计算刀具路径，计算完成的刀具路径将显示在模型中。

（6）根据需要，生成半精加工的刀具路径。

粗加工完成后，要考虑精加工区域的形状、范围和加工方式。在PowerMILL里，是通过定义边界的功能，来裁剪刀具路径，以限定加工范围。

本实例需要将凹形加工面与毛坯上表面的交界线定义为边界。操作如下：

如图7-38所示，为了方便选择加工曲面，点击图7-38中P1所示按钮，从右查看模型，点击图7-38中P2所示按钮，关闭毛坯显示，点击图7-38中P3所示按钮，关闭实体阴影显示，用鼠标在加工区域拉一个方框，如图7-38中红方框所示，选择区域将改变为黄色。

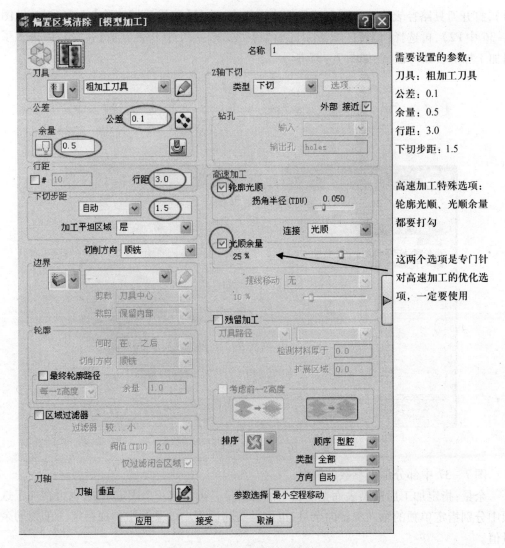

右侧文字（需要设置的参数）：

需要设置的参数：
刀具：粗加工刀具
公差：0.1
余量：0.5
行距：3.0
下切步距：1.5

高速加工特殊选项：
轮廓光顺、光顺余量
都要打勾

这两个选项是专门针
对高速加工的优化选
项，一定要使用

图 7 - 37　粗加工的加工参数设置

选好加工内容后，如图 7 - 39 所示，在右边结构树中的边界上按下鼠标右键，在出现的右键菜单中，选择【定义边界】，在出现的子菜单里，选择【用户定义】，就会出现用户定义边界对话框，如图 7 - 40 所示。点击图 7 - 40 中 P1 所示按钮，PowerMILL 将以前面选中曲面的边为基准，计算出一条边界。边界名字是 1。

图中的效果是关闭了模型显示，可以清楚看到，边界形状是一个圆形。

在本实例中，粗加工完成后，为了保证精加工的加工余量均匀，需要增加半精加工，操作如下：

如图 7 - 41 所示，点击【刀具路径策略】（见图 7 - 41 中 P1），打开刀具路径表格。在刀具路径策略表格中，选择【精加工】的活页夹（见图 7 - 41 中 P2），再选择【最佳等高精加工】（见图 7 - 41 中 P3），选择接受，就进入了加工参数对话框。

最佳等高精加工是一个综合了等高加工和三维偏置加工的混合策略。大多数三维零件的加工，都可以使用此策略，该策略是对陡峭的模型区域使用等高加工，其他的模型区

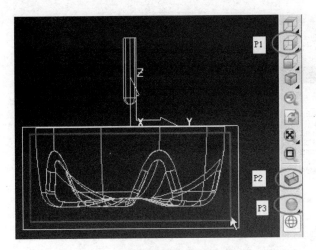

图 7 – 38 选择要加工的曲面

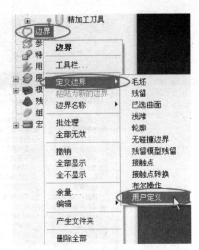

图 7 – 39 选择定义边界功能

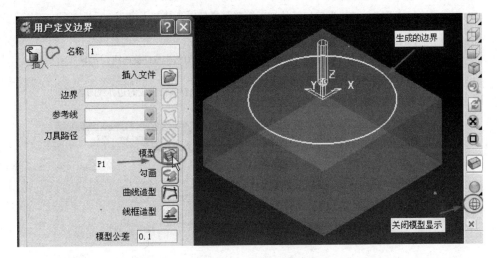

图 7 – 40 边界的生成

域则使用三维偏置加工。由于要计算两次,计算时间要稍微长一些。如果勾选了螺旋方式,将使整个刀路连成螺旋曲线,对于高速切削来说,这是一个三轴联动的高效加工方式,效果非常好,缺点是需要更多的计算时间。

如图 7 – 42(a)所示为半精加工的加工参数设置。其中,切入、切出和连接的参数设置是单击了图 7 – 42(a)中 P1 所示按钮,在弹出的参数对话框中,依次设置切入参数(见图 7 – 42(b)),切出参数(见图 7 – 42(c))和连接参数(见图 7 – 42(d))。

参数设置完成后,单击【应用】按钮,PowerMILL 根据加工参数自动计算刀具路径,由于勾选了【螺旋】选项,计算时间会比较长。

完成后的刀具路径,如图 7 – 43 所示。图中效果是关闭了模型显示,这样可以更清楚看到刀路。

(7)选择合适的加工策略,生成精加工的刀具路径。

通过半精加工后,零件的余量就很均匀了。本实例精加工的加工策略与半精加工策略是一样的,也是最佳等高精加工策略,区别是刀具更换成精加工刀具,公差设为 0.01,

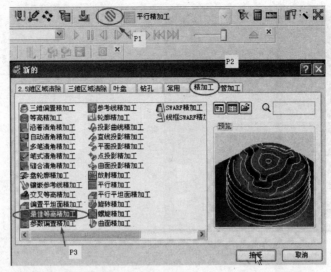

图 7-41 半精加工的加工策略是最佳等高精加工方式

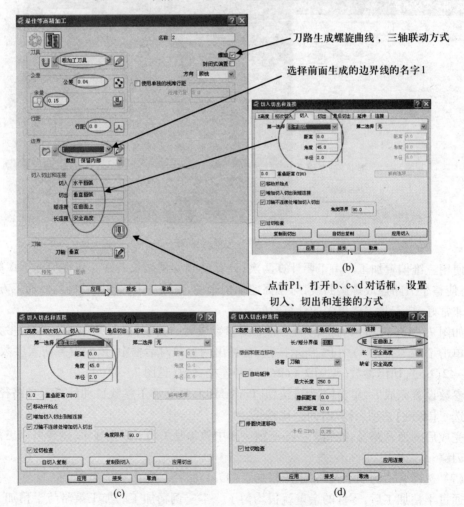

图 7-42 半精加工的加工参数设置

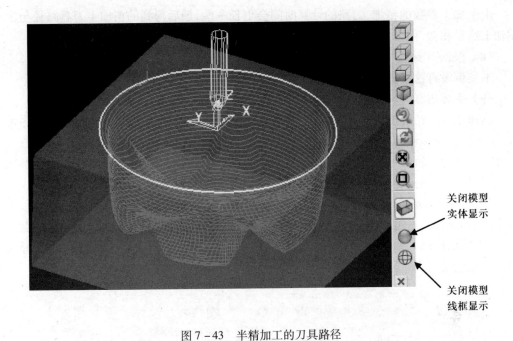

关闭模型
实体显示

关闭模型
线框显示

图 7 – 43　半精加工的刀具路径

余量为 0,行距是 0.06,其他参数与半精加工一样,如图 7 – 44 所示。

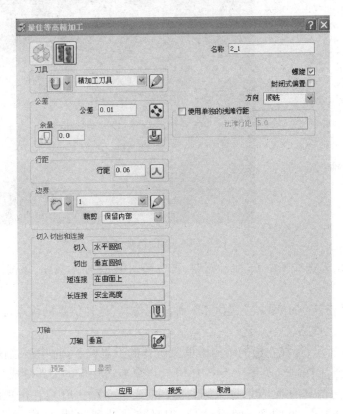

图 7 – 44　精加工的加工参数设置

由于加工参数的精细,刀路的计算时间会更长一些,最后得到的精加工刀具路径与半精加工路径相似,但刀路更加密集。

(8) 根据需要,生成补充的刀具路径(例如刻字等)。

本实例没有这类的要求,本步骤跳过。

(9) 实体仿真刀具路径,确认刀具路径是否正确。

高速切削的特性使得机床的紧急停止功能在实际中很难实现,NC 编程错误要尽量难免。使用 PowerMILL 提供的切削验证的功能,一是可以很直观看到加工的真实过程;二是可以发现刀具轨迹中出现的错误(例如过切)。如果发现错误,可以通过修改加工参数来改正,最后得到正确的刀具轨迹。进入实体切削验证模块的操作步骤如下:

如图 7 - 45 所示,点击图中 P1 所示按钮,该按钮由红变绿,点击图中 P2 所示按钮,模型变为渲染模式,点击图中 P3 所示下拉框,选择要仿真的刀路(例如粗加工刀路 1),点击图中 P4 所示按钮开始仿真,粗加工刀路仿真结束后,可以点击图中 P3 所示下拉框选择其他的刀路继续仿真。

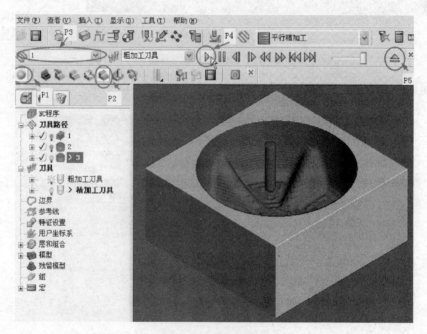

图 7 - 45　切削仿真

要结束仿真,先选择图中 P5 所示按钮,再选择图中 P1 所示按钮,该按钮由绿变红,结束仿真。

除实体仿真外,PowerMILL 还提供了一种线框仿真,这种仿真的优点是灵活、方便,可以查看任意一段刀具路径。

如图 7 - 46 所示,选择左边的结构树里要仿真的刀具路径,选中后按鼠标右键,在右键菜单中选择【激活】命令(见图 7 - 46 中 P1),屏幕右边相应的刀路变成绿色线条,如图 7 - 47 所示。在想仿真的地点处,按鼠标右键(见图 7 - 47 中 P1),在出现的右键菜单中选择【自最近点仿真】(见图 7 - 47 中 P2),刀具将移动到此处,此时,按下键盘上的向左←或向右→的光标键,刀具就会仿真此处的刀具路径。

图7-46　刀具路径的激活、更名和删除

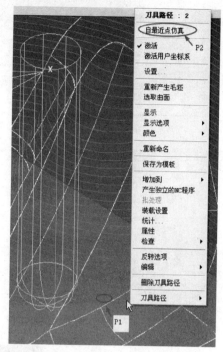
图7-47　线框刀具路径仿真

注意：这个线框仿真是支持多轴加工仿真的。

（10）设置刀具的加工参数，例如转速、进给等。

实际操作中，对于一个加工模型，可以用多个精加工策略来完成。可以尝试生成多个刀路，比较其优劣，最后确定最好的刀具路径。多余不要的刀路可以在刀路上按鼠标右键，在出现的右键菜单中，选择删除刀具路径（见图7-46中P3），就可以去除。保留的刀具路径，可以在右键菜单中选择重新命名（见图7-46中P2），给这个刀具路径定义一个名字以方便记忆，例如粗加工路径。

经过仿真确认的刀具路径，需要设置转速和进给等参数。步骤如下：

步骤1：激活要设置的刀具路径（见图7-46中P1），然后点击【进给和转速】设置按钮（见图7-46中P4），出现进给和转速设置对话框如图7-48所示。

步骤2：根据切削参数工艺卡片，设置主轴转速35000，切削进给12000，下切进给率6000，掠过进给率10000，冷却方式。参数设置完成后，选择【应用】按钮，就会将新的进给和转速参数设置到这个激活刀路里。

重复这两个步骤，完成其他刀具路径的进给和转速的设置。

（11）生成加工用的NC程序。

刀具路径必须经过后置处理，才能转换成数控机床执行的NC程序。

PowerMILL里产生NC程序的步骤，如图7-49所示。

用鼠标右键单击右边结构树中的【NC程序】（见图7-49中P1），在出现的右键菜单里选择【产生NC程序】（见图7-49中P2），随后出现NC程序设置对话框。

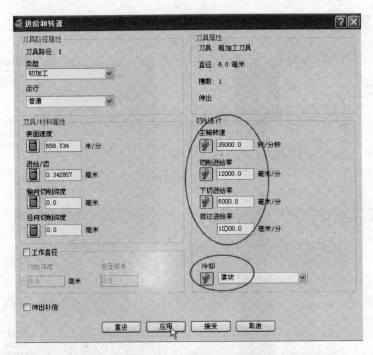

图 7 - 48　设置转速和进给

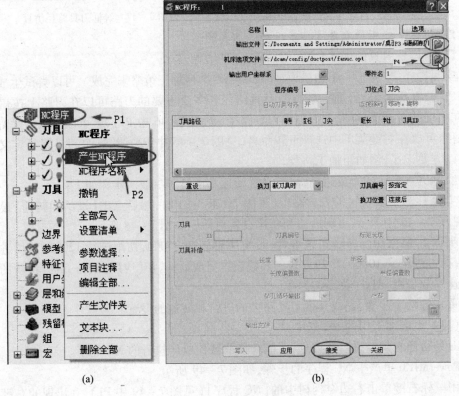

(a)　　　　　　　　　　　　　　　(b)

图 7 - 49　NC 程序的生成

NC 程序对话框里,单击图中 P3 所示按钮是设置处理完成的 NC 加工程序存放路径和文件名。

点击图中所示 P4 按钮是设置与实际加工机床相对应的后置处理文件的路径。这个文件通常由 PowerMILL 软件提供商提供,是根据用户实际加工机床而定制的,这样后置处理出来的 NC 程序无须改动,直接传输给机床进行数控加工。

如果 PowerMILL 软件提供商没有提供这个文件,用户也可以从软件自带的后置处理文件中选择一个与机床数控系统相匹配的文件,只是这样处理出来的 NC 代码,需要用户自行修正不适合实际机床的那部分代码。

设置完成后,选择【接受】按钮,右边结构树中的 NC 程序下,将出现一个空的 NC 程序 1,如图 7-50 中 P1 所示。

用鼠标将经仿真确认的刀具路径依次拖动到图 7-50 中 P1 所示处。

拖动完成后,在 P1 所示处按下鼠标右键,在出现的右键菜单中,选择【写入】命令(见图 7-50 中 P2),PowerMILL 将刀具路径转换成为 NC 代码,如图 7-51 所示。

注意:NC 代码的文件扩展名是.tap。

(12)保存本项目。

所有工作完成后,可以将本次工作保存起来,以方便下次使用。PowerMILL 是以项目的方式来管理和维护所产生的加工数据。

如图 7-52 所示,选择【保存项目】命令,PowerMILL 将零件模型、刀具、刀具路径、用户坐标系和其他与加工策略有关的数据,以目录的方式保存起来,第一次使用保存项目命令时,需要再输入保存项目的目录名字。下次使用时,选取【打开项目】命令。

图 7-50　NC 程序的生成

图 7-51　NC 代码

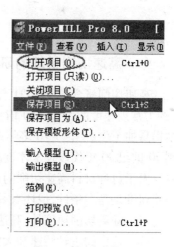

图 7-52　保存项目

第三节　高速铣削的关键技术

高速切削是制造技术中引人注目的一项新技术,其应用面广,对制造业的影响大。高速切削技术是新材料技术、计算机技术、控制技术和精密制造技术等多项新技术综合应用发展的结果。高速切削主要包括以下几方面的基础理论与关键技术：

（1）高速切削机理。

（2）高速切削机床技术。

（3）高速切削刀具技术。

（4）高速切削工艺技术。

（5）高速加工的测试技术等。

高速切削所包含的技术可用下面的框图表示（见图7-53）。

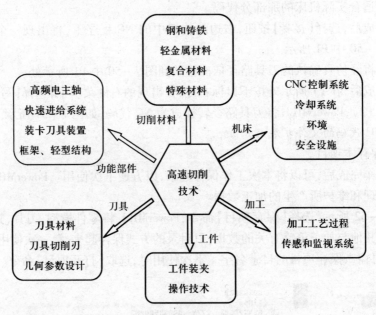

图7-53　高速切削所包括的技术框图

一、高速切削机理的研究

高速切削概念始于1931年德国所罗门博士的研究成果："当以适当高的切削速度（约为常规速度的5倍~10倍）加工时，切削刃上的温度会降低，因此有可能通过高速切削提高加工生产率"。70多年来，人们一直在探索有效、适用、可靠的高速切削技术，但直到20世纪90年代该技术才逐渐在工业实际中推广应用。

由于每种材料高速切削的速度范围不同，高速切削目前尚无统一的定义，高的实际切削线速度是基本条件，但还有其他一些要素。在工程实践中，高速切削的含义还包括：

（1）除高切削速度外，高速切削还涉及非常特别的加工工艺和生产设备。

（2）适中的主轴转速和大的铣刀直径也可实现高速切削。

（3）以常规切削用量4倍~6倍的切削速度和进给速度精加工淬火钢也属于高速切削。

高速切削是一种高生产率的加工方法，对于形状复杂和精度要求高的零件，高速切削更能发挥其优势。图7-54为几种材料高速切削的速度范围。

高速切削技术的应用和发展是以高速切削机理为理论基础的。通过对高速加工中切屑形成机理、切削力、切削热、刀具磨损、表面质量等技术的研究，为开发高速机床、高速加

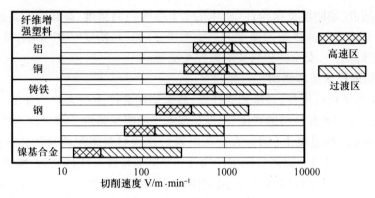

图 7 – 54　几种材料高速切削速度范围

工刀具提供了理论指导。如果没有萨洛蒙高速切削假设,没有各国的众多科学家、工程师不断研究,去证实萨洛蒙的理论,去完善和修改高速切削理论,也不会有今天高速切削的快速发展和广泛应用。因此,在高速切削技术的发展中,高速切削机理的研究仍然占有重要的地位,而且高速切削机理和相关理论至今还远远没有完善,高速切削数据库尚未真正建立起来。

我国高速切削机理研究工作,和美国、德国、日本等先进工业国家相比还有相当大的差距。基础理论的落后也极大地制约了高速切削技术在我国的发展和应用。

高速切削机理的研究主要有以下几个方面:

(1) 高速切削过程和切屑成形机理的研究。

对高速切削加工中切屑成形机理、切削过程的动态模型、基本切削参数等反映切削过程原理的研究,采用科学实验和计算机模拟仿真两种方法。

(2) 高速加工基本规律的研究。

对高速切削加工中的切削力、切削温度、刀具磨损、刀具耐用度和加工质量等现象及加工参数对这些现象的影响规律进行研究,提出反映其内在联系的数学模型。实验方案设计和试验数据处理也是研究工作中需要解决的问题。工艺参数应是基于建立的数学模型及多目标优化的结果。

(3) 各种材料的高速切削机理研究。

由于不同材料在高速切削中表现出不同的特性,所以,要研究各种工程材料在高速切削下的切削机理,包括轻金属材料、钢和铁、复合材料和难加工的合金材料等。通过系统的实验研究和分析,建立高速切削数据库,以方便指导实际生产。

(4) 高速切削虚拟技术研究。

在试验研究的基础上,利用虚拟现实和仿真技术,虚拟高速加工过程中刀具和工件相对运动的作用过程。对切屑形成过程进行动态仿真,显示加工过程中的热流、相变、温度及应力分布等,预测被加工工件的加工质量,研究切削速度、进给量、刀具和材料以及其他切削参数对加工的影响等。

二、高速切削机床

高速机床是实现高速加工的前提和基本条件。自 20 世纪 80 年代中期以来,开发高速切削机床便成为国际机床工业技术发展的主流。一般来说,一个完整的高速机床系统主要包括:高的静/动刚度支承构件(机床的基本结构);高精度、高转速的高速主轴;高控制精度、高进给速度和高进给加速度的进给系统;高速、高精度 CNC 系统;高效的冷却系统(干切削机床除外);安全防护与实时监控系统等。

1. 高速切削机床基本结构

机床的基本结构有床身、底座和立柱等,高速切削会产生很大的附加惯性力,因而机床床身、立柱等必须具有足够的强度、刚度和高水平的阻尼特性。很多高速机床的床身和立柱材料采用聚合物混凝土(例如人造花岗岩),这种材料阻尼特性为铸铁的 7 倍 ~ 10倍,密度只有铸铁的1/3。提高机床刚性的另一个措施是改革床体结构,如将立柱和底座合为一个整体,使得机床可以依靠自身的刚性来保持机床精度。

2. 高速主轴

高速主轴是实现高速切削最关键的技术之一。随着工业上对主轴转速要求不断提高,高速主轴技术近年来得到了迅猛发展,在理论与实验研究的基础上研制开发出的高速主轴单元已商品化。目前主轴转速在 10000r/min ~ 40000r/min 的加工中心越来越普及,转速高达 100000r/min、200000r/min、250000r/min 的实用高速主轴也正在研制开发中。高速主轴由于转速极高,主轴零件在离心力作用下产生振动和变形,高速运转摩擦和大功率内装电机产生的热会引起高温和变形,所以必须严格控制。为此对高速主轴提出如下性能要求:

(1) 高转速和高转速范围。

(2) 足够的刚性和较高的回转精度。

(3) 良好的热稳定性。

(4) 大功率。

(5) 可靠的工具装卡性能。

(6) 先进的润滑和冷却系统。

(7) 可靠的主轴监测系统。

轴承作为高速主轴技术中的关键,它直接决定了主轴的负荷容量、工作性能(高速、高刚度、高运动精度),工作寿命及主轴的动、静态性能。为了适应高速切削加工,高速切削机床的主轴设计采用了先进的主轴轴承和润滑、散热等新技术。目前高速主轴主要采用3 种特殊轴承:陶瓷轴承;磁力轴承;空气轴承。主轴轴承润滑对主轴转速的提高起着重要作用,高速主轴一般采用油雾润滑或喷油润滑。

3. 高速进给机构

高速切削时,为了保持刀具每齿进给量基本不变,随着主轴转速的提高,进给速度也必须大幅度地提高。目前高速切削进给速度已高达 50m/min ~ 120m/min,要实现并准确控制这样高的进给速度,对机床导轨、滚珠丝杠、伺服系统、工作台结构等提出了新的要求。而且,由于机床上直线运动行程一般较短,高速加工机床必须实现较高的进给加减速才有意义。为了适应进给运动高速化的要求,在高速加工机床上主要采用如下措施:

(1) 采用新型直线滚动导轨,直线滚动导轨中球轴承与钢导轨之间接触面积很小,其摩擦因数仅为槽式导轨的1/20 左右,而且,使用直线滚动导轨后,"爬行"现象可大大减少。

（2）高速进给机构采用小螺距大尺寸高质量滚珠丝杠,或粗螺距多头滚珠丝杠,其目的是在不降低精度的前提下获得较高的进给速度和进给加减速度。

（3）高速进给伺服系统已发展为数字化、智能化和软件化。高速切削机床已开始采用全数字交流伺服电机和控制技术。

（4）为了尽量减少工作台重量但又不损失刚度,高速进给机构通常采用碳纤维增强复合材料。

（5）为提高进给速度,更先进、更高速的直线电机已经发展起来。直线电机消除了机械传动系统的间隙、弹性变形等问题,减少了传动摩擦力,几乎没有反向间隙。直线电机具有高加、减速特性,加速度可达 2g,为传统驱动装置的 10 倍~20 倍,进给速度为传统的 4 倍~5 倍,采用直线电机驱动,具有单位面积推力大、易产生高速运动、机械结构不需维护等明显优点。

4. 高速 CNC 控制系统

数控高速切削加工要求 CNC 控制系统具有快速数据处理能力和高的功能化特性,以保证在高速切削时(特别是在四轴~五轴坐标联动加工复杂曲面时)仍具有良好的加工性能。高速 CNC 数控系统的数据处理能力有两个重要指标:一是单个程序段处理时间,为了适应高速,要求单个程序段处理时间要短,为此,需使用 32 位 CPU 和 64 位 CPU,并采用多处理器;二是插补精度,为了确保高速下的插补精度,要有前馈和大数目超前程序段处理功能。此外,还可采用 NURBS(非线性 B 样条)插补、回冲加速、平滑插补、钟形加减速等轮廓控制技术。

高速切削加工 CNC 系统的功能特征包括:

（1）加减预插补。

（2）前馈控制。

（3）精确矢量补偿。

（4）最佳拐角减速度。

5. 高速切削机床安全防护与实时监控系统

高速切削的速度相当高,当主轴转速达 40000r/min 时,若有刀片崩裂,掉下来的刀具碎片就像出膛的子弹。因此,对高速切削引起的安全问题必须充分重视。从总体上讲,高速切削的安全保障包括以下几方面:机床操作者及机床周围现场人员的安全保障;避免机床、刀具、工件及有关设施的损伤;识别和避免可能引起重大事故的工况。在机床结构方面,机床设有安全保护墙和门窗。刀片,特别是抗变强度低的材料制成的机夹刀片,除结构上防止由于离心力作用产生飞离外,还要进行极限转速的测定。刀具夹紧、工件夹紧必须绝对安全可靠,故工况监测系统的可靠性就变得非常重要。机床及切削过程的监测包括:切削力监测,机床主轴功率监测,主轴转速监测,刀具破损监测,主轴轴承状况监测,电器控制系统过程稳定性监测等。

三、高速切削刀具

高速切削刀具技术是实现高速加工的关键技术之一。生产实践证明,阻碍切削速度提高的关键因素是切削刀具是否能承受越来越高的切削温度。在萨洛蒙高速切削假设中并没有把切削刀具作为一个重要因素。但是随着现代高速切削机理研究和高速切削试验

图 7 - 55　高速五轴加工中心

的不断深入,证明高速切削的最关键技术之一就是高速切削所用的刀具。

高速铣削刀具必须具备两个方面的特性:

(1) 高的耐用度。高速切削刀具的耐用度与下列因素有关:

① 刀具材料。

② 刀尖结构。

③ 切削用量。

④ 走刀方式。

⑤ 冷却条件。

⑥ 刀具工件材料匹配。

(2) 可靠的安全性。

高速切削刀具的安全性必须考虑:

① 刀具强度。

② 刀具夹持。

③ 刀片压紧。

④ 刀具动平衡。

1. 刀具材料

高速铣削刀具材料主要有硬质合金、涂层刀具、金属陶瓷、陶瓷、立方氮化硼(CBN)和金刚石刀具。

(1) 硬质合金:高速铣刀通常采用细晶粒或超细晶粒硬质合金(晶粒尺寸 $0.2\mu m \sim 1\mu m$),根据被加工材料选钨钴类或钨钛钴类硬质合金,但含钴量一般不超过 6%。

296

（2）涂层刀具：高速铣削大量采用的是涂层刀具，基体有高速钢、硬质合金和陶瓷，但以硬质合金为主。涂层材料有 TiCN、TiAlN、TiAlCN、CBN、Al2O3、CNx 等，通常采用多层复合涂层，如：TiCN + Al2O3 + TiN，TiCN + Al2O3，TiCN + Al2O3 + HfN，TiN + Al2O3，TiCN，TiB2，TiAlN/TiN 和 TiAlN 等。采用物理气相沉积的 TiAlN 涂层硬质合金在高速铣削时具有良好的切削性能。最新发展的 TiN/AlN 纳米涂层刀具也适合用于高速切削。

（3）金属陶瓷：主要有高耐磨性的 TiC 基金属陶瓷（TiC + Ni 或 Mo），高韧性 TiC 基金属陶瓷（TiC + TaC + WC + Co），增强型 TiCN 基金属陶瓷（TiCN + NbC），相比硬质合金改善了刀具的高温性能，适合高速加工合金钢和铸铁。

（4）陶瓷刀具：陶瓷刀具分为氧化铝陶瓷、氮化硅陶瓷和复合陶瓷三类，具有高硬度、高耐磨性、热稳定性，其中 Al2O3 基陶瓷约占 2/3，化学活性低，不易黏结和扩散磨损，强度、断裂韧性、导热性和耐热冲击性较低，适合加工钢件。Si3N4 基陶瓷约占 1/3，比 Al2O3 陶瓷有较高的强度、断裂韧性和耐热冲击性，但化学稳定性不如 Al2O3 陶瓷，适于高速铣削铸铁。Si3N4 - Al2O3 复合陶瓷（sialon）具有较高的强度和断裂韧性，高的抗氧化性和抗高温蠕变性，高的抗热冲击性，但不适合加工钢件，可用于高速粗加工铸铁和镍基合金。

（5）立方氮化硼：（CBN）CBN 刀具具有高硬度、高耐热性、高化学稳定性和导热性，但强度稍低。按重量比分类，低含量 CBN（50% ~65%）可用于淬硬钢的精加工。高含量 CBN（80% ~90%）可用于高速铣削铸铁，淬硬钢的粗加工和半精加工。

（6）金刚石：分天然金刚石和聚晶金刚石，高速铣削主要采用聚晶金刚石，具有非常高的硬度、导热性和低的热膨胀系数，通常用于高速加工有色金属和非金属材料。晶粒越细越好，高速切削含 Si 量小于 12% 的铝合金可用晶粒尺寸 $10\mu m \sim 25\mu m$ 的聚晶金刚石，高速切削含 Si 量大于 12% 的铝合金和非金属材料可用晶粒尺寸 $8\mu m \sim 9\mu m$ 的聚晶金刚石。

目前在高速铣削加工中，应用最多的是整体硬质合金刀具，其次是机夹硬质合金刀具。在高转速下应用机夹刀具加工时，应注意刀具的动平衡等级以及最高许用转速。

2. 刀具结构

图 7 - 56 列出几种典型的高速铣削刀具，分为整体式和机夹式两类。小直径铣刀一般采用整体式，大直径铣刀采用机夹式。由于动平衡的要求，高转速机床对刀具直径有一定限制，整体式高速铣刀在出厂时已通过动平衡检验，使用时比较方便，而机夹式需要在每次装夹刀片后进行动平衡，所以整体式比较常用。机床在转速比较低、能提供较大扭矩时可采用机夹式铣刀。

铣刀节距定义为相邻两个刀齿间的周向距离，受铣刀刀齿数影响。短节距意味着较多的刀齿和中等的容屑空间，允许高的金属去除率。一般用于铸铁铣削和中等负荷铣削钢件，通常作为高速铣刀首选。大节距铣刀齿数较少，容屑空间大，常用于钢的粗加工和精加工，以及容易发生振动的场合。超密节距的容屑空间小，可承受非常高的进给速度，适合铸铁断续表面加工，铸铁的粗加工和钢件的小切深加工。

3. 刀杆结构

当机床最高转速达到 15000r/min 时，通常需要采用 HSK 高速铣刀刀杆（见图 7 - 57），或其他种类的短柄刀杆。HSK 刀杆为过定位结构，提供与机床标准连接，在机床拉

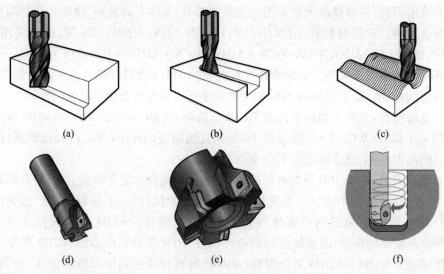

(a)   (b)   (c)

(d)   (e)   (f)

图 7-56　典型的高速铣削刀具

(a) 整体硬质合金立铣刀；(b) 整体硬质合金键槽铣刀；(c) 整体硬质合金曲面铣刀；
(d) 机夹式长柄立铣刀；(e) 机夹式短柄立铣刀；(f) 机夹式球头铣刀。

图 7-57　HSK 刀杆示意图

力作用下,保证刀杆短锥和端面与机床紧密配合。

　　刀杆夹紧刀具的方式主要有侧固式、弹性夹紧式、液压夹紧式和热膨胀式等。侧固式难以保证刀具动平衡,在高速铣削时不宜采用,图 7-58 依次为液压夹紧式、弹性夹紧式和热膨胀式刀杆示意图。

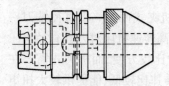　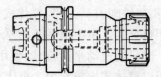　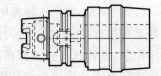

图 7-58　刀杆夹头形式

　　在以上三种刀具装夹方式中,以热膨胀装夹的刀具安装精度最高,同时能提供更大的扭矩。特别是在应用小直径刀具进行高速加工时,热膨胀装夹更具优势。

　　高转速情况下会产生很大的离心力,造成两种危险,一是普通弹簧夹头夹紧力会下降,二是大直径刀具可能会破坏,同时,飞溅的切屑和崩刀具有很高的动能,可能会造成人身伤害。因此,工艺系统必须有高标准的防护措施。根据试验,不同直径的刀具对应一个破坏转速,因此,在一定的转速范围,使用刀具的最大直径受到安全性的限制,如图 7-59所示。

298

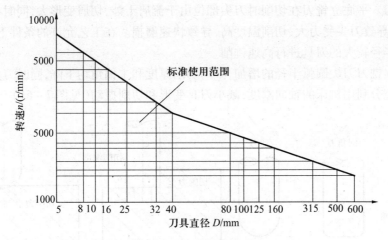

图7-59 高速旋转刀具安全操作标准(DIN 6589-1)

4. 刀具动平衡

当主轴转速超过12000r/min后,必须考虑刀具动平衡问题,过大的动不平衡将影响加工表面质量,刀具寿命和机床精度。首先应选用经过动平衡的高质量刀杆与刀具,应尽量选用短而轻的刀具,定期检查刀具与刀杆的疲劳裂纹和变形征兆。

刀具动平衡分机外动平衡和机上动平衡两种。机外动平衡需专用机外动平衡机,由动力装置提供旋转运动,测量出动不平衡的质量和相位,再通过调整平衡环或在特定位置去掉部分材料,使刀具系统达到动平衡标准的要求。机上动平行机则用机床主轴提供旋转运动,其余与机外动平衡机相同。动平衡过程通常须经过几次反复,调整到最佳平衡量。

带侧夹平台或柄部削平的刀具,通常动平衡等级较低,不适合用于高速铣削加工。多齿刀具可以采用侧铣试切的方式,根据铣削表面是否出现振纹来估算刀具的动平衡。

四、高速切削的加工工艺

传统意义上的高速切削是以切削速度的高低来进行分类的,而铣削机床则是以转速的高低进行分类。如果从切削变形的机理来看高速切削,则前一种分类比较合适;但是若从切削工艺的角度出发,则后一种更恰当。

这是因为随着主轴转速的提高,机床的结构、刀具结构、刀具装夹和机床特性都有本质上的改变。高转速意味着高离心力,传统的7:24锥柄,弹簧夹头、液压夹头在离心力的作用下,难以提供足够的夹持力;同时为避免切削振动要求刀具系统具有更高的动平衡精度。

高速切削的最大优势并不在于速度、进给速度提高所导致的效率提高,而是由于采用了更高的切削速度和进给速度,允许采用较小的切削用量进行切削加工。由于切削用量的降低,切削力和切削热随之下降,工艺系统变形减小,可以避免铣削颤振。利用这一特性可以通过高速铣削工艺加工薄壁结构零件。

1. 刀具的选择

通常选用图7-60所示的3种立铣刀进行铣削加工,在高速铣削中一般不推荐使用平底立铣刀。平底立铣刀在切削时刀尖部位由于流屑干涉,切屑变形大,同时有效切削刃长度最短,导致刀尖受力大、切削温度高,导致快速磨损。在工艺允许的条件下,尽量采用刀尖圆弧半径较大的刀具进行高速铣削。

随着立铣刀刀尖圆弧半径的增加,平均切削厚度和主偏角均下降,同时刀具轴向受力增加可以充分利用机床的轴向刚度,减小刀具变形和切削振动(见图 7 - 61)。

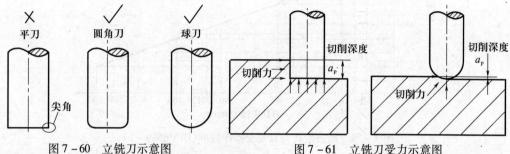

图 7 - 60　立铣刀示意图　　　　　　　　图 7 - 61　立铣刀受力示意图

图 7 - 62 为高速铣削铝合金时,等铣削面积时两种刀具的铣削力对比。刀具为直径 $\phi 10$ 的两齿整体硬质合金立铣刀,螺旋角 $30°$,刀尖圆弧半径为 1.5mm 和无刀尖圆弧的两种刀具。

铣削面积固定为 $a_p \cdot a_e = 2.0 \text{mm}^2$。当轴向铣削深度减小时,则增大径向铣削深度。对应的主轴转速为 18000r/m,进给速度为 3600mm/min。

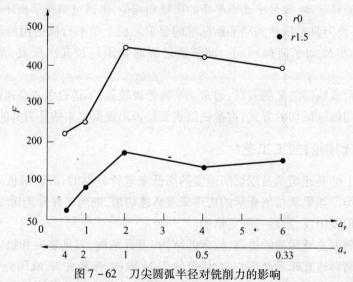

图 7 - 62　刀尖圆弧半径对铣削力的影响

从图中可以看出,在圆角立铣刀的铣削力明显小于平底立铣刀,同时在轴向切深较小时铣削力迅速下降。

因此,在高速铣削加工时通常采用刀尖圆弧半径较大的立铣刀,且轴向切深一般不宜超过刀尖圆弧半径;径向切削深度的选择和加工材料有关,对于铝合金之类的轻合金为提高加工效率可以采用较大的径向铣削深度,对于钢及其他加工性稍差的材料宜选择较小的径向铣削深度,减缓刀具磨损。

2. 切削参数选择

由于球头铣刀实际参与切削部分的直径和加工方式有关,在选择切削用量时必须考

虑其有效直径和有效线速度(见图7–63)。球头铣刀的有效直径计算公式:

$$D_{eff} = 2 \times \sqrt{D \times a_p - a_p^2}, \quad \beta = 0 \qquad (7-1)$$

$$D_{eff} = D \times \sin\left[\beta \pm \text{arecos}\left(\frac{D - 2 \times a_p}{D}\right)\right], \quad \beta \neq 0 \qquad (7-2)$$

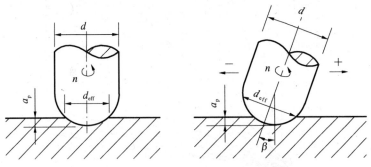

图7–63　铣刀的有效直径计算

铣刀实际参与切削部分的最大线速度定义为有效线速度。球头铣刀的有效线速度为

$$D_{eff} = \frac{2 \times \pi \times n}{1000} \times \sqrt{D \times a_p \times a_p^2}, \quad \beta = 0 \qquad (7-3)$$

$$D_{eff} = \frac{\pi \times n \times D}{1000} \times \sin\left[\beta \pm \text{arecos}\left(\frac{D - 2 \times a_p}{D}\right)\right], \quad \beta \neq 0 \qquad (7-4)$$

采用球头铣刀加工时,如果轴向铣削深度小于刀具半径,则有效直径将小于铣刀名义直径,有效速度也将小于名义速度,当采用圆弧铣刀浅切深时也会出现上述情况。在优化加工参数时应按有效铣削速度选择。

图7–64为根据式(7–1)给出不同名义直径刀具在各种切深条件下的有效直径,例如,当$\phi12$刀具轴向铣削深度$a_p = 1.5$mm时,由图7–64在$a_p = 1.5$mm处画水平线,与$\phi12$的曲线相交,横坐标为8mm,即为有效直径。

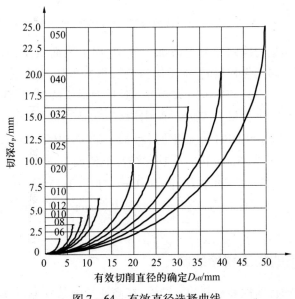

图7–64　有效直径选择曲线

301

由有效直径根据图 7 – 65 按有效切削速度可确定实际转速。例如，当有效直径为 $\phi 8$，有效切削速度选择为 $v = 300\text{m/min}$，则要求转速为 $n = 12000\text{r/min}$。

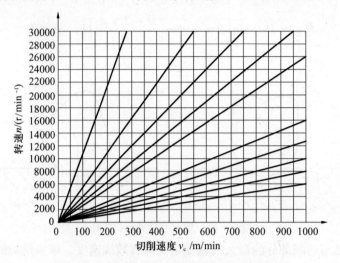

图 7 – 65　按有效直径与有效切削速度确定转速

在应用球头铣刀进行精加工曲面时，为获得较好的表面粗糙度减少或省去手工抛光，径向铣削深度最好和每齿进给量相等，在这种参数下加工出的表面纹理比较均匀，而且表面质量很高（见图 7 – 66 和图 7 – 67）。

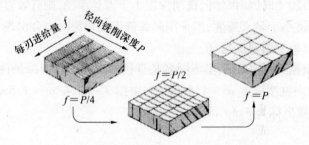

图 7 – 66　径向铣削深度对表面纹理的影响

高速铣削加工用量的确定主要考虑加工效率、加工表面质量、刀具磨损以及加工成本。不同刀具加工不同工件材料时，加工用量会有很大差异，目前尚无完整的加工数据，用户可根据实际选用的刀具和加工对象参考刀具厂商提供的加工用量进行选择。一般的选择原则是中等的每齿进给量 f_z，较小的轴向切深 a_p，适当大的径向切深 a_e，高的切削速度。例如，加工 48HRC ~ 58HRC 淬硬钢时，粗加工选 $v = 100\text{m/min}$，$a_p = 6\% D \sim 8\% D$，$a_e = 35\% D \sim 40\% D$，$f_z = 0.05\text{mm/齿} \sim 0.1\text{mm/齿}$，半精加工选 $v = 150\text{m/min} \sim 200\text{m/min}$，$a_p = 3\% D \sim 4\% D$，$a_e = 20\% D \sim 40\% D$，$f_z = 0.05\text{mm/齿} \sim 0.15\text{mm/齿}$，精加工选 $v = 200\text{m/min} \sim 250\text{m/min}$，$a_p = 0.1\text{mm} \sim 0.2\text{mm}$，$a_e = 0.1\text{mm} \sim 0.2\text{mm}$，$f_z = 0.02\text{mm/齿} \sim 0.2\text{mm/齿}$。

五、高速切削的加工程序编制

由于高速切削的特殊性和控制的复杂性，在高速切削条件下，传统的 NC 程序已不能

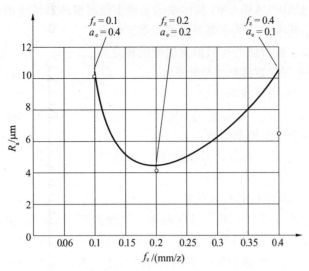

图 7-67 径向铣削深度/每齿进给量对表面粗糙度的影响

○—R_a 实测值；——峰高值($\phi 4$ 球头铣刀)。

适应要求。因此,必须认真考虑加工过程中的每一个细节,深入研究高速切削状态下的加工程序的编制。

1. 现有的 CAD/CAM/CNC 集成化系统

CAD/CAM/CNC 集成化是目前机械制造业发展的主流。一方面,CAD 软件开发公司正在努力扩充其软件的 CAM 功能,另一方面,数控系统生产厂家也在积极实现 CAM/CNC 的集成。但是由于高速切削本身的特殊性和曲面 CAD 模型的复杂性,CAD/CAM/CNC 集成远未达到实际应用水平。

目前国内外已有的 CAD/CAM/CNC 系统仅属于一种简单的集成系统:CAD、CAM、CNC 等环节串行工作,信息以顺序方式传递。在这种体系结构中,由于各环节相互分离,独立工作,不可避免地造成某些设计与加工脱节。这种传统的串行 CAD/CAM/CNC 的体系结构没有将当前设计的可制造信息反馈给设计者,加工过程的决策监控、自动信息处理、产品数据模型转换仍需要较多的用户干预,而且加工周期长、效率低、容易出错。不过,CAM 技术研究人员正注意到这种挑战,也正在提供适合高速切削环境的新方法。

CAD/CAM/CNC 集成化与高速切削技术相结合,形成高速切削 CAD/CAM/CNC 集成系统。这不是将传统的 CNC 系统简单地引入到高速切削机床中,这种结合应包括对原有 CAD/CAM/CNC 体系的改造,先进制造技术和新方法的引入,与高速切削技术的协调与配合。这里提出的高速切削 CAD/CAM/CNC 集成系统,是结合了众多先进技术的新体系,它的实现将达到减少人工干预、缩短 NC 编程时间、提高产品加工质量和效率的目标。该系统中引入并行工程的思想,通过增加各种设计、制造活动的并行性缩短产品开发周期,改变过去那种设计、制造人员各管一块的局面,在 CAD 阶段,与产品开发有关的设计人员、决策人员、工艺人员及制造人员充分交流,建立能准确完整地描述产品的"具有设计/制造特征的产品信息模型",这一信息模型将贯穿设计制造的全过程。在商品化软件平台上,结合面向对象技术、特征技术及面向产品的设计等技术完成产品的初步设计,运用 CAE 进行分析改进,优化设计。

当然高速切削 CAD/CAM/CNC 新体系的实现不仅需要改造传统的集成系统,还需引入许多的先进技术,其中的几项主要关键技术如下:

(1)具有设计/制造特征的产品信息模型的建立。

(2)基于并行工程的智能化 CAPP 系统。

(3)数控加工图形仿真技术。

(4)OMAT 技术(该技术是以色列 OMAT 公司的切削力 Optimal 技术的简称)。

(5)等负载/等距切削模型的建立。

(6)具有空间任意曲线曲面插补功能的 CNC 技术。

(7)CNC 系统中的自适应控制技术。

2. 高速切削对数控编程的具体要求

高速切削中的 NC 编程代码并不仅仅局限于切削速度、切削深度和进给量的不同数值。NC 编程人员必须改变他们的全部加工策略,以创建有效、精确、安全的刀具路径,从而得到预期的表面精度。高速切削对数控编程的具体要求如下。

1)保持恒定的切削载荷

随着高速加工的进行,保持恒定的切削载荷非常重要。而保持恒定的切削载荷则必须注意以下几个方面。

(1)保持金属去除量的恒定。如图 7-68 所示,在高速切削过程中,分层切削要优于仿形加工。

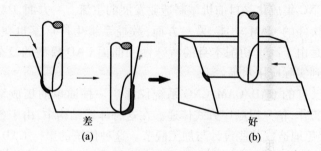

差
(a)

好
(b)

图 7-68 仿形加工与分层切削对比示意图

(a)仿形加工;(b)分层切削。

(2)刀具要平滑地切入工件。如图 7-69 所示,在高速切削过程中,让刀具沿一定坡度斜向切入或螺旋线方向切入,工件要优于让刀具直接沿 Z 向直接插入。

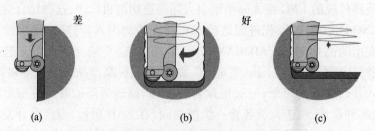

差
好

(a)   (b)   (c)

图 7-69 直接插入与斜向/螺旋切入对比示意图

(a)Z 向直接插入;(b)螺旋切入;(c)斜向切入。

(3)保证刀具轨迹的平滑过渡。刀具轨迹的平滑是保证切削负载恒定的重要条件。如图 7-70 所示,螺旋曲线走刀是高速切削加工中一种较为有效的走刀方式。

304

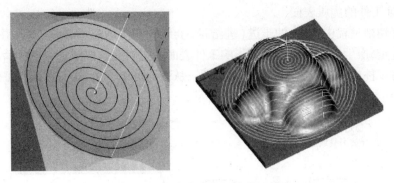

图7-70　螺旋曲线走刀方式示意图

（4）在尖角处要有平滑的走刀轨迹。图7-71（c）所示的刀具轨迹最好。图7-72则是消除尖角示意图。

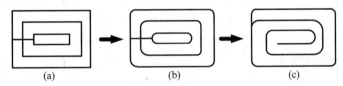

图7-71　尖角处刀具轨迹对比示意图

（a）差；（b）好；（c）很好。

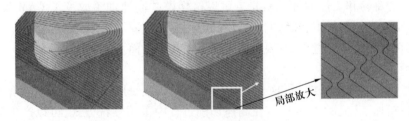

图7-72　消除尖角示意图

2）保证工件的高精度

为了保证工件的高精度,最重要的一点就是尽量减少刀具的切入次数。如图7-73所示,该图显示了如何尽可能地减少刀具切入次数的有效方法,右图中切入方式,不仅切入行程少、定位点少,而且空行程也很少。

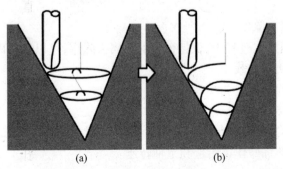

图7-73　减少刀具切入次数示意图

（a）差；（b）好。

3）保证工件的优质表面

在高速切削过程中,过小的步进(进给量)会影响实际的进给速率,其往往会造成切削力的不稳定,产生切削振动。从而影响工件表面的完整性。如图 7-74 所示,即为采用不同步进对工件加工表面质量的影响示意图。从该图可以看出,在高速切削条件下,采用较大的进给量,则会产生较好的表面加工质量。

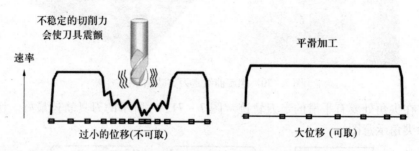

图 7-74　不同进给量对工件加工表面的影响

六、粗加工数控编程

粗加工在高速加工中所占的比例要比在传统加工中多。在高速加工中,粗加工的作用就是要比传统加工为半精加工、精加工留有更均衡的余量。粗加工的结果直接决定了精加工过程的难易和工件的加工质量。可以这样说:"高速加工改变了 CAM 策略,要更加努力、严密地进行粗加工,预精加工阶段的作用更加重要"。

因此,在高速粗加工过程中,要着重考虑以下几个方面。

(1) 恒定的切削条件。

为保持恒定的切削条件,一般主要采用顺铣方式,或采用在实际加工点计算加工条件等方式进行粗加工(见图 7-75)。在高速切削过程中采用顺铣方式,可以产生较少的切削热,降低刀具的负载,降低甚至消除了工件的加工硬化,以及获得较好的表面质量等。

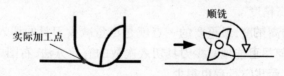

图 7-75　粗加工方式示意图

(2) 恒定的金属去除率。

在高速切削的粗加工过程中,保持恒定的金属去除率,可以获得以下的加工效果:

① 保持的恒定切削负载。

② 保持切屑尺寸的恒定。

③ 较好的热转移。

④ 刀具和工件均保持在较冷的状态。

⑤ 没有必要去熟练操作进给量和主轴转速。

⑥ 延长刀具的寿命。

⑦ 较好的加工质量等。

(3) 走刀方式的选择。

对于带有敞口型腔的区域,尽量从材料的外面走刀,以实时分析材料的切削状况。而对于没有型腔的封闭区域,采用螺旋进刀,在局部区域切入(见图7-76)。

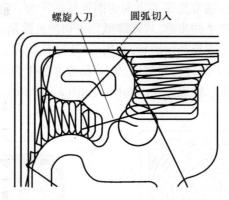

图7-76 螺旋切入和圆弧切入示意图

(4)尽量减少刀具的切入次数。

由于之字形模式主要应用于传统加工,因此许多人在高速加工中选择回路或单一路径切削。这是因为在换向时 NC 机床必须立即停止(紧急降速)然后再执行下一步操作。由于机床的加速局限性,而容易造成时间的浪费。因此,许多人将选择单一路径切削模式来进行顺铣,尽可能地不中断切削过程和刀具路径,尽量减少刀具的切入切出次数,以获得相对稳定的切削过程(见图7-77)。

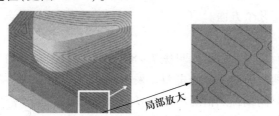

图7-77 光顺走刀轨迹

(5)尽量减少刀具的急速换向。

由于进给量和切削速度非常的高,编程人员必须预测刀具是如何切削材料的。除了降低步距和切削深度以外,还要避免可能的加工方向的急剧改变。急速换向的地方要减慢速度,急停或急动则会破坏表面精度,且有可能因为过切而产生拉刀或在外拐角处咬边。尤其在三维型面的加工过程中,要注意一些复杂细节或拐角处切削形貌的产生,而不是仅仅设法采用平行之字形切削、单向切削或其他的普通切削等方式来生成所有的形貌。

此外,编程人员还应该了解,不论高速切削系统中控制器的前馈功能有多好,它仍然不知道在一个三维结构中的加工步长是多少。前馈功能只能知道沿着刀具轨迹和它拐角处的切除,其并不知道三维精加工路径中的步长,也不知道金属去除率是多少。

通常,切削过程越简单越好。这是因为简单的切削过程可以允许最大的进给量,而不必因为数据点的密集或方向的急剧改变而降低速度。从一种切削层等变率地降到另一层要好于直接跃迁,采用类似于圈状或圆弧的路线将每一条连续的刀具路径连接起来,可以尽可能地减小加速度的加减速突变(见图7-78)。

(6) 在Z方向切削连续的平面。

粗加工所采用的方法,通常是在Z方向切削连续的平面。这种切削遵循了高速加工理论,采用了比常规切削更小的步距,从而降低每齿切削去除量。当采用这种粗加工方式时,根据所使用刀具的正常圆角几何形状,利用CAM软件计算它的Z水平路径是很重要的。如果使用一把非平头刀具进行粗加工,则需要考虑加工余量的三维偏差。根据精加工余量的不同,三维偏差和二维偏差也不相同。如图7-79所示,为Z方向切削连续平面示意图。

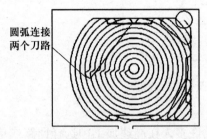
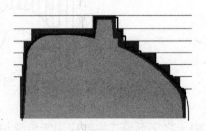

图7-78　刀路之间用圆弧连接的示意图　　　图7-79　在Z方向切削连续的平面示意图

七、精加工数控编程

在高速切削的精加工过程中,保证精加工余量的恒定至关重要。为保证精加工余量的恒定,主要注意以下几个方面。

(1) 笔式加工(清根)。

在半精加工之前为了清理拐角(见图7-80(a)),在过去典型的方法就是选择组成拐角的两个表面,沿着两表面的交界处走刀。采用该方法,可以处理一些小型的或简单的工件,也可以在有充足时间编程的情况下处理复杂结构。但是,由于需要手工选择不同尺寸的刀具和切削所有的拐角,许多人选择预先进行这步工作,因此,在高速加工中可能会产生危险。

笔式铣削采用的策略为,首先找到先前大尺寸刀具加工后留下的拐角和凹槽,然后自动沿着这些拐角走刀。它允许用户采用越来越小的刀具,直到刀具的半径与三维拐角或凹槽的半径相一致。理想的情况下,可以通过一种优化的方式跟踪多种表面,以减少路径重复。

笔式铣削的这种功能,在期望保持切屑去除率为常量的高速加工中是非常重要的。缺少了笔式切削,当精加工这些带有侧壁和腹板的部件时,刀具走到拐角处将会产生较大的金属去除率。采用笔式切削,拐角处的切削难度被降低,降低了让刀量和噪声的产生。该方法即可用于顺铣又可用于逆铣。

由于笔式铣削能够清除拐角处的多余量,当去除量较大的时候,通常在三维精加工之前进行笔式铣削。机床操作人员和NC编程人员可以根据增大的金属去除率来适当地降低笔式铣削的进给量,也可以增加沿角头的清根轨迹以去除多余余量(见图7-80(b)、(c))。

(2) 余量加工(清根)。

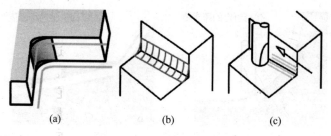

图 7 - 80　笔式铣削示意图

　　余量铣削类似于笔式铣削,但是其又可以应用于精加工操作。其采用的加工思想与笔式铣削相同,余量铣削能够发现并非同一把刀具加工出的三维工件所有的区域,并能采用一把较小的刀具加工所有的这些区域。余量铣削与笔式铣削的不同之处在于,余量铣削加工的是大尺寸铣刀加工之后的整个区域,而笔式铣削仅仅针对拐角处的加工。

　　高速切削的一个重要选择就是,其能够计算垂直或平行于切削区域的切削余量。法向选择是在剩余切削区域内来回走刀进行切削,而平行选择则将遵从剩余切削区域的加工流向(U – V 线)进行切削。高速切削用户可以适当地应用平行选择,其可以将成百上千的步长数减少到很少的量,从而使加工过程更加有效。也就是说,"通过由外向内计算一个型腔,采用顺铣模式,并应用软件在表面上生成的加工步长,可以很好地进行精加工。"

　　(3) 控制残余高度。

　　在切削三维外形的时候,计算 NC 精加工步长的方法主要是根据残余高度,而不是使用等量步长。这种计算步长的算法以不同的形式被封装在不同的 CAM 软件包中。过去采用这种功能的优势就是进行一致性表面精加工。特别表现在,打磨和手工精加工任务的需求将越来越少。在高速切削中采用对自定义的残余高度进行编程还有另外的好处。根据 NC 精加工路径动态地改变加工步长,该软件可以帮助保持切屑去除率在一个常量水平。这有助于切削力保持恒定,从而将不期望的切削振动控制在最小值。

　　可以通过两种方法来实现残余高度的控制:

　　实际残余高度加工主要根据表面的法向而不是刀具矢量的法向来计算步长。其可以不管工件表面的曲率而保持每一次走刀之间的等距离切削,并且保持刀具上恒定的切削负载,特别是在工件表面的曲率急剧变化的时候——从垂直方向变为水平方向或者相反,其优势更为明显。

　　XY 优化自动地在最初切削的局部范围内再加工残余材料,以修整所有的残留高度。这种选择性的刀具路径创建,精简了再加工整个工件或者必须在 CAM 中手工设置分界线以便加工出光滑表面的一系列工序。如何根据残余高度进行切削,主要在于软件对三维形貌中的斜坡部分的计算(见图 7 – 81)。

　　软件能够根据刀具的尺寸和几何形状来调整加工步长以保持恒定的残余高度。这就意味着坡度越陡峭,所需精加工操作中的加工步长越密。自然,用户可以获得一个光滑、精度一致的工件。

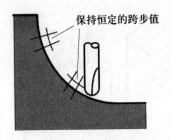 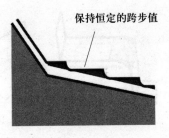

图 7 - 81 根据法向计算步长及斜坡 *XY* 优化示意图

（4）采用 fp 工艺来达到高速高精度工件表面。

在高速铣削过程中，最好采用 $f=P$ 的铣削方式（见图 7 - 82）。

（5）退刀时采用进给速率（见图 7 - 83）。

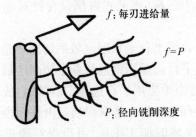 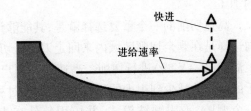

图 7 - 82 fp 铣削工艺   图 7 - 83 退刀过程示意图

（6）采用不同的加工方法（见图 7 - 84）。

（7）应用边界识别功能（见图 7 - 85）。

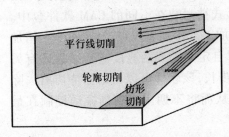 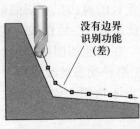 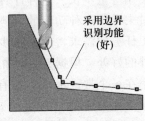

图 7 - 84 不同铣削加工方法示意图   图 7 - 85 没有边界识别与采用边界识别对比示意图

（8）保证加工轨迹的一致性能够获得优质的加工表面。如图 7 - 86 所示，不匹配的加工轨迹则使型面产生偏差，而保证加工轨迹的一致性时，型面的质量较高。

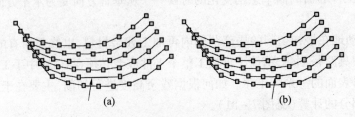

图 7 - 86 加工轨迹一致性与不一致性的对比

（a）不配合的加工轨迹使型面产生偏差；（b）优质的型面。

练 习 七

1. 与常规加工相比,高速加工在加工工艺上有何特点?
2. 高速加工机床与普通数控铣削机床相比有哪些特殊之处?
3. 用于高速加工的数控程序与普通数控铣削程序相比有何不同?

附录 数控编程中常用的一些数学基础

一、解析几何基础

宏程序的应用离不开相关的数学知识,其中三角函数、解析几何是最主要、最直接的数学基础。要编制出精良的加工用的程序,一方面要求编程者具有相应的工艺知识和经验,即知道确定合理的刀具、走刀方式等——这是目的,另一方面也要求编程者具有相应的数学知识,即知道如何将上述的意图通过逻辑严密的数学语言配合标准的格式语句表达出来——这是手段。

下面主要将以公式、表格等形式,言简意赅地介绍相关的解析几何的基础知识。

1. 直线方程见附表1

附表1 直线方程

类 别	表 达 式
点斜式	$y - y_1 = k(x - x_1)$
斜截式	$y = kx + b$
两点式	$\dfrac{y - y_1}{y_2 - y_1} = \dfrac{x - x_1}{x_2 - x_1}$
一般式	$Ax + By + C = 0$
备注	在一般图形表达中,点斜式及两点式应用机会较多

2. 两直线关系见附表2

附表2 两条直线的位置关系

类 别	直线方程表达式	充要条件/关系表达式
平行	$l_1, y = k_1 x + b_1$ $l_2, y = k_2 x + b_2$	$k_1 = k_2$ 且 $b_1 \neq b_2$
垂直	$l_1, y = k_1 x + b_1$ $l_2, y = k_2 x + b_2$	$k_1 k_2 = 1$
夹角 α(锐角)	$l_1, y = k_1 x + b_1$ $l_2, y = k_2 x + b_2$	$\tan\alpha = \dfrac{\lvert k_2 - k_1 \rvert}{\lvert 1 + k_2 k_1 \rvert}$
交点	$A_1 x + B_1 y + C_1 = 0$ $A_2 x + B_2 y + C_2 = 0$	解方程组
两平行直线间距离	$Ax + By + C_1 = 0$ $Ax + By + C_2 = 0$	$d = \dfrac{\lvert C_1 - C_2 \rvert}{\sqrt{A^2 + B^2}}$
点到直线的距离	点:$P(x_0, y_0)$ 直线:$Ax + By + C = 0$	$d = \dfrac{\lvert A_{x0} + B_{y0} + C \rvert}{\sqrt{A^2 + B^2}}$

类别	直线方程表达式	充要条件/关系表达式
两点间的距离	点 $1:P_1(x_1,y_1)$ 点 $2:P_2(x_2,y_2)$	$d = \sqrt{(x_2-x_1)^2+(y_2-y_1)^2}$

3. 圆的方程见附表 3

附表 3　圆的方程

类别	表达式	备注
标准方程	$(x-a)^2+(y-b)^2=r^2$	圆心:(a,b) 半径:r
一般方程	$x^2+y^2+2dx+2ey+f=0$	圆心:$(-d,-e)$ 半径:$r=\sqrt{d^2+e^2-f}$
参数方程	$x=f(\theta) \rightarrow x=a+r\cos\theta$ $y=f(\theta) \rightarrow y=b+r\sin\theta$	圆心:(a,b) 半径:r
极坐标方程	$r^2-2rr_0\cos(\theta-\theta_0)+r_0^2=R^2$	圆心:(r_0,θ_0) 半径:$r=R$

二、二次曲线(椭圆、双曲线、抛物线)

二次曲线的定义:从动点 P 到定点 F 的距离 PF 与到定直线 l 的距离 PH 之比为定值 ε,即 $PF:PH=\varepsilon$。如果 $\varepsilon<1$,则动点 P 的轨迹为椭圆,如果 $\varepsilon=1$,则动点 P 的轨迹为抛物线,如果 $\varepsilon>1$,则动点 P 的轨迹为双曲线。

这时,定点 F 称为焦点,定比 ε 称为离心率,定直线 l 称为准线。椭圆和双曲线(及其退化形式)称为有心二次曲线,抛物线(及其退化形式)称为无心二次曲线。

二次曲线在立体几何上都是由一平面以不同角度与标准圆锥面相割而得到的截面线,又被称之为圆锥曲线。在工程实践中,二次曲线的应用是非常广泛的,在此不再赘述。

在宏程序的应用中,应该特别关注二次曲线的标准方程和参数方程,见附表 4 ~ 附表 6。

1. 椭圆(及其等距线)的方程见附表 4

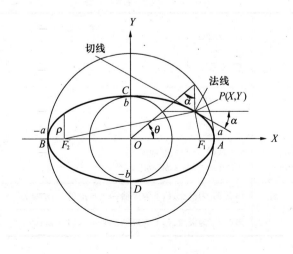

类　型	表　达　式
标准方程	$\dfrac{x^2}{a^2} + \dfrac{y^2}{b^2} = 1$
说明	中心 $O(0,0)$，顶点 A、$B(\pm a,0)$，顶点 C、$D(0,\pm b)$
焦距 $= 2c$ 离心率 ε	$c = OF_1 = OF_2 = \sqrt{a^2 - b^2}$ $\varepsilon = OF_1/a = \sqrt{a^2 - b^2}/a\,(\varepsilon < 1)$
参数方程(直角坐标) (θ 为椭圆的离心角)	$x = f(\theta) \rightarrow x = a\cos\theta$ $y = f(\theta) \rightarrow y = b\sin\theta$
	$\tan a = \dfrac{b}{a}\dfrac{\cos\theta}{\sin\theta}$
极坐标方程 (ρ 为焦弦之半)	焦点 F_1 为极点，F_1X 为极轴 $\rightarrow r = \rho/(1 + \varepsilon\cos\theta)$
	焦点 F_2 为极点，F_2X 为极轴 $\rightarrow r = \rho/(1 - \varepsilon\cos\theta)$

2. 双曲线的方程见附表5

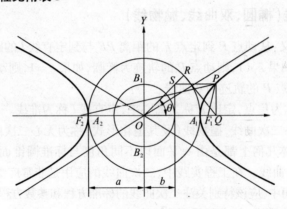

附表5　双曲线的方程

类　型	表　达　式
标准方程	$\dfrac{x^2}{a^2} - \dfrac{y^2}{b^2} = 1$
焦距 $OF_1 = OF_2$ 离心率 ε	$OF_1 = OF_2 = \sqrt{a^2 + b^2}$ $\varepsilon = OF_1/OA_1 = \sqrt{a^2 + b^2}/a\,(\varepsilon > 1)$
参数方程(直角坐标) (θ 为双曲线的离心角)	$x = f(\theta) \rightarrow x = a/\cos\theta$ $x = f(\theta) \rightarrow y = b\tan\theta$
极坐标方程 (ρ 为焦弦之半)	焦点 F_1 为极点，F_1X 为极轴 $\rightarrow r = \rho/(1 - \varepsilon\cos\theta)$
	焦点 F_2 为极点，F_2X 为极轴 $\rightarrow r = \rho/(1 + \varepsilon\cos\theta)$

3. 抛物线的方程见附表6

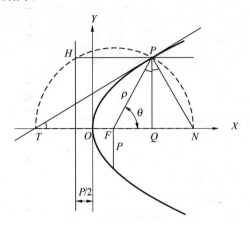

附表6　抛物线的方程

类　型	表　达　式
标准方程	$y^2 = 2\rho x$
焦距 OF,离心率 ε	$\varepsilon = OF = \rho/2\,(\varepsilon = 1)$
参数方程(极坐标) (ρ 为焦弦之半)	F 为极点,FX 为极轴 $\rightarrow r = \rho/(1 - \cos\theta)$

三、其他平面曲线(摆线、渐开线、螺线等)

摆线的方程见附表7。

附表7　摆线的方程

半径为 a 的圆沿定直线滚动时,(动圆)圆周上的定点描出的轨迹称为摆线。取定直线为 X 轴,如下图所示
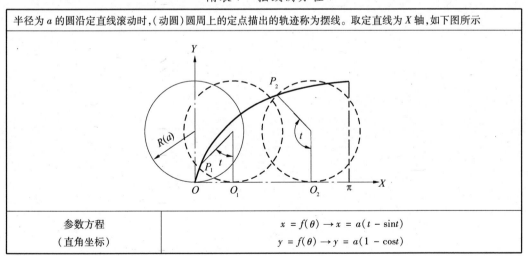

参数方程 (直角坐标)	$x = f(\theta) \rightarrow x = a(t - \sin t)$ $y = f(\theta) \rightarrow y = a(1 - \cos t)$

参 考 文 献

[1] 方沂. 数控机床编程与操作. 北京:国防工业出版社,1999.
[2] FANUC Oi – MB 操作说明书. 北京 FANUC 公司.
[3] FANUC 0 – MD 操作说明书. 北京 FANUC 公司.
[4] FANUC 0 维修说明书. 北京 FANUC 公司.
[5] 乔福加工中心 VMC850 机床操作说明书.
[6] POWERMILL 软件操作说明书. 北京 DELCAM 公司.
[7] 邓奕,苏先辉,肖调生. Mastercam 数控加工技术. 北京:清华大学出版社,2004.
[8] 孙德茂. 数控机床铣削加工直接编程技术. 北京:机械工业出版社,2004.
[9] 罗学科,张超英. 数控机床编程与操作实训. 北京:化学工业出版社,2001.
[10] 李华. 机械制造技术. 北京:机械工业出版社,2002.
[11] 华茂发. 数控机床加工工艺. 北京:机械工业出版社,2000.
[12] 刘雄伟,等. 数控加工理论与编程技术. 2 版. 北京:机械工业出版社,2000.
[13] 李善术. 数控机床及其应用. 北京:机械工业出版社,2001.
[14] 许祥泰,刘艳芳. 数控加工编程实用技术. 北京:机械工业出版社,2000.
[15] 陈日曜. 金属切削原理. 北京:机械工业出版社,2002.